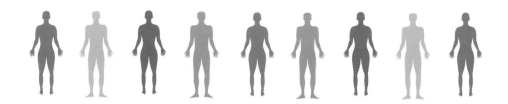

食品の保健機能と生理学

編著者
西村 敏英／浦野 哲盟

著者
金岡 繁／最上 秀夫／関 泰一郎／鈴木 優子／細野 崇
星野 裕信／永田 年／細野 朗／山本 清二／新藤 一敏／江草 愛

アイ・ケイ コーポレーション

はじめに

　日本の超高齢化は急速に進んでおり，生活習慣病の罹患率も高くなっていることから，日本人の健康への関心はますます高くなっている。また，このような背景から，マスコミ等による健康，健康によい食品やサプリメントに関する情報が氾濫している。

　特に健康によい食品に関する情報などは，消費者がそれを鵜呑みにして買い求めるため，スーパーでその食品が品薄になることが多く見受けられる。このような混乱が生じている大きな理由は，食べ物の機能と健康との関係が十分に理解されていないことによると考えられる。

　食べ物には，三つの機能があるといわれている。一つは，栄養素の供給の機能である。われわれの健康維持には，日々の栄養素の供給が不可欠であることは多くの人が知っている。二つ目の機能は，おいしさの付与である。ヒトには，常においしいものを食べたいという欲求がある。おいしいと評判の高いラーメン店に長い列ができるとか，「食べログ」でおいしい店を探す人が多いのは，まさしくおいしい食べ物を食べたい欲求の現れである。三つ目の機能は，病気を予防する機能である。中国では，昔から「医食同源」という言葉どおり，食べ物には医者が病気を治すことと同じように，病気を予防する機能があるといわれている。食べ物には栄養素を供給するだけでなく，積極的に病気を予防することができるとの考えである。この考えから，日本を含む多くの国で機能性食品(functional food)やサプリメントが開発され，販売されている。このように，食べ物にはヒトの健康維持のために重要な機能があることがわかってきた。これらの機能のうち，栄養素の供給とおいしさの付与の機能に関しては，多くの教科書や専門書があり，専門家，学生，消費者が系統的に学ぶことができる環境にある。しかし，病気の予防に関する機能は，新しい考え方であるため，食品機能化学，食品機能学等の授業で，この機能に関する講義はなされているが，学生諸氏がそれらの内容をわかりやすく理解できる教科書はあまり多くない。それは，多くの教科書が，機能性成分の名称，作用機序やそれらが多く含まれている食品を挙げているだけで，「ある機能が不調であるときの疾病の成り立ち」や「その機能を正常に戻すための食品成分の働き」等について，系統的に書かれた教科書がほとんどないからだと思われる。

　本書は，医学系と農学系の専門家がジョイントし，ヒトの健康維持に関わる各機能について，生理学的部分並びに疾病の成り立ちに関する部分を医学系の専門家が，その機能を正常に保つ食品成分に関する部分を農学系の専門家が担当し，それぞれの項目をわかりやすく解説したものである。

　本書は，序章を含めて15章からなる。

　序章で「食べ物の機能」を概説した後，1章では「食品に含まれる栄養素と必要量」で，食品成分の栄養的な知識を総括的に学べるようにした。また2章では「身体のしくみの

iii

概論」でヒトの健康維持に重要な機能が概説されている。3章から13章までは，本書の各論部分である。ヒトの健康維持に重要な11の機能を取りあげ，各章の前半部分は，各機能を生理学的な観点から詳しく解説すると同時に，機能が不調となって生じる疾病の成り立ちに関する解説がなされている。後半部分では，その病気を予防するため，あるいは機能を強化できる食品成分とその作用機序が解説されている。このような組み立てにより，各機能を理解したうえで，それを強化する食品として，どのようなものを食べればよいかを系統的に学べるように配慮している。最後の14章の「機能性食品」では，ヒトの不規則な生活等のやむ得ない事情で，各機能が低下したときに摂取することを目的とした機能性食品やサプリメントを解説している。

　　各章の最初には，到達目標を掲げ，最後にはその目標が達成できたかを確認する問題をつけている。学生諸氏は，学習前に到達目標を確認すると同時に，各章を学んだ後に，必ずこの問題を自分で解き，目標に到達できたか否かを確認してほしい。これを繰り返すことにより，学習効果の向上が期待できる。学生諸氏の知識の定着に利用していただきたい。

　　これからますます高齢化が進み，健康長寿が望まれる時代となっている。また平成27年4月からは，食品への新たな「機能性表示制度」が導入され，これまでの特定保健用食品だけでなく，生鮮食品や加工食品にヘルスクレームが表示された「機能性表示食品」が認められた。このような現状では，食べ物の保健機能を正しく理解するための重要性が，益々高まると考えられる。本教科書は，そのような社会で活躍したい学生，並びに健康に関心が高い学生が勉強するための手助けとなる教科書として企画されたものである。有効に活用していただけると幸いである。また，一般の人にも読んでいただけるように，わかりやすい図を入れながら解説している。ご一読いただければ幸いである。

　　本教科書を作成するに当たり，長きにわたり叱咤激励を賜りましたアイ・ケーコーポレーションの森田富子社長に深く感謝申し上げます。また，図表や文章の校閲をしてくださった編集部信太ユカリさんに厚く御礼申し上げる。

　　平成29年4月

編著者　西村敏英／浦野哲盟

目　次

序章　食べ物の働き　　　　　　　　　　　　　　　　　　　　　　　西村敏英
（1）栄養素を供給する働き……………………………………………………2
（2）おいしさを与える働き……………………………………………………3
（3）病気を予防する働き………………………………………………………4

1章　食品に含まれる栄養素と必要量　　　　　　　　　　　西村敏英

● 1　タンパク質………………………………………………………………6
（1）食品中に含まれるタンパク質の特性……………………………………6
（2）なぜ，タンパク質を毎日摂取しなければならないか…………………8
（3）タンパク質の1日当たりの必要量………………………………………8

● 2　炭水化物………………………………………………………………9
（1）食品に含まれる炭水化物の特性…………………………………………9
（2）なぜ，炭水化物を毎日摂取しなければならないか……………………10
（3）炭水化物の1日当たりの必要量…………………………………………10

● 3　脂　質…………………………………………………………………12
（1）食品に含まれる脂質の特性………………………………………………12
（2）なぜ脂質を摂取しなければならないか…………………………………13
（3）脂質の1日当たりの必要量………………………………………………13
（4）必須脂肪酸から多価不飽和脂肪酸やエイコサノイドの生合成………14

● 4　ビタミン………………………………………………………………16
（1）食品に含まれるビタミンの働き…………………………………………16
（2）ビタミンの1日当たりの推奨量と耐容上限値…………………………19
（3）ビタミンが多く含まれる食品……………………………………………20

● 5　ミネラル………………………………………………………………20
（1）食品に含まれるミネラルの特性…………………………………………20
（2）ミネラルの1日当たりの必要量…………………………………………21
（3）ミネラルが多く含まれる食品……………………………………………22

● 6　食物繊維………………………………………………………………22
（1）食品に含まれる食物繊維の特性…………………………………………22
（2）なぜ，食物繊維を毎日摂取しなければならないか……………………23

● 7　その他の機能成分……………………………………………………24
（1）ポリフェノール……………………………………………………………24
（2）植物ステロール……………………………………………………………26

目　次　v

（3）　オリゴ糖‥‥‥‥‥‥‥‥‥‥‥‥‥‥‥‥‥‥‥‥‥‥‥‥‥‥‥‥26

2章　身体のしくみの概論
浦野哲盟

（1）　栄養素の摂取：消化と吸収‥‥‥‥‥‥‥‥‥‥‥‥‥‥‥‥‥‥‥‥29
（2）　酸素の摂取：呼吸‥‥‥‥‥‥‥‥‥‥‥‥‥‥‥‥‥‥‥‥‥‥‥‥30
（3）　酸素や栄養素の運搬：血液と心臓循環系‥‥‥‥‥‥‥‥‥‥‥‥‥31
（4）　老廃物の排泄：腎臓‥‥‥‥‥‥‥‥‥‥‥‥‥‥‥‥‥‥‥‥‥‥31
（5）　運動や歩行の能力を保つ機能‥‥‥‥‥‥‥‥‥‥‥‥‥‥‥‥‥‥32
（6）　身体を守る機能：免疫，血液凝固，酸化ストレス抑制‥‥‥‥‥‥‥32

3章　おなかの調子を整える機能
1～3 金岡　繁／4 西村敏英

● 1　食べ物の消化‥‥‥‥‥‥‥‥‥‥‥‥‥‥‥‥‥‥‥‥‥‥‥‥‥33
（1）　咀しゃくと嚥下‥‥‥‥‥‥‥‥‥‥‥‥‥‥‥‥‥‥‥‥‥‥‥‥33
（2）　消化管の構造，運動と調節‥‥‥‥‥‥‥‥‥‥‥‥‥‥‥‥‥‥‥34
（3）　食　道‥‥‥‥‥‥‥‥‥‥‥‥‥‥‥‥‥‥‥‥‥‥‥‥‥‥‥‥35
（4）　胃‥‥‥‥‥‥‥‥‥‥‥‥‥‥‥‥‥‥‥‥‥‥‥‥‥‥‥‥‥‥36
（5）　小　腸‥‥‥‥‥‥‥‥‥‥‥‥‥‥‥‥‥‥‥‥‥‥‥‥‥‥‥‥37
（6）　大腸の運動と排便のメカニズム‥‥‥‥‥‥‥‥‥‥‥‥‥‥‥‥‥38
（7）　便秘と下痢‥‥‥‥‥‥‥‥‥‥‥‥‥‥‥‥‥‥‥‥‥‥‥‥‥‥39

● 2　栄養素の吸収‥‥‥‥‥‥‥‥‥‥‥‥‥‥‥‥‥‥‥‥‥‥‥‥‥40
（1）　糖質の吸収‥‥‥‥‥‥‥‥‥‥‥‥‥‥‥‥‥‥‥‥‥‥‥‥‥‥41
（2）　脂質の吸収‥‥‥‥‥‥‥‥‥‥‥‥‥‥‥‥‥‥‥‥‥‥‥‥‥‥42
（3）　タンパク質の吸収‥‥‥‥‥‥‥‥‥‥‥‥‥‥‥‥‥‥‥‥‥‥‥42
（4）　カルシウムの吸収‥‥‥‥‥‥‥‥‥‥‥‥‥‥‥‥‥‥‥‥‥‥‥45

● 3　腸内細菌環境と健康‥‥‥‥‥‥‥‥‥‥‥‥‥‥‥‥‥‥‥‥‥‥45
（1）　腸内環境と腸内細菌‥‥‥‥‥‥‥‥‥‥‥‥‥‥‥‥‥‥‥‥‥‥45
（2）　腸内細菌の働き‥‥‥‥‥‥‥‥‥‥‥‥‥‥‥‥‥‥‥‥‥‥‥‥46

● 4　おなかの調子を整える食品成分と作用機序‥‥‥‥‥‥‥‥‥‥‥‥47
（1）　おなかの調子と腸内細菌叢‥‥‥‥‥‥‥‥‥‥‥‥‥‥‥‥‥‥‥47
（2）　おなかの調子を整える食品成分‥‥‥‥‥‥‥‥‥‥‥‥‥‥‥‥‥48

4章　血糖値の上昇を抑制する機能
1～4 最上秀夫／5 関　泰一郎

● 1　エネルギー代謝の基礎‥‥‥‥‥‥‥‥‥‥‥‥‥‥‥‥‥‥‥‥‥53
● 2　糖代謝と血糖調節機構‥‥‥‥‥‥‥‥‥‥‥‥‥‥‥‥‥‥‥‥‥54
● 3　肥満とダイエット：血糖値の調節機構‥‥‥‥‥‥‥‥‥‥‥‥‥‥56
（1）　肥　満‥‥‥‥‥‥‥‥‥‥‥‥‥‥‥‥‥‥‥‥‥‥‥‥‥‥‥‥56
（2）　ダイエット‥‥‥‥‥‥‥‥‥‥‥‥‥‥‥‥‥‥‥‥‥‥‥‥‥‥57

●4　糖尿病とその症状･･57
(1)　病系分類と罹患率･･57
(2)　症状と検査方法･･58
(3)　治療方法　･･59

●5　血糖値の過度な上昇を抑制する食品成分と作用機序･･････････60
(1)　難消化性デキストリン････････････････････････････････････60
(2)　グァバ葉ポリフェノール･･････････････････････････････････61
(3)　小麦アルブミン･･62
(4)　豆鼓エキス･･63
(5)　アラビノース･･･64

5章　血中の中性脂肪やコレステロールの上昇を抑制する機能
1～**3** 鈴木優子／**4**～**6** 関　泰一郎

●1　脂質代謝･･66
(1)　脂質を運搬するリポタンパク質の役割････････････････････････66
(2)　中性脂肪代謝･･･68
(3)　コレステロール代謝･･････････････････････････････････････69

●2　脂質代謝異常と疾患･･････････････････････････････････････70
(1)　原発性脂質異常症･･･････････････････････････････････････70
(2)　続発性(二次性)脂質異常症････････････････････････････････71
(3)　脂質代謝異常による疾患･･････････････････････････････････71

●3　脂質代謝異常と治療薬････････････････････････････････････72
(1)　血中コレステロール濃度を改善させる代表的な薬剤････････････72
(2)　血中中性脂肪濃度を低下させる代表的な薬剤････････････････72

●4　血中コレステロールを増加させる食品･･･････････････････････73

●5　血中コレステロール濃度の上昇を抑制する食品成分と作用機序･･････74
(1)　腸管で食品中のコレステロールと結合し，体外への排出を促進する食品成分･････74
(2)　胆汁酸の排泄を促進し，コレステロールから胆汁酸への合成を促進する食品成分･････76
(3)　複合ミセルの形成において動物ステロールと拮抗し，排泄量を増やす食品成分･････76

●6　血中の中性脂肪濃度の上昇を抑制する食品成分と作用機序･･････76
(1)　グロビンタンパク質由来のオリゴペプチド･･･････････････････76
(2)　EPA と DHA：肝臓での脂肪合成を抑制･･････････････････････77
(3)　茶カテキン･･77
(4)　ウーロン茶重合ポリフェノール････････････････････････････78
(5)　コーヒー豆マンノオリゴ糖････････････････････････････････78
(6)　β-コングリシニン･･････････････････････････････････････79
(7)　中鎖脂肪酸･･79

目　次　vii

6章　貧血を予防する機能

1～4 浦野哲盟／5, 6 関　泰一郎

● 1　血液の働き･･･81
（1）赤血球中のヘモグロビンの酸素結合能･･･････････････････････････82
（2）赤血球中のヘモグロビンによる酸素運搬･････････････････････････82

● 2　造血機能･･83

● 3　赤血球の破壊･･84

● 4　貧血の定義と分類･･84
（1）鉄欠乏性貧血･･･85

● 5　鉄の吸収を抑制する食品･････････････････････････････････････86

● 6　貧血を予防する食品成分と作用機序･･････････････････････････････86
（1）ヘム鉄を多く含む食品･･････････････････････････････････････86
（2）ビタミンCを多く含む食品･･････････････････････････････････87

7章　適切な血圧を維持する機能

1, 2 浦野哲盟／3, 4 細野　崇

● 1　呼吸のしくみ･･90
（1）呼吸運動と換気･･･90
（2）ガス交換･･91
（3）呼吸調節･･91

● 2　循環のメカニズム･･92
（1）心臓の機能とその調節･････････････････････････････････････92
（2）血管各部位の機能･･･92
（3）循環血液量の維持機構：血漿膠質浸透圧の役割･･････････････････93
（4）血圧の調節機構･･･94

● 3　血圧の高いヒトによくない食品･･････････････････････････････････95

● 4　血圧上昇の抑制作用をもつ食品成分と作用機序･･･････････････････96
（1）液性調節機構へ作用し，血圧上昇を抑制するペプチド･････････････97
（2）神経調節機構へ作用し，血圧上昇を抑制する成分･･････････････････98

8章　血栓症を抑制する機能

1 浦野哲盟／2 関　泰一郎

● 1　血液の凝固と抗血栓症･･････････････････････････････････････100
（1）血小板の機能･･･101
（2）凝固系の機能･･･101
（3）線溶系の機能･･･102
（4）血管内皮の抗血栓能･･･････････････････････････････････････103

● 2　血液凝固を抑制する食品成分と作用機序･･････････････････････103
（1）EPA, DHA を多く含む食品･･････････････････････････････････103

9章　尿の生成によりからだの恒常性を維持する機能
浦野哲盟

- ● 1 　腎臓の構造と機能······························106
- ● 2 　尿の生成のしくみ····························107
  - （1）　糸球体におけるろ過························107
  - （2）　再吸収と分泌····························107
  - （3）　恒常性の維持····························108
  - （4）　その他の機能····························110
  - （5）　尿の排泄······························110

10章　骨を丈夫にする機能
1〜5 星野裕信／6,7 西村敏英

- ● 1 　生体におけるカルシウムの役割··················111
- ● 2 　血中カルシウム濃度の調節機構··················111
- ● 3 　カルシウムの摂取と吸収······················113
  - （1）　カルシウムの摂取··························113
  - （2）　小腸腸管におけるカルシウムの吸収··············113
  - （3）　腎におけるカルシウムの再吸収················114
- ● 4 　骨代謝··································114
- ● 5 　骨粗しょう症····························115
  - （1）　成　因································115
  - （2）　骨粗しょう症の予防と治療··················117
- ● 6 　カルシウムの吸収を阻害する食品················118
  - （1）　リン酸やシュウ酸などが多く含まれる食品··········118
  - （2）　食物繊維が多く含まれる食品··················119
- ● 7 　骨代謝を改善する食品成分と作用機序··············119
  - （1）　骨形成を促進し，骨吸収を抑制する成分··········119
  - （2）　腸管でカルシウムの吸収を促進させる成分··········122

11章　筋肉を丈夫にする機能
1〜6 鈴木優子／7,8 西村敏英

- ● 1 　骨格筋の収縮機構··························125
- ● 2 　骨格筋のエネルギー代謝······················126
- ● 3 　骨格筋の種類····························127
- ● 4 　運動時の呼吸循環調節とトレーニング··············129
  - （1）　運動による循環系の変化····················129
  - （2）　活動筋局所での変化······················130

（3）　運動による呼吸調節 ………………………………………………130

● 5　運動パフォーマンスとエネルギー基質 ……………………131

（1）　持久性運動 …………………………………………………………131

（2）　瞬発性運動 …………………………………………………………132

● 6　筋肉量の維持 ………………………………………………………132

● 7　食事と筋肉 …………………………………………………………132

（1）　栄養状態と筋肉 …………………………………………………132

（2）　運動時の栄養補給 ………………………………………………133

（3）　運動後の栄養補給 ………………………………………………134

（4）　ダイエットと筋肉 ………………………………………………134

（5）　運動の種類とエネルギー消費 ………………………………136

● 8　筋肉を丈夫にする食品 …………………………………………136

12章　食物アレルギーを予防する機能　　　1, 2 永田　年／3 細野　朗

● 1　感染と免疫 …………………………………………………………139

（1）　はじめに ……………………………………………………………139

（2）　免疫担当細胞 ………………………………………………………140

（3）　免疫システムに関わる器官 ……………………………………142

（4）　免疫応答（自然免疫と適応免疫）……………………………142

（5）　腸管免疫システム ………………………………………………146

（6）　経口免疫寛容 ………………………………………………………148

● 2　アレルギー …………………………………………………………149

（1）　はじめに ……………………………………………………………149

（2）　アレルギー反応 ……………………………………………………150

（3）　食物アレルギー ……………………………………………………151

● 3　食物アレルギーを予防する食品成分と作用機序 ……………153

（1）　食物アレルギーを引き起こす食品 …………………………153

（2）　アレルゲン除去食品 ……………………………………………154

（3）　アレルギー反応を制御する成分 ………………………………156

（4）　免疫力を高める成分 ……………………………………………157

13章　生体の酸化を防止する機能　　　1〜6 山本清二／7 新藤一敏

● 1　はじめに ……………………………………………………………160

● 2　酸化と還元 …………………………………………………………160

● 3　活性酸素とフリーラジカル ……………………………………161

● **4** 活性酸素・フリーラジカルの生体内での産生とその消去系‥‥‥‥‥‥162

● **5** 活性酸素・フリーラジカルによる傷害‥‥‥‥‥‥‥‥‥‥‥‥‥‥164

● **6** 抗酸化物質と食品‥‥‥‥‥‥‥‥‥‥‥‥‥‥‥‥‥‥‥‥‥‥‥‥164

● **7** 抗酸化作用を有する食品成分と作用機序‥‥‥‥‥‥‥‥‥‥‥‥‥165

（1） 一重項酸素（$^1O_2$）の消去活性‥‥‥‥‥‥‥‥‥‥‥‥‥‥‥‥‥165

（2） ラジカルの消去活性‥‥‥‥‥‥‥‥‥‥‥‥‥‥‥‥‥‥‥‥‥166

（3） 金属イオンの消去‥‥‥‥‥‥‥‥‥‥‥‥‥‥‥‥‥‥‥‥‥‥167

14章　機能性食品（保健機能食品）

江草　愛

● **1** 機能性食品とは‥‥‥‥‥‥‥‥‥‥‥‥‥‥‥‥‥‥‥‥‥‥‥‥169

（1） 食品と医薬品の違い‥‥‥‥‥‥‥‥‥‥‥‥‥‥‥‥‥‥‥‥‥169

（2） 食品表示において規制の対象となる健康に関する表現例‥‥‥‥‥‥170

（3） 保健機能食品制度と機能性表示食品制度‥‥‥‥‥‥‥‥‥‥‥‥171

（4） 保健機能食品の分類‥‥‥‥‥‥‥‥‥‥‥‥‥‥‥‥‥‥‥‥‥172

● **2** 栄養機能食品（規格基準型）‥‥‥‥‥‥‥‥‥‥‥‥‥‥‥‥‥‥172

（1） 対象成分‥‥‥‥‥‥‥‥‥‥‥‥‥‥‥‥‥‥‥‥‥‥‥‥‥‥172

（2） 対象食品：新制度で新たに加わった条件‥‥‥‥‥‥‥‥‥‥‥‥175

（3） 表示事項：新制度で見直された内容‥‥‥‥‥‥‥‥‥‥‥‥‥‥175

● **3** 特定保健用食品‥‥‥‥‥‥‥‥‥‥‥‥‥‥‥‥‥‥‥‥‥‥‥‥176

（1） 特定保健用食品の種類‥‥‥‥‥‥‥‥‥‥‥‥‥‥‥‥‥‥‥‥176

（2） 特定保健用食品の保健機能‥‥‥‥‥‥‥‥‥‥‥‥‥‥‥‥‥‥178

（3） 特定保健用食品が認可されるプロセス‥‥‥‥‥‥‥‥‥‥‥‥‥178

（4） 特定保健用食品のラベルに表示すべき内容‥‥‥‥‥‥‥‥‥‥‥179

● **4** 新しい制度による機能性表示食品‥‥‥‥‥‥‥‥‥‥‥‥‥‥‥‥180

（1） 機能性表示食品とは‥‥‥‥‥‥‥‥‥‥‥‥‥‥‥‥‥‥‥‥‥180

（2） 機能性表示食品の販売までのプロセス‥‥‥‥‥‥‥‥‥‥‥‥‥182

（3） 科学的根拠となるシステマティック・レビュー（SR）とは‥‥‥‥182

● **5** サプリメント‥‥‥‥‥‥‥‥‥‥‥‥‥‥‥‥‥‥‥‥‥‥‥‥‥186

● **6** 機能性食品の活用法‥‥‥‥‥‥‥‥‥‥‥‥‥‥‥‥‥‥‥‥‥‥188

（1） 機能性食品の安全性‥‥‥‥‥‥‥‥‥‥‥‥‥‥‥‥‥‥‥‥‥188

（2） 医薬品との相互作用をチェック‥‥‥‥‥‥‥‥‥‥‥‥‥‥‥‥188

（3） 機能性食品の上手な活用法‥‥‥‥‥‥‥‥‥‥‥‥‥‥‥‥‥‥189

章末「確認問題」―解答例・解説‥‥‥‥‥‥‥‥‥‥‥‥‥‥‥‥‥191

付　　表‥‥‥‥‥‥‥‥‥‥‥‥‥‥‥‥‥‥‥‥‥‥‥‥‥‥‥‥201

索　　引‥‥‥‥‥‥‥‥‥‥‥‥‥‥‥‥‥‥‥‥‥‥‥‥‥‥‥‥213

編著者紹介

西村　敏英(にしむら　としひで)

　　女子栄養大学栄養学部(教授)，広島大学名誉教授

　　東京大学農学部農芸化学科を卒業，同大学院農学研究科博士課程を修了後，
　　東京大学農学部助手，広島大学生物生産学部助教授，教授，同大学院生物圏
　　科学研究科教授，日本獣医生命科学大学応用生命科学部教授を経て，2017
　　年より現職。1989〜1990年，米国州立アリゾナ大学に研究員として留学
　　研究分野：食品，特に食肉のおいしさと健康に関わる研究
　　主な著書：「食品加工貯蔵学第2版」，「タンパク質・アミノ酸の科学」，
　　　　　　　「最新畜産物利用学」(分担)，「食品と味」など。

浦野　哲盟(うらの　てつめい)

　　浜松医科大学医生理学講座(教授)

　　浜松医科大学博士課程(第2外科：阪口周吉教授，第2生理：高田明和教授)
　　修了後，米国 Notre Dame 大学博士研究員，浜松医科大学第2生理学講座助
　　手，助教授を経て，2001年より現職(講座名変更により医生理学講座教授)
　　主要学会：日本血栓止血学会，日本血液学会，日本生理学会，国際血栓止血
　　　　　　　学会，国際線溶学会，米国血液学会
　　主要著書：「血栓形成と凝固・線溶」-治療に生かせる基礎医学-メディカル
　　　　　　　サイエンスインターナショナル(2013)

分担執筆者紹介

西村　敏英　　女子栄養大学栄養学部(教授)

浦野　哲盟　　浜松医科大学医生理学講座(教授)

金岡　繁　　　浜松医療センター消化器内科(科長，消化器センター長)

最上　秀夫　　もがみ内科クリニック院長

関　泰一郎　　日本大学生物資源科学部(教授)

鈴木　優子　　浜松医科大学医生理学講座(准教授)

細野　崇　　　日本大学生物資源科学部(専任講師)

星野　裕信　　浜松医科大学整形外科学講座(准教授)

永田　年　　　浜松医科大学医学部看護学科(教授)

細野　朗　　　日本大学生物資源科学部(教授)

山本　清二　　浜松医科大学メディカルフォトニクス研究センター(教授)

新藤　一敏　　日本女子大学家政学部(教授)

江草　愛　　　日本獣医生命科学大学応用生命科学部(講師)

(章順)

序章　食べ物の働き

　私たちが食べている食べ物は，栄養素を供給するだけでなく，からだのさまざまな機能を調節しており，健康維持には大変重要である。1900年（明治33年），日本人の平均寿命は，男女ともに約35歳であったが，その当時，スウェーデン，オーストラリア，ニュージーランドでは，平均寿命が50歳を超えていた。これらの国の平均寿命が日本人のものより長い理由の一つとして，これらの国が酪農国であり，動物性食品でタンパク質を多く摂取していたことが考えられる。明治時代の日本人の食生活は，米などの穀類の摂取が中心で，栄養素としては炭水化物が主体であり，タンパク質の摂取量は少なく，主なタンパク質源は大豆であった。その後，日本人の平均寿命は，第二次世界大戦後になって急激に延び，1947年に50歳を超えた。1980年には，スウェーデンの平均寿命を追い越し，今や世界に例のない長寿国となっている。2016年には男性で80.8歳（世界第4位），女性で87.1歳（世界第2位）であると報告されている。このように日本人の平均寿命が，第二次世界大戦後，急激に延びた理由として，抗生物質の開発等による医療技術の発展があるが，炭水化物の摂取量が減り，動物性タンパク質と脂質の摂取量が増えたことが挙げられている（図序-1）。動物性タンパク質は，タンパク質のなかでも必須アミノ酸バ

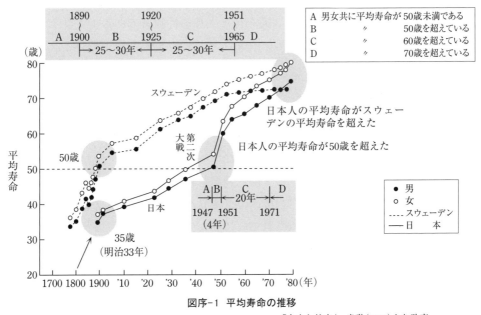

図序-1　平均寿命の推移

「食肉と健康」，光琳（1989）より改変

● 健康維持における食べ物の役割　　1

ランスがよく，生体の機能性タンパク質の生合成に効率よく利用される。また脂質は生体内では，エネルギー源としてだけではなく，細胞膜の構成成分や機能性成分の前駆体として利用され，生体恒常性維持に関わっていることが明らかとなっている。毎日の食生活でどのような食べ物を食べるかは，健康維持に極めて重要であることがわかる。

それでは食べ物は健康維持にどのような役割を果たしているのであろうか。現在「栄養素を供給する」，「おいしさを与える」，「病気を予防する」という3つの働きがあるといわれている。

（1） 栄養素を供給する働き

私たちは健康を維持するために，毎日の食べ物から栄養素を摂取している。

① 炭水化物，脂質

からだや脳が活動するときや生体内で新しく物質を生合成するときのエネルギー源として，炭水化物や脂質の摂取が必要である。

炭水化物は消化酵素で単糖に分解され，消化管から吸収される。吸収された単糖は，生体内のエネルギー源として利用される。そのなかでも，単糖の代表であるグルコースは，脳のエネルギー源として重要である。朝ごはんに米を食べるとよい理由は，脳を含む体内で必要なエネルギー源であるグルコースを効率的に補給し，元気に仕事をすることができるためである。

脂質は一旦，小腸のリパーゼで消化され，モノアシルグリセロールと脂肪酸に分解された後，吸収され体内で脂質に再合成される。そして，その後体内で肝臓，筋肉，脂肪などの組織に蓄積されて，有酸素運動時のエネルギー源等で使用されている。脂質を構成している脂肪酸は，細胞膜をつくる原料となるだけでなく，血圧の調節，血液の凝固，免疫力の調節を行う生理活性物質であるエイコサノイド(プロスタグランジン，ロイコトリエン，トロンボキサンなど)の前駆体となる。

② タンパク質

筋肉や骨などの構造タンパク質，生体のさまざまな機能を制御する酵素やペプチドホルモンをつくるときに，食事由来のタンパク質が使用される。生体内のタンパク質は，その構造や機能を維持するため，定期的に代謝されて新しいものにつくりかえられている。このときには生体内にプールされたアミノ酸だけでなく，食べ物から摂取するタンパク質のアミノ酸も利用されている。アミノ酸の結合体であるタンパク質は，摂取後，消化管の酵素で，トリペプチド，ジペプチド，遊離アミノ酸に分解され，消化管から吸収される。これらのペプチドも，ほとんどは吸収後，遊離アミノ酸に分解され，体内で機能する。アミノ酸のなかで生体内で生合成されない9種類の必須アミノ酸は，食べ物から摂らなくてはならない。

③ ビタミン，ミネラル

ビタミンは水溶性ビタミンと脂溶性ビタミンがある。水溶性ビタミンは，補酵素

として糖や脂質の代謝に関わったり，あるいはコラーゲンの生合成などに関わっている。脂溶性ビタミンは視覚色素の形成，成長促進作用，体内のカルシウムの恒常性維持，骨形成を促すなどの役割を果たしている。

またミネラルは，骨や歯の構成成分であるだけでなく，浸透圧やpHの調節，神経刺激の伝達，筋肉の収縮などの生体調節に関わっている。さらに生体の機能性タンパク質の構成成分として不可欠な物質である。

このように，すべての栄養素は，生体内で健康維持のために必要なもので，食べ物から摂らなくてはならない。しかし，重要なのは，どの栄養素をどのくらい摂るか，あるいは，どの栄養素は，どのような食品にどれだけ含まれているかであり，これらのことに対する正しい知識をもつことが必要である。

また生理学的な観点からみると，食べ物に含まれる炭水化物，脂質およびタンパク質は，それぞれを分解する消化酵素，消化過程，および吸収過程が異なっているので(3章参照)，個々の栄養素がどのように消化吸収され，どのように利用されるのかを学んでほしい。

(2) おいしさを与える働き

おいしい食べ物を食べたときの満足感は，何ものにも変えがたい。食べ物のおいしさは，さまざまな要因によって決まっている。

食べ物の素材からくる要因として，味，香り，食感，色，形がある(図序-2)。食べる前の情報として，香り(鼻先香)，色，形があるが，私たちが多くの場合，おいしさを判断するのは，食べ物を口に入れてからである。口に入れたときに感じる味，香り(口中香)，硬さや舌ざわりなどの食感が，食べ物のおいしさを決めている。素材のもつ香りやそれを活かすような味つけがされた食べ物は多くの人がおいしいと思う。また硬さや舌ざわりも重要である。噛み切れないような肉よりも軟らかくてジューシーな肉がおいしいと評価される。

しかし，おいしさは単純ではない。同じものを食べてもおいしいと感じる人とそ

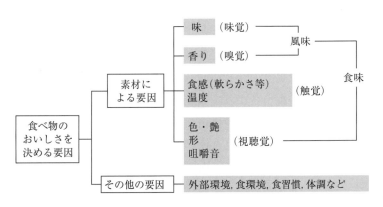

図序-2　食べ物のおいしさを決める要因

うでない人がいる。それは，おいしさの基準が食習慣，食体験，食文化等の違いによって異なっているからである。また体調もおいしさを決める重要な要因である。風邪をひいて熱があると，普段おいしいと思っている食べ物をおいしいと感じない。おなかが空いているときは，何を食べてもおいしく感じる場合が多い。しかし満腹状態だと，普段はおいしく感じていたものも，それほどおいしく感じないことが多い。このように，おいしさを決める要因は複雑である。

　生理学的観点からみると，甘味，酸味，塩味，苦味，うま味の5基本味は，舌の味蕾に存在する化学受容器で感知される。辛味は基本味ではないが，カプサイシンという化学物質の受容体への刺激で伝えられ，熱に反応する痛み刺激として感知される。舌ざわりという物理刺激も食べ物の味わいには重要である。これらは大脳に伝えられ嗅覚や視覚からの情報と統合され，総合的に味わいが感知される。聴覚や過去の経験もこれに加味されるであろう。さまざまな工夫で，おいしく食べることが可能になる。おいしさを感じることで，大脳からの指令により消化管の運動，消化液の分泌は高まる。消化吸収が促進されると，血液循環等基本的な生理機能が改善され，健康の維持につながると期待される。したがって，おいしい食べ物を食べたときの満足感は，健康維持にきわめて大切である。

（3）　病気を予防する働き

　「医食同源」という言葉をよく聞くが，これは「毎日の食生活は医者が病気を治すこと同様に，健康を維持するために重要である。」という意味である。この言葉は中国で最初に使われたが，中国では食べ物には単なる栄養素だけではなく，健康維持にもっと積極的に寄与する成分があることがわかっていたのではないだろうか。

　日本では1980年代に，食べ物には健康維持に積極的に寄与する成分があると考え，食べ物から生体機能を調節する成分に関する研究が始まった。その結果，植物性食品や動物性食品に関して多くの機能性成分が見いだされ，同定されている。また，これらの機能を強化した多くの機能性食品が開発されている。そのなかには，病気を予防する食品として消費者庁が認可する「特定保健用食品」や「機能性表示食品」に分類される食品もある。

　このように超高齢化社会に備えるべく，多くの企業がさまざまな知恵をしぼりながら，新しい機能性食品の開発に取り組んでいる。このような機能性食品の開発にあたっては，食品のもつさまざまな機能を理解しなければならない。またそれぞれの機能性成分の生体調節機能の作用機序を知っていなければならない。このような知識があって初めて機能性食品を理解し，利用ができるのである。

　これまで知られている機能は，血圧の上昇を抑える働き，カルシウムや鉄の吸収を促進する働き，おなかの調子を整える働き，血液中のコレステロールや中性脂肪の上昇を抑制する働き，筋肉を強化する働きなどがある。

4　序章　食べ物の働き

このように食品中の栄養素は身体の必要成分であるので，それぞれの栄養素が生体内でどのような役割を果たしているのかを理解し，食の重要性を再確認することが重要である。必要成分の摂取によって健康維持が可能となるが，適正量以上の摂取は，逆に病気の発症を招く恐れがあり，注意が必要である。炭水化物や脂質の過剰摂取による肥満や糖尿病，コレステロールの過剰摂取による動脈硬化症などがその例である。また，昨今の偏りがちな食生活において不足しがちな栄養素は，機能性食品（14章参照）から摂取することも考慮するべきであろう。

1章　食品に含まれる栄養素と必要量

> **概要**：食品に含まれる健康維持に必要な栄養素の役割と1日当たりに摂取すべき必要量を学ぶ。
> また，病気の予防効果が期待される食品中の機能性成分とその効果を学ぶ。

到達目標　＊　＊　＊　＊　＊　＊　＊

1. 食べ物に含まれる栄養素を挙げ，それぞれのもつ役割を説明できる。
2. それぞれの栄養素の必要量を正しく説明できる。
3. 過剰に摂取すると，からだにとって害となる栄養素を挙げることができる。
4. 病気の予防効果が期待できる食品の機能性成分を挙げ，それぞれのもつ役割を説明できる。

1　タンパク質

　食品から摂取されたタンパク質は，消化されて，アミノ酸となり体内に吸収される。体内に吸収されたアミノ酸は，体内の筋肉を構成するミオシン，アクチン，コラーゲン，毛髪のケラチンなどの構造タンパク質，あるいはペプシン，トリプシンなどの消化酵素，生体防御に必要な抗体などの機能性タンパク質の生合成の原料となるほか，エネルギー源としても利用される。摂取したタンパク質やアミノ酸がエネルギー源として利用される場合は，1g当たり4kcalとなる。

（1）　食品中に含まれるタンパク質の特性

　タンパク質は，アミノ酸がペプチド結合により多数結合した高分子物質である。動物や植物は食資源となるが，それぞれの構造体や機能性成分を構成しているタンパク質の量やその特性は異なっていて，食品としての栄養的価値も違ってくる。食品からタンパク質を摂取する際は，「食品100g当たりに含まれるタンパク質量」や「タンパク質を構成するアミノ酸の組成」が重要となる。

　食品のなかで，タンパク質が多く含まれる食品は，表1-1に示すように，食肉，魚肉，卵，大豆などである。

　食品に含まれるタンパク質の質的な良否は，生体内で生合成されない必須アミノ酸の含量と組成によって決まる。それは摂取したタンパク質が，生体内で効率的に利用されるか否かに関わってくる。世界保健機構（WHO）は，2007年に1gのタンパク質当たり，9種類の必須アミノ酸がどれくらい必要であるかを決め，アミノ酸パターンで示した（表1-2）。すべての必須アミノ酸の含量がその基準値を超えてい

表1-1 タンパク質が多く含まれる食品

食　品	100g当たりの含量(g)	食　品	100g当たりの含量(g)
かつお節	77.1	しろさけイクラ	32.6
するめ	69.2	ぶた［大型種肉］　もも(皮下脂肪なし，焼き)	30.2
かたくちいわし(田作り)	66.6	むろあじ(焼き)	29.7
ほたてがい　貝柱(煮干し)	65.7	抹茶	29.6
パルメザンチーズ	44.0	玉露(茶)	29.1
あまのり　焼きのり	41.4	まるあじ(焼き)	28.7
ぼら　からすみ	40.4	べにざけ(焼き)	28.5
ぶた［大型種肉］ヒレ(赤肉，焼き)	39.3	すけとうだら　たらこ(焼き)	28.3
にわとり［若鶏肉］むね(皮なし，焼き)	38.8	くるまえび(養殖，ゆで)	28.2
大豆はいが	37.8	うし［乳用肥育牛肉］　もも(皮下脂肪なし，焼き)	28.0
きな粉(全粒大豆，黄大豆)	36.7	うし［和牛肉］　もも(皮下脂肪なし)	27.7

日本食品成分表2015年版(七訂)より作成

表1-2 食品タンパク質のアミノ酸スコアの比較

必須アミノ酸	2007年制定のアミノ酸パターン (mg/g protein)	タンパク質1g当たりの必須アミノ酸の含量(mg/g protein)						
		小麦粉(中力粉1等)	米(精白米)	大豆	くろまぐろ	豚肉大型ロース(赤肉(生))	卵(卵白)	生乳
ヒスチジン(His)	18	23(128)	27(150)	30(167)	93(517)	45(250)	25(139)	27(150)
イソロイシン(Ile)	31	36(116)	39(126)	50(161)	45(145)	45(145)	51(165)	53(171)
ロイシン(Leu)	63	72(114)	81(129)	84(133)	75(119)	81(129)	84(133)	97(154)
リシン(Lys)	52	21(40)	36(69)	69(133)	87(167)	89(171)	70(135)	81(156)
含硫アミノ酸 メチオニン(Met) ＋シスチン(Cys)	26	44(169)	46(177)	32(123)	39(150)	39(150)	66(254)	35(135)
芳香族アミノ酸 フェニルアラニン(Phe) ＋チロシン(Tyr)	46	83(180)	91(198)	96(209)	69(150)	76(165)	100(217)	83(180)
トレオニン(Thr)	27	28(104)	35(130)	45(167)	43(159)	47(174)	46(170)	41(152)
トリプトファン(Trp)	7.4	12(162)	14(189)	15(203)	11(149)	12(162)	15(203)	13(176)
バリン(Val)	42	43(102)	57(136)	52(124)	50(119)	49(117)	67(160)	64(152)
アミノ酸スコア		40	69	100	100	100	100	100

＊アミノ酸組成の数値に関して，かっこ内に記載されている数値は，WHOが制定したアミノ酸パターンと比較した割合

日本食品成分表2015年版(七訂)より作成

れば，そのタンパク質のアミノ酸スコアは100であり，摂取後に効率的に生体内で利用されることを意味する。多くの動物性食品のタンパク質のアミノ酸スコアは，100である。一方，植物性食品のタンパク質は基準に対して，不足する必須アミノ酸が存在するため，アミノ酸スコアが100になるものは多くない。パンやうどんの原料となる小麦のタンパク質は，必須アミノ酸のリシンが不足しており，アミノ酸スコアは46である。生体では，リシン以外の必須アミノ酸も46％分しか利用できない。また，米のタンパク質もリシンが不足しており，81である。

これらのことを総合すると，体内のタンパク質を生合成するためには，植物性食品よりも動物性食品からタンパク質を摂るほうが，効率的であるといえる。

(2)　なぜ，タンパク質を毎日摂取しなければならないか

　生体内にタンパク質は1万種類以上存在し，そのなかの多くが私たちの健康維持に関わっている。これらのタンパク質は，一定の周期で新しいものにつくりかえられている。これを「タンパク質の代謝」という(図1-1)。タンパク質の種類によってその周期の長さは異なるが，生体内タンパク質の約30分の1は，毎日新しくつくりかえられているのである。

　タンパク質の代謝時に，分解されて生じた一部のアミノ酸は，生合成に使用されるが，それ以外のアミノ酸は，さらに分解されて体外に排出されてしまう。分解されたタンパク質を新しく生合成するためには，不足したアミノ酸を食品由来のタンパク質から供給しなければならない。そのために，毎日のタンパク質代謝に利用されるアミノ酸を，食事から摂取しなければならないのである。もしタンパク質の摂取量が不足すると，分解された生体内タンパク質が新しく生合成されないため生体の機能が低下し，疾病や老化の原因となる。これがタンパク質を毎日摂取しなければならない理由である。

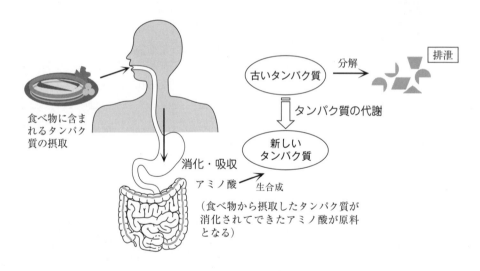

図1-1　タンパク質の代謝

(3)　タンパク質の1日当たりの必要量

　1日に必要なタンパク質の摂取量としては，18〜29歳以上の成人男性で60g，成人女性では50gが推奨されている(表1-3)。この推奨量は，高齢になっても同じであり，最近，高齢者でもタンパク質を十分に摂取することが重要であると指摘されている(11章参照)。

表1-3 18〜29歳のタンパク質，脂質，炭水化物の摂取推奨量，目標量あるいは目安量

＜摂取推奨量＞	男　性	女　性
	推奨量	推奨量
タンパク質（g）	60	50
＜摂取目標量＞	男　性	女　性
	目標量	目標量
脂質：脂肪エネルギー比率（％エネルギー）	20〜30	20〜30
飽和脂肪酸　　　　　　（％エネルギー）	7以下	7以下
炭水化物　　　　　　　（％エネルギー）	50〜65	50〜65
食物繊維　　　　　　　（g/日）	20以上	18以上
＜摂取目安量＞	男　性	女　性
	目安量	目安量
n-6 脂肪酸　　　　　　（g/日）	11	8
n-3 脂肪酸　　　　　　（g/日）	2.0	1.6

日本食品成分表2015年版（七訂）より作成

　ヒトによって，体格が異なるので，体格の違いにより，タンパク質の摂取量を計算する方法も提案されている。これは以下の式で求められる。

タンパク質の摂取推奨量(g)＝身長(m)×身長(m)×22(BMI の標準値)

　身長が171cm のヒトの場合，推奨量は1.71×1.71×22＝64.3g となる。それぞれ，自分の必要量を計算してみよう。

● 2　炭水化物

　炭水化物は，主にエネルギー源として利用される。1g 当たり4kcal となる。

（1）　食品に含まれる炭水化物の特性

　炭水化物は，単糖がグリコシド結合により，複数個が結合した物質のことである。単糖が2〜10個結合したものをオリゴ糖，多数の単糖が結合したものを多糖とよんでいる。炭水化物は糖からなるので糖質と同じ意味で使われるが，元来，炭素（C），水素（H），酸素（O）からなり，モル比が1：2：1で，炭素（C）と水（H_2O）が1：1で結合した形態をとることでつけられた名称である。

　私たちが普段，摂取する主な炭水化物は，米に含まれるデンプン，砂糖であるスクロース，牛乳に含まれる乳糖，果物に含まれる果糖（フルクトース）などである。表1−4には，炭水化物が多く含まれている食品が挙げられている。

　食品から摂取された炭水化物は，消化酵素で単糖に分解された後，吸収される。消化酵素で分解されない高分子量の炭水化物は食物繊維に分類され，おなかの調子を整える機能やコレステロールの吸収を抑制する機能が知られている。また消化酵

素で分解されないオリゴ糖は，プレバイオティクスとしておなかの調子を整える効果が期待されている。

表1-4　炭水化物が多く含まれる食品

食　品	100g当たりの含量(g)	食　品	100g当たりの含量(g)
グラニュー糖	100.0	カステラ	63.2
ドロップキャンデー	98.0	中華スタイル即席カップめん（非油揚げ）	62.2
コーンフレーク	83.6	メロンパン	59.9
米菓(しょうゆせんべい)	83.1	ポップコーン	59.6
ぶどう(干しぶどう)	80.7	どら焼	58.7
はちみつ	79.7	きんつば	58.6
キャラメル	77.9	フランスパン	57.5
ビスケット(ハードビスケット)	77.8	ポテトチップス	54.7
甘納豆(えんどう)	70.1	もち	50.9
ようかん(練りようかん)	70.0		

日本食品成分表2015年版(七訂)より作成

（2）　なぜ，炭水化物を毎日摂取しなければならないか

　炭水化物は，重要なエネルギー源である。多くの臓器は脂肪と糖をエネルギー源として利用しているが，脳神経細胞や血球細胞は，そのほとんどをグルコースに依存している。脳神経細胞は低血糖に弱く，低血糖になると意識がなくなることもある。それが持続すると神経細胞に障害が起こり，最後は死に至る。

　グルコースは非常に大切な栄養素であるので，体内でグルコースが不足すると肝臓では特定のアミノ酸，グリセロール，乳酸などからグルコースを生合成する糖新生の機構が働いてグルコースをつくりだしている。余分なグルコースは，エネルギー源であるグリコーゲンとして貯蔵されるが貯蔵できる量は限られているため，その量を超えると，脂肪に変換されて皮下脂肪や内臓脂肪として蓄積されることになる。炭水化物の過剰摂取は肥満症につながるので，適切な炭水化物量を摂取しなければならない。

（3）　炭水化物の1日当たりの必要量

　炭水化物の摂取量は，1日に必要な消費エネルギーを考慮して決めなければならない。消費エネルギーは，基礎代謝量と活動状態によって計算されるが，個人によってかなり変わってくる。以下に，まず1日に必要な消費エネルギーの算出方法を示す。基礎代謝基準値は，年齢や性別で異なっている(表1-5)。

$$1日の基礎代謝量(kcal)＝基礎代謝基準値(kcal／kg体重／日)×体重(kg)$$

　この式で得られた「1日の基礎代謝量」を用いて，次の式で身体活動レベルの異な

10　　1章　食品に含まれる栄養素と必要量

るヒトの1日に必要な消費エネルギー量を算出できる。

$$1日に必要な消費エネルギー(kcal)＝1日の基礎代謝量(kcal)$$
$$×身体活動レベル(Ⅰ～Ⅲ)$$

　この式において，身体活動レベルⅠの場合，1.50，Ⅱの場合，1.75，Ⅲの場合は2.00とする。身体活動レベルは以下を目安として決定する。

〈身体活動レベルの目安〉

　Ⅰ（低　い）：生活の大部分が座位で，静的な活動が中心の場合

　Ⅱ（ふつう）：座位中心の仕事だが，職場内での移動や立位での作業・接客等，あるいは通勤・買い物・家事・軽いスポーツ等のいずれかを含む場合

　Ⅲ（高　い）：移動や立位の多い仕事への従事者，あるいは，スポーツなど余暇における活発な運動習慣をもっている場合

表1-5　各年齢の参照体重における基礎代謝量(2015年版)

年齢(歳)	男　性			女　性		
	基礎代謝基準値(kcal/kg 体重/日)	基準体重[*1](kg)	基礎代謝量[*2](kcal/日)	基礎代謝基準値(kcal/kg 体重/日)	基準体重(kg)	基礎代謝量(kcal/日)
1～2	61.0	11.5	702	59.7	11.0	657
3～5	54.8	16.5	904	52.2	16.1	840
6～7	44.3	22.2	983	41.9	21.9	918
8～9	40.8	28.0	1143	38.3	27.4	1049
10～11	37.4	35.6	1331	34.8	36.3	1263
12～14	31.0	49.0	1519	29.6	47.5	1406
15～17	27.0	59.7	1612	25.3	51.9	1313
18～29	24.0	63.2	1517	22.1	50.0	1105
30～49	22.3	68.5	1528	21.7	53.1	1152
50～69	21.5	65.3	1404	20.7	53.0	1097
70以上	21.5	60.0	1290	20.7	49.5	1025

＊1　基準体重は，それぞれの年齢における体重の中央値である。基礎代謝量は，各年齢における基礎代謝基準量に，基準体重を乗じて計算した。

＊2　各人の基礎代謝量は，自分の体重に基礎代謝基準値を乗じて，求めることができる。

　炭水化物の推奨摂取量は，上記で計算された1日に必要な消費エネルギーに応じて決まる（表1-3参照）。すなわち，必要な消費エネルギーに相当するエネルギー源を食べ物から摂取すればよい。これを守っていれば，食べ過ぎによる肥満を防ぐことができる。ヒトはエネルギー源を炭水化物と脂質から摂取するが，そのうち50～65％を炭水化物から摂取することが推奨されている。1日当たり2,000 kcal の消費エネルギーを必要とするヒトであれば，どのくらいの炭水化物を摂取すればよいのか，計算してみよう。2,000 kcal の60％を炭水化物からまかなうと仮定すると，1,200 kcal（2,000 kcal × 0.6）が炭水化物を摂取することによって消費するエネルギー量となる。炭水化物は1gが4 kcal に相当するので，300 g（1,200 kcal / 4 kcal）となり，

●2　炭水化物　　11

1日に300gの炭水化物を摂取すればよいことになる。ご飯1杯（100g）がほぼ40g
の炭水化物相当分になるので，ご飯だけで満たすのであれば，1日に約7杯のご飯
を食べればよいことになる。しかし副菜やお菓子などの嗜好品などにも炭水化物が
含まれているので，7杯のご飯を食べると明らかに炭水化物の過剰摂取となる。

　毎日の食生活の内容をチェックし，ご飯以外の炭水化物摂取量を考慮してご飯を
食べる量を決める必要がある。

● 3　脂　質

　食品に含まれる脂質には，中性脂肪，レシチンなどのリン脂質，コレステロール
エステルなどがある。体内では中性脂肪は，主にエネルギー源として利用される。
脂質1g当たり，9kcalのエネルギーとなる。リン脂質やコレステロールは，主に
細胞膜の構成成分として利用されると同時に，生理活性物質の前駆体としても利用
される。

サイドメモ：脂質の消化と吸収
中性脂肪はモノアシルグリセロールと2つの脂肪酸に，レシチンはリゾレシチンと脂肪酸に，コレステ
ロールエステルはコレステロールと脂肪酸に分解された後，吸収される。これらの分解はリパーゼの作用
による（3章参照）。

（1）　食品に含まれる脂質の特性

　食品に脂質が含まれていると，おいしくなることはよく知られている。一般的に
は，植物性食品より動物性食品に脂質が多く含まれている（表1-6）。また加工食
品でも，脂質が使われているものが多い。動物性食品や加工食品で多く含まれてい

表1-6　脂質が多く含まれる食品

食　品	100g当たりの含量(g)	食　品	100g当たりの含量(g)
サフラワー油	100.0	クリーム　乳脂肪	45.0
大豆油	100.0	うし[乳用肥育牛肉]　ばら(脂身つき，焼き)	44.2
ソフトタイプマーガリン	83.1	ぶた[大型種肉]　ばら(脂身つき，焼き)	43.9
食塩不使用バター	83.0	あんこうきも(生)	41.9
マカダミアナッツ(いり，味付け)	76.7	フレンチドレッシング	41.9
マヨネーズ全卵型	75.3	ホイップクリーム　乳脂肪	40.7
アーモンド(フライ，味付け)	53.6	アーモンドチョコレート	40.4
にわとり　[副生物]皮もも(生)	51.6	ぶた[ベーコン類]　ベーコン	39.1
うし[和牛肉]　ばら(脂身つき，生)	50.0	ビスケット類(リーフパイ)	35.6
がちょう　フォアグラ(ゆで)	49.9	ポテトチップス	35.2
らっかせい(大粒種，いり)	49.4	<調味料類>　(ルウ類)カレールウ	34.1
うし[和牛肉]　サーロイン(脂身つき，生)	47.5	チェダーチーズ	33.8

日本食品成分表2015年版(七訂)より作成

る脂肪は，大体トリアシルグリセロール（トリグリセリド，中性脂肪ともいう）の混合物である。

トリアシルグリセロールは，グリセロールの3つの水酸基に脂肪酸がエステル結合したものである。トリアシルグリセロールを構成する脂肪酸の種類によって，脂肪の性質が異なると同時に機能も変わってくる。一般的に不飽和脂肪酸が含まれている脂肪は融点が低く，体温で溶けやすいので，舌ざわりがよい。

脂肪を構成する脂肪酸のなかで，リノール酸とリノレン酸は，それぞれn-6系脂肪酸とn-3系脂肪酸に属している。これらは生体内では生合成できないので必須脂肪酸とよばれており，食品から摂取しなければならない（表1-3参照）。

> **サイドメモ：n-6系脂肪酸とn-3系脂肪酸**
> n-6系脂肪酸とn-3系脂肪酸は，脂肪酸のメチル基側から6番目の炭素あるいは3番目の炭素に二重結合があることから名づけられた。これらの脂肪酸は植物では合成されるが，ヒトでは生合成されないため，必須アミノ酸と同様に，食べ物から摂取しなければならない。リノール酸から体内で合成されるアラキドン酸も必須脂肪酸に入れることがある。

（2） なぜ脂質を摂取しなければならないか

脂質のうち，トリアシルグリセロール（中性脂肪）は，主にエネルギー源として利用される。また細胞膜の構成成分としても利用される。さらに必須脂肪酸であるリノール酸やリノレン酸は，生体内の血圧，免疫，血液凝固などの調節を行っている生理活性物質エイコサノイドの前駆体としてなくてはならないものである。

リン脂質やコレステロールは，細胞膜の構成成分として利用される。またコレステロールは，胆汁酸，性腺ホルモン，副腎皮質ホルモン，ビタミンDの前駆体であることから，これが不足すると健康維持に支障をきたすことになる。

（3） 脂質の1日当たりの必要量

脂質の摂取目標量は，エネルギー源の20〜30％に相当する量とされている（表1-3参照）。1日当たり2,000 kcalの消費エネルギーを必要とするヒトであれば，どのくらいの脂質を摂取すればよいのか。計算してみよう。

脂質からのエネルギー摂取量を20％と仮定すると，400 kcal（2,000 kcal×0.2）が脂質を摂取することによって消費するエネルギー量となる。脂質は1 gが9 kcalに相当するので，約45 g（400 kcal/9 kcal）となり，1日に約45 gの脂質を摂取すればよいことになる。脂質の摂りすぎになっていないかをチェックする必要がある。

また脂質の構成脂肪酸に関しても，摂取すべき目標量や目安量が細かく決められている。飽和脂肪酸はエネルギー源の7.0％以下とする。n-6系脂肪酸の摂取目安量は，男性11 g，女性8 g，n-3系脂肪酸の場合は，男性2.0，女性1.6とされている。これらの目安量は必須脂肪酸を摂取するためである。

コレステロールに関しては，2010年の「日本人の食事摂取基準」で摂取推奨量が

男性750 mg 未満，女性600 mg 未満とされていたが，2015年のものでは摂取基準が削除された。コレステロールは不足すると健康に支障をきたすので注意が必要である。

（4）　必須脂肪酸から多価不飽和脂肪酸やエイコサノイドの生合成

　　必須脂肪酸であるリノール酸とα-リノレン酸は，体内の酵素の作用を受け炭素数の延長や二重結合の付加が生じ，より炭素数が多くかつ二重結合の多い多価不飽和脂肪酸であるアラキドン酸，エイコサペンタエン酸（EPA）やドコサヘキサエン酸（DHA）に変化する（図1－2）。EPA と DHA は生体内でα-リノレン酸から合成される。これらは血小板凝集抑制作用をもっていることから，血小板凝集による疾病を予防するためには，食べ物から EPA や DHA を直接摂り入れることも大切である（8章参照）。また，必須脂肪酸からは生体の状態によって血圧，免疫，血液凝固などの生体反応を制御するエイコサノイドが生合成される。

①　EPA と DHA

　　EPA は炭素数が20からなる n-3系脂肪酸で，二重結合を5個有する多価不飽和脂肪酸である。これはα-リノレン酸から複数の不飽和化酵素と鎖長延長酵素によって生合成される（図1－2）。EPA は血小板凝集阻害作用をもつことが知られている。EPA はすじこ，きんき，かたくちいわしなどの海産物に多く含まれている（表1－7）。

<table>
<tr><th colspan="2">表1-7 EPA が多く含まれる食品</th></tr>
<tr><th>食　　品</th><th>100 g 当たりの
含量(g)</th></tr>
<tr><td>すじこ</td><td>2.0</td></tr>
<tr><td>きんき</td><td>1.5</td></tr>
<tr><td>かたくちいわし</td><td>1.3</td></tr>
<tr><td>みなみまぐろ(脂身)</td><td>1.2</td></tr>
<tr><td>まいわし</td><td>1.1</td></tr>
<tr><td>はまち(養殖)</td><td>1.0</td></tr>
<tr><td>ぶ　り</td><td>1.0</td></tr>
<tr><td>さんま</td><td>0.9</td></tr>
<tr><td>大西洋さけ</td><td>0.88</td></tr>
<tr><td>うなぎ蒲焼</td><td>0.7</td></tr>
<tr><td>まだい(養殖)</td><td>0.57</td></tr>
<tr><td>まさば</td><td>0.5</td></tr>
</table>

<table>
<tr><th colspan="2">表1-8 DHA が多く含まれる食品</th></tr>
<tr><th>食　　品</th><th>100 g 当たりの
含量(g)</th></tr>
<tr><td>みなみまぐろ(とろ)</td><td>2.6</td></tr>
<tr><td>すじこ</td><td>2.5</td></tr>
<tr><td>はまち(養殖)</td><td>1.8</td></tr>
<tr><td>ぶ　り</td><td>1.8</td></tr>
<tr><td>さんま</td><td>1.7</td></tr>
<tr><td>きんき</td><td>1.5</td></tr>
<tr><td>大西洋さけ</td><td>1.4</td></tr>
<tr><td>まいわし</td><td>1.4</td></tr>
<tr><td>うなぎ蒲焼</td><td>1.3</td></tr>
<tr><td>まだい(養殖)</td><td>0.86</td></tr>
<tr><td>まさば</td><td>0.75</td></tr>
</table>

　　DHA は炭素数が22からなる n-3系脂肪酸で，二重結合を6個有する多価不飽和脂肪酸である。EPA と同様に血小板凝集阻害作用をもつことが明らかとなっている。みなみまぐろ，すじこ，はまちなどに多く含まれている（表1－8）。

②　エイコサノイド

　　エイコサノイドは，生体内でリノール酸あるいはα-リノレン酸から酵素反応によって生合成される生理活性物質である。リノール酸からは，ジホモ-γ-リノレン

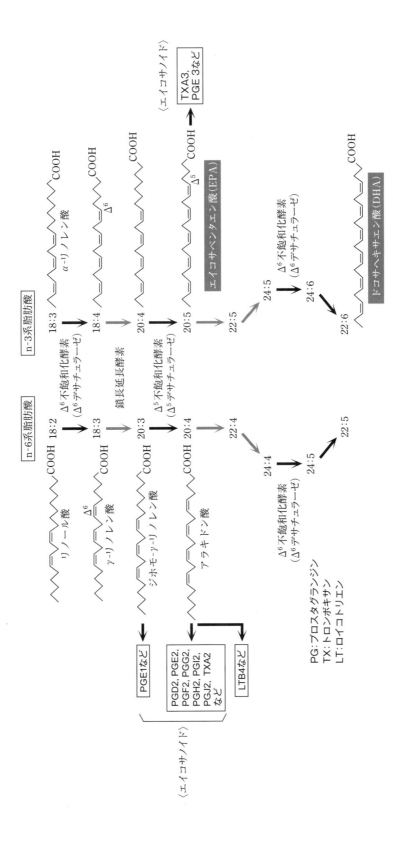

図1-2 必須脂肪酸から多価不飽和脂肪酸やエイコサノイドの生合成

酸，あるいはアラキドン酸を経て，各種のプロスタグランジン，トロンボキサン，ロイコトリエンが生合成される（図1-2）。また，α-リノレン酸からは，エイコサペンタエン酸を経て，同様に各種エイコサノイドが生合成される。

エイコサノイドは血圧の上昇と降下，血小板の凝集とその阻害ならびに免疫力の応答と抑制などの相反する働きをもっている（表1-9）。アラキドン酸から生合成されるトロンボキサンA2（TXA2）は血小板凝集作用，動脈収縮作用，気管支収縮作用をもつ。プロスタグランジンI2（PGI2）は相反する生体反応を引き起こし，血小板凝集阻害作用や動脈の弛緩作用をもっている。エイコサノイドは半減期が短く，標的部位の近くで産生され，短時間，限定的に作用するのが特徴である。働きが終了したらすぐに消失する。このように生体では体調に応じてすぐに正常に戻すための制御システムができており，ヒトの健康維持に重要な働きをしている。

表1-9　各種エイコサノイドとその生物活性

前駆体	エイコサノイド	生物活性
ジホモγ-リノレン酸	PGE1	血小板凝集阻害，免疫機能正常化
アラキドン酸	TXA2	血小板凝集，動脈収縮，気管支収縮
	LTB4	白血球活性化
	PGD2	血小板凝集阻害，末梢血管拡張，睡眠誘発
	PGE2	血圧降下，血管拡張，胃液分泌抑制，腸管運動亢進，子宮収縮，利尿，気管支拡張，骨吸収，免疫応答抑制
	PGF2	血圧上昇，血管収縮，腸管運動亢進，子宮収縮，黄体退行，気管支収縮
	PGG2	血小板凝集誘起，動脈収縮，気管支収縮
	PGH2	血小板凝集誘起，動脈収縮，気管支収縮
	PGI2	血小板凝集阻害，動脈弛緩
	PGJ2	抗腫瘍作用
エイコサペンタエン酸	TXA3	弱い血小板凝集
	PGE3	血圧降下，血管拡張，胃液分泌抑制，腸管運動亢進，子宮収縮，利尿，気管支拡張，骨吸収，免疫応答抑制

● 4　ビタミン

ビタミンは生体の機能を調節する重要な栄養素である。ビタミンのほとんどは，生体内で合成されないことから毎日の食品から摂取しなければならない。1日に必要なビタミンの摂取量はタンパク質，炭水化物や脂質に比べて少量であることから微量栄養素とよばれている。

（1）　食品に含まれるビタミンの働き

ビタミンは水に溶けるか，あるいは脂質に溶けるかによって2種類に分類される。水溶性ビタミンにはビタミンB₁，B₂，B₆，B₁₂，葉酸，ナイアシン，パントテン酸，ビオチン，ビタミンCがある。一方，脂溶性ビタミンとしてはビタミンA，

16　　1章　食品に含まれる栄養素と必要量

D，E，K がある。

ビタミンは体内の糖質や脂質，アミノ酸の代謝，核酸の合成などの反応において，それぞれの反応に関わっている酵素の補酵素として反応が正常に進行するための役割を担っている。体内のビタミンが欠乏すると生体内で必要とする上記の代謝産物が合成されなくなり各ビタミンに特徴的な欠乏症が生じる。

① 水溶性ビタミン

a）ビタミン B₁

ビタミン B_1（チアミン）は，主に糖代謝に関わる補酵素としてエネルギー代謝に寄与している。具体的には TCA サイクルの入り口で，解糖系から生じたピルビン酸を脱炭酸してアセチル CoA に変換するピルビン酸デヒドロゲナーゼ複合体の補酵素やペントースリン酸回路において五炭糖などの生成に関わるトランスケトラーゼの補酵素として重要な役割を果たしている。また分岐鎖アミノ酸の代謝や神経機能を正常に保つ働きもある。不足すると脚気による腱の反射喪失，神経障害，運動障害を引き起こすことが知られている。

b）ビタミン B₂

ビタミン B_2（リボフラビン）は，体内に吸収されるとフラビンモノヌクレオチド（FMN）やフラビンアデニンジヌクレオチド（FAD）に変換されクエン酸回路，脂肪酸の β-酸化，電子伝達系などのエネルギー代謝における酸化還元反応を触媒する酵素の補酵素として，重要な役割を果たしている。不足すると舌炎，口角炎，口唇炎，脂漏性皮膚炎を引き起こすことが知られている。

c）ナイアシン

ナイアシンはニコチン酸とニコチン酸アミドの総称で，ビタミン B_3 ともよばれている。これは解糖系，クエン酸回路，電子伝達系などにおける酸化還元反応に関わる酵素の補酵素として働き，不足するとペラグラ症（粗い皮膚：イタリア語）を引き起こす。皮膚炎，下痢，神経障害による痴呆は，ペラグラの典型的な症状である。また過剰症としては，血管拡張による皮膚の紅潮が引き起こされる。

d）ビタミン B₆

ビタミン B_6 にはピリドキシン，ピリドキサール，ピリドキサミンの三種類がある。生体内では各種アミノ酸のアミノ基転移，ラセミ化，脱炭酸などの反応に関わる補酵素として働き，糖代謝にも関わっている。不足すると湿疹，脂漏性皮膚炎，口角炎，舌炎が引き起こされる。また過剰症としては，感覚神経障害，骨の疼痛，筋肉の脆弱，精巣委縮症が起こる。

e）ビタミン B₁₂

ビタミン B_{12}（シアノコバラミン）は，アミノ酸や脂肪酸の代謝に関わり，クエン酸回路の補酵素として働く。また葉酸の生合成，細胞内の DNA 合成や調整にも関わり，不足すると悪性貧血や高ホモシステイン血症になる（6章参照）。

● 4 ビタミン 17

f） 葉　酸

　葉酸はアミノ酸や核酸合成において，ホルミル基(-CHO)，ホルムイミノ基(-CH$_2$-NH-)，メチレン基(>CH$_2$)，メチル基(-CH$_3$)などの一つの炭素含有官能基を転移する反応に関わっている。特にメチオニンの生合成に重要である。不足すると，高ホモシステイン血症，巨赤芽球性貧血，神経障害，神経管異常新生児の生まれる確率が上昇する(6章参照)。

g） ビオチン

　ビタミン B 群に分類されるビタミンであり，糖代謝に関わるピルビン酸カルボキシラーゼや脂肪酸代謝に関わるアセチル CoA カルボキシラーゼなどの補酵素として働いている。欠乏症はまれであるが，皮膚炎や脱毛症を起こすことがある。

h） パントテン酸

　パントテン酸はビタミン B 群に含まれ，ビタミン B$_5$ ともよばれていた。CoA の構成成分として糖，脂肪酸，タンパク質の代謝に関わっている。

i） ビタミン C

　ビタミン C はアスコルビン酸ともよばれる抗酸化物質である(13章参照)。ビタミン C は，コラーゲン合成に関わっており，構成アミノ酸であるヒドロキシプロリンやヒドロキシリシンが合成される時の酵素反応の補酵素として働いている。不足するとコラーゲンが正常に合成されないため，壊血病を引き起こすことが知られている。

② 脂溶性ビタミン

a） ビタミン A

　ビタミン A とは，レチノール，レチナール，レチノイン酸ならびにこれらの誘導体の総称であり，レチノイドともよばれる。β-カロテンのようにヒトの体内でビタミン A に変換される物質は，プロビタミン A とよばれる。通常，野菜に多く含まれるβ-カロテンは小腸の上皮細胞，肝臓，腎臓でビタミン A に変換される。ビタミン A は，視色素であるロドプシンの前駆体であるため，眼の機能維持に重要である。また抗酸化作用をもち，皮膚や粘膜などの上皮組織の健康維持に関わっている(13章参照)。不足すると夜盲症や上皮機能の障害を引き起こすことが知られている。

b） ビタミン D

　ヒトの体内で重要なビタミン D はビタミン D$_3$(コレカルシフェロール)である。コレカルシフェロールは紫外線を受けると，皮膚で7-デヒドロコレステロール(プロビタミン D$_3$)から生合成される。血中のカルシウム濃度が低下すると，コレカルシフェロールは，活性型ビタミン D$_3$(1,25-ジヒドロキシコレカルシフェロール)になり腸からのカルシウム吸収を高めたり，腎臓での血中から尿へのカルシウム移行を抑制する働きがある(10章参照)。不足すると，くる病や骨粗しょう症に罹りやすくなり，摂り過ぎると，高カルシウム血症や腎障害を引き起こす。

c） ビタミンE

ビタミンEはトコフェロールとよばれる抗酸化物質である。α-, β-, γ-, δ-の4種類が存在しており、α-トコフェロールの抗酸化作用が最も強い（13章参照）。ビタミンEは、生体膜に存在する不飽和脂肪酸の酸化抑制を介して、生体膜の機能を正常に保つ働きをしている。不足すると、未熟児で溶血性貧血や脂肪吸収障害に伴う深部感覚障害や小脳失調などの神経障害を起こすことが知られている。

d） ビタミンK

ビタミンKは、γ-カルボキシグルタミン酸の生合成に不可欠な成分であり、これを含むオステオカルシンや骨基質タンパク質の生合成（10章参照）、血液凝固因子の生合成（8章参照）に関わっている。

ビタミンKには、緑葉に多いビタミンK_1（フィロキノン）と細菌が産生するビタミンK_2（メナキノン）があるが、それぞれは同じ機能をもっている。ビタミンK_2には官能基の構造が異なる複数が存在しており、その長さによってメナキノン-nとよばれている。納豆などの発酵食品に含まれるビタミンK_2は、メナキノン-7が多い。

ビタミンKが不足すると、血液凝固能が低下したり、骨粗しょう症にかかりやすくなる。

（2） ビタミンの1日当たりの推奨量と耐容上限値

厚生労働省が公表している「日本人の食事摂取基準（2015年版）」には、ビタミン

表1-10　18～29歳のビタミン類の摂取推奨量あるいは目安量と耐容上限値

＜摂取推奨量＞	男　性		女　性	
	推奨量	耐容上限量	推奨量	耐容上限量
ビタミンA　（μgRE／日）注1	850	2,700	650	2,700
ビタミンB_1　（mg／日）	1.4		1.1	
ビタミンB_2　（mg／日）	1.6		1.2	
ナイアシン　（mgNE／日）	15	300	11	250
ビタミンB_6　（mg／日）	1.4	55	1.2	45
ビタミンB_{12}　（μg／日）	2.4		2.4	
葉　酸　（μg／日）	240	900	240	900
ビタミンC　（mg／日）	100		100	

＜摂取目安量＞	男　性		女　性	
	目安量	耐容上限量	目安量	耐容上限量
ビタミンD　（μg／日）	5.5	100	5.5	100
ビタミンE　（mg／日）注2	6.5	800	6.0	650
ビタミンK　（μg／日）	150		150	
パントテン酸（mg／日）	5		4	
ビオチン　（μg／日）	50		50	

注1：レチノール活性当量（μgRAE）

$\quad$ ＝レチノール（μg）＋β-カロテン（μg）$\times \dfrac{1}{12}$＋α-カロテン（μg）$\times \dfrac{1}{24}$

$\quad$ ＋β-クリプトキサンチン（μg）$\times \dfrac{1}{24}$＋その他のプロビタミンAカロテノイド（μg）$\times \dfrac{1}{24}$

注2：α-トコフェロールについて算定した。α-トコフェロール以外のビタミンEは含んでいない。

日本食品成分表2015年版（七訂）より作成

に関して推奨量や目安量だけではなく，過剰に摂取したときの副作用を防ぐために，摂取する際の上限値（耐容上限値）も設定されている。

表1−10に示したように，推奨量や耐容上限値は男性と女性で異なっているものがある。これらの値を意識して，不足しやすいビタミンを知っておくことが健康維持に大変重要である。

（3）ビタミンが多く含まれる食品

種々のビタミンが多く含まれる食品を表1−11に示す。含有量に関しては，巻末の●ビタミン付表1〜13を参照すること。これらの表を参考にビタミンが不足しないように，日々の食生活を考えることが大切である。

表1−11　各種ビタミンが多く含まれる食品

働　き	栄　養　素
ビタミンB₁	小麦胚芽，ひまわり種子，豚モモ肉，豚ヒレ肉，豚ロース肉
ビタミンB₂	豚レバー，牛レバー，鶏レバー，うなぎ蒲焼，小麦胚芽
ナイアシン	たらこ，かつお，黒まぐろ，牛レバー，さば，いわし，ぶり，豚もも肉，若鶏もも肉
ビタミンB₆	牛レバー，黒まぐろ，かつお，鶏レバー，豚レバー
葉　酸	鶏レバー，牛レバー，豚レバー，からし菜，枝豆，フォアグラ
ビタミンB₁₂	しじみ，すじこ，牛レバー，あさり，鶏レバー，はまぐり
ビオチン	鶏レバー，落花生，豚レバー，牛レバー
パントテン酸	鶏レバー，豚レバー，牛レバー，フォアグラ，たらこ，納豆
ビタミンC	アセロラ，グァバ，芽キャベツ，青ピーマン，柿，いちご，ブロッコリー，カリフラワー，菜の花，キャベツ，グレープフルーツ，みかん
ビタミンA	鶏レバー，豚レバー，あんこう肝，うなぎ蒲焼，牛レバー，フォアグラ，にんじん，モロヘイヤ
ビタミンE	ひまわり油，アーモンド，綿実油，サフラワー油，米ぬか油
ビタミンD	あんこう肝，すじこ，かわはぎ，紅ざけ，かじき
ビタミンK	パセリ，春菊，あしたば，つるむらさき，にら，こまつな，ほうれんそう，豆苗

● 5　ミネラル

生体には20種類のミネラルが存在しており，生体内の構成成分，あるいは機能成分として働いている。そのなかでカルシウム，リン，マグネシウム，ナトリウム，カリウムは存在量が多く，多量元素とよばれている。一方，鉄，亜鉛，銅，ヨウ素などのように存在量の少ないものは微量元素とよばれている。日本では，これらのうち13種類のミネラルに摂取基準（表1−12）が決められている。

（1）　食品に含まれるミネラルの特性

ミネラルの生体内での役割は，以下の4つに分類される。

①　硬組織の構成材料

カルシウム，リン，マグネシウムは，骨や歯を構成する主成分であり，組織に強さ，硬さ，耐久性などを付与している。このなかで，カルシウムが不足すると骨粗

しょう症を引き起こすことが知られている(10章参照)。また幼児では，発育不全や興奮しやすくなるといわれている。

② **軟組織の構成材料**

鉄，リン，カリウム，硫黄などは，タンパク質などの有機物質と結合し，筋肉，皮膚，血液，臓器，神経などの固体の構成成分を形成している。このなかで，鉄は赤血球の構成成分であるヘム鉄として，酸素を運搬する働きがある。これが不足すると赤血球の数が減り，鉄欠乏性貧血を引き起こすことがわかっている(6章参照)。

③ **生体機能の調節**

ナトリウム，カリウム，カルシウム，塩素，リン，マグネシウムは，体液中にイオンとして存在し，神経線維の感受性，細胞膜の透過性，筋肉の収縮，血液や体液の酸アルカリ平衡の維持，浸透圧の調節などに関わっている。このなかで，マグネシウムが不足すると筋痙攣を引き起こすといわれている(6章参照)。

④ **酵素やホルモンの構成成分**

マグネシウム，銅，亜鉛，マンガン，コバルト，鉄，セレンなどは，酵素の活性中心に存在し，種々の生体反応の触媒として関わっている。このなかで，亜鉛が不足すると味覚障害，精神障害(鬱状態)を引き起こすことがわかっている。またヨウ素は甲状腺ホルモンの構成成分として，生命活動の調節に関わっている。これが不足すると甲状腺腫になり，過剰摂取では甲状腺機能亢進症になる。

(2) ミネラルの1日当たりの必要量

表1-12　18～29歳のミネラルの摂取推奨量，目安量，目標量と耐容上限量

<摂取推奨量>	男　性		女　性	
	推奨量	耐容上限量	推奨量	耐容上限量
カルシウム　(mg/日)	800	2,500	650	2,500
マグネシウム　(mg/日)	340		270	
鉄　　(mg/日)注1	7.0	50	6.0	40
亜　鉛　(mg/日)	10	40	8	35
銅　　(mg/日)	0.9	10	0.8	10
ヨウ素　(μg/日)	130	3,000	130	3,000
セレン　(μg/日)	30	420	25	330
モリブデン　(μg/日)	25	550	20	450
<摂取目安量>	男　性		女　性	
	目安量	耐容上限量	目安量	耐容上限量
リン　　(mg/日)	1,000	3,000	800	3,000
マンガン　(mg/日)	4.0	11	3.5	11
クロム　(μg/日)	10		10	
<摂取目安量・目標量>	男　性		女　性	
	目安量	目標量	目安量	目標量
ナトリウム　(g/日)注2		8.0未満		7.0未満
カリウム　(mg/日)	2,500	3,000以上	2,000	2,600以上

注1：女性の鉄推奨量は，「月経あり」では8.5mg/日となる。
注2：ナトリウム値は，食塩相当量で表示している。

日本食品成分表2015年版(七訂)より作成

厚生労働省が公表している「日本人の食事摂取基準(2015年版)」には，ミネラルに関して，推奨量だけではなく，過剰に摂取したときの副作用を防ぐために，摂取する際の上限値(耐容上限値)も設定されている。表1-12に示したように，推奨量や上限値は，ビタミンと同様に，男性と女性で異なっているものがある。これらの値を意識して，不足しやすいミネラルを知っておくことが，健康維持に重要である。

（3） ミネラルが多く含まれる食品

種々のミネラルが多く含まれる食品を表1-13に挙げる。含有量に関しては，巻末の ●ミネラル 付表1～13を参照すること。

表1-13 各種ミネラルが多く含まれる食品

働き	栄養素
カルシウム	干しえび，田つくり，干しひじき，エメンタールチーズ，ごま，どじょう，プロセスチーズ
マグネシウム	干しひじき，干しえび，らっかせい，ごま，カシューナッツ，するめ，大豆(ゆで)，納豆
リン	田つくり(かたくちいわし)，するめ，プロセスチーズ，どじょう，ししゃも
モリブデン	納豆，豚レバー，牛レバー，鶏レバー，精白米飯，玄米飯，大豆
マンガン	いたや貝，ライ麦全粒粉，干しずいき，干しがき，くり，玄米飯
鉄	あさり佃煮，豚レバー，鶏レバー，かつお角煮，どじょう，馬肉，納豆，こまつな，大豆(ゆで)
銅	牛レバー，干しえび，ラム肩肉，しゃこ，いいだこ，ほたるいか，フォアグラ，カシューナッツ，そらまめ
亜鉛	かき(貝)，豚レバー，乳用肥育牛肩ロース，カシューナッツ，スルメ，たらこ，牛レバー，鶏レバー，豚肩ロース，うなぎ蒲焼，ラム肩肉
セレン	まがれい，豚レバー，鶏レバー，いわし，牛レバー，かき(貝)，わかさぎ，乳用肥育牛リブロース
ヨウ素	まこんぶ(素干し)，乾燥わかめ，いわし，かつお，まさば

● 6 食物繊維

（1） 食品に含まれる食物繊維の特性

食物繊維は，ヒトの消化酵素によって加水分解されない高分子難消化成分と定義されている。主な食物繊維は多糖類やその誘導体である。また食物繊維は不溶性食物繊維と水溶性食物繊維に分類される。

表1-14，15に，不溶性食物繊維と水溶性食物繊維が多く含まれている食品とその含量を示した。

① 不溶性食物繊維

不溶性食物繊維には，細胞壁を構成しているセルロース，ヘミセルロース，キチン，リグニンがある。これらを多く含む食品は干ぴょう，グリーンピース，きな粉，干し柿，アーモンド，おから，落花生，オートミール，枝豆などである。

22　1章　食品に含まれる栄養素と必要量

表1-14　不溶性食物繊維が多く含まれる食品

食　品	100ｇ当たりの含量(g)
きくらげ(乾)	57.4
せん茶　(茶)	43.5
玉露　　(茶)	38.9
紅茶　茶	33.7
抹茶	31.9
あずきあん(さらしあん)	26.6
かんぴょう(乾)	23.3
えごま(乾)	19.1
グリンピース(揚げ豆)	18.7
米ぬか	18.3
ココア　ピュアココア	18.3
いり大豆(黄大豆)	17.1
きな粉(全粒大豆黄大豆)	15.4
青汁　ケール	15.2
あらげきくらげ(ゆで)	15.0
ブルーベリー(乾)	14.6
小麦はいが	13.6
干しがき	12.7
アーモンド(フライ，味付け)	11.3
甘ぐり(中国ぐり)	7.5

表1-15　水溶性食物繊維が多く含まれる食品

食　品	100ｇ当たりの含量(g)
しろきくらげ(乾)	19.3
らっきょう(りん茎，生)	18.6
青汁　ケール	12.8
干しわらび(乾)	10.0
エシャレット(りん茎，生)	9.1
かんぴょう(乾)	6.8
抹茶	6.6
あらげきくらげ(乾)	6.3
干しぜんまい(干し若芽，乾)	6.1
おおむぎ　米粒麦	6.0
ココア(ピュアココア)	5.6
玉露茶	5.0
紅茶茶	4.4
あんず(乾)	4.3
にんにく(りん茎，生)	4.1
いちじく(乾)	3.4
プルーン(乾)	3.4
ゆず(果皮，生)	3.3
えんばく　オートミール	3.2

日本食品成分表2015年版(七訂)より作成

②　水溶性食物繊維

　水溶性食物繊維には，ペクチン，グルコマンナン，植物ガム(グアガム)，寒天，アルギン酸ナトリウムなどがある。これらを多く含む食品は，モロヘイヤ，干しぴょう，干しあんず，オートミール，フランスパン，ごぼう，ライ麦パン，納豆，きな粉などである。これらの食物繊維は消化されないので，小腸では吸収されず高分子のまま大腸へ送られる。大腸ではその多くが腸内微生物の栄養源として利用される。また食物繊維は保水性が高いため，便の容積を増やすことができる。

(2)　なぜ，食物繊維を毎日摂取しなければならないか

　食物繊維は栄養素として体内には吸収されないが，表1-16に示すように，健康維持に効果があるため，毎日の食生活で必ず摂取しなければならない成分である。

　毎日の食事で男性では20ｇ以上，女性では18ｇ以上の食物繊維を摂取すること

表1-16　食物繊維の病気の予防効果とその理由

病気の予防効果	メカニズム
便秘の予防	便の容量を増やす。蠕動運動を促進する
糖尿病の予防	糖の吸収を遅らせ，血糖値の急激な上昇を予防する
動脈硬化，高血圧，高脂血症の予防	コレステロール，胆汁酸，ナトリウムの吸収を抑制する
大腸がんの予防	大腸で発生する発がん物質を吸着し，排泄する

が推奨されている（表1-3）。

　食物繊維は保水性をもつため，大腸で便の容積を増やすことで消化管の蠕動運動を促進し，便秘を予防する効果が知られている（3章参照）。小腸においては糖の拡散を抑えることにより，その吸収を遅らせ血糖値の急激な上昇を抑制する（4章参照）。

　また，ヒトの健康維持において摂りすぎてはならないコレステロール，中性脂肪，ナトリウムなどの食品成分の吸収を抑制する働きがあり，さまざまな病気の予防に貢献している（5章参照）。また大腸内では，発がん物質を吸着して排泄することができるので，大腸がんの予防効果があるといわれている。

● 7　その他の機能成分

（1）　ポリフェノール

　フェノール性水酸基を有する物質を総称し，ポリフェノールとよぶ。ポリフェノールは，ラジカルと反応するラジカルスカベンジャーとして作用する抗酸化物質である（13章参照）。これはラジカルと反応すると自らがラジカルになるが，このラジカルは共鳴構造により安定化され，連鎖反応を停止する効果がある。生体内で生じるラジカルは細胞の損傷，DNAやタンパク質の切断による発がんや老化の促進，またコレステロールなどの脂質酸化による動脈硬化の発症などに関わっていることから，ポリフェノールによりラジカルを消去することは健康維持に重要である。ポリフェノールを多く含む食品を表1-17に示した。

表1-17　ポリフェノールが多く含まれる食品

食　　品	100g 当たりの含量(mg)
赤ワイン	300
バナナ	292
マンゴー	260
ブルーベリー	250
春　菊	211
ミルクチョコレート	200
納　豆	200
ぶどう	192
りんご	183
れんこん	177
ししとう	152
緑　茶	100
コーヒー	100
そ　ば	100

　食品に含まれるポリフェノールは，さまざまな構造をもっているが，大きく分けてフラボノイド類とフェノールカルボン酸類に分けられる。

①　フラボノイド類

　$C_6-C_3-C_6$の骨格をもつ化合物の総称。フラバンを中心に，フラバノン，イソフラバノン，フラボン，イソフラボン，カルコン，フラバノール，フラボノール，アントシアニジンなど構造の異なる複数の基本骨格が存在し，それぞれに水酸基や糖類が結合することにより，多数のポリフェノールが生成される。

　食品中で多く存在するポリフェノール化合物には，カテキン類，アントシアニン類，タンニンなどがある（図1-3）。

　タンニン類は，フラバノール誘導体であり，そのなかには構造Ⅰをもつもののほ

24　　1章　食品に含まれる栄養素と必要量

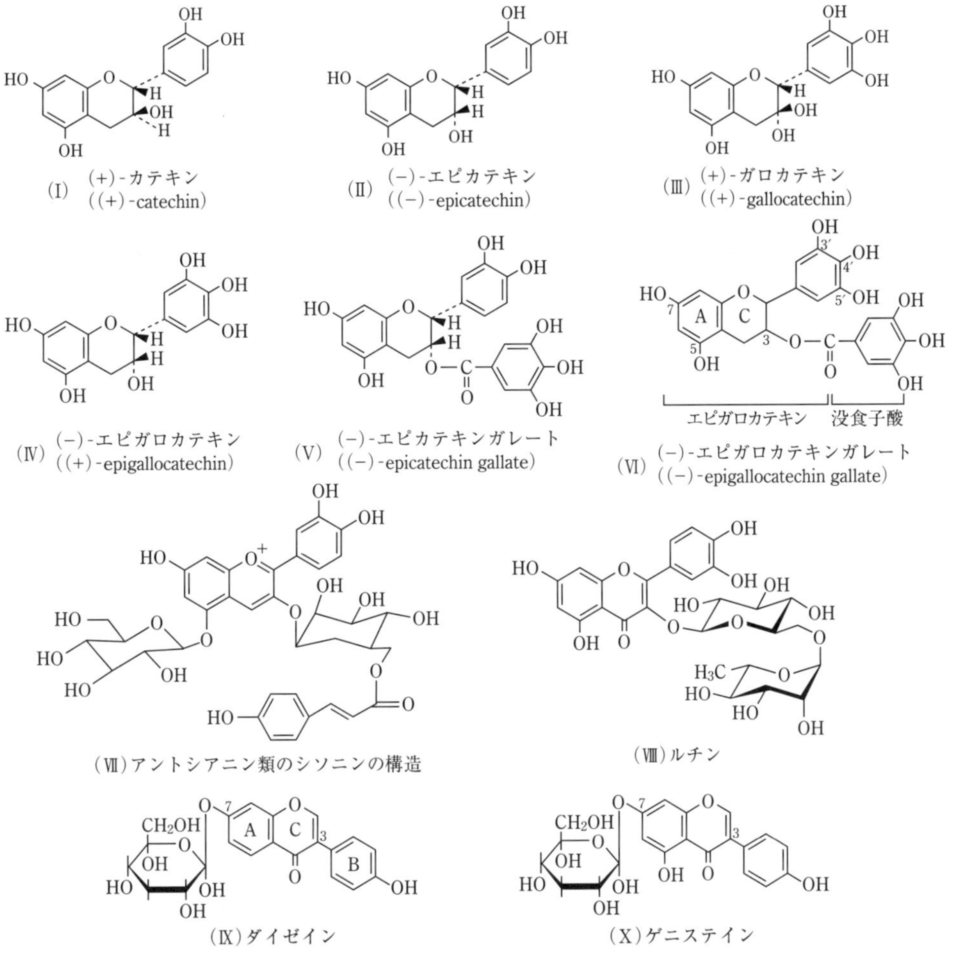

（Ⅰ）（+）-カテキン
（（+）-catechin）

（Ⅱ）（−）-エピカテキン
（（−）-epicatechin）

（Ⅲ）（+）-ガロカテキン
（（+）-gallocatechin）

（Ⅳ）（−）-エピガロカテキン
（（+）-epigallocatechin）

（Ⅴ）（−）-エピカテキンガレート
（（−）-epicatechin gallate）

（Ⅵ）（−）-エピガロカテキンガレート
（（−）-epigallocatechin gallate）

エピガロカテキン　　没食子酸

（Ⅶ）アントシアニン類のシソニンの構造

（Ⅷ）ルチン

（Ⅸ）ダイゼイン

（Ⅹ）ゲニステイン

図1-3 ポリフェノール（フラボノイド類）の構造

かに，エピカテキン（構造Ⅱ），ガロカテキン（構造Ⅲ），エピガロカテキン（構造Ⅳ）がある。また，没食子酸とエステル結合したガロイルエステル（没食子酸エステル）に相当するエピカテキンガレート（構造Ⅴ），エピガロカテキンガレート（構造Ⅵ）が存在する。ワイン，ブルーベリー，りんご，緑茶などにカテキンが多く含まれており，脂質代謝促進作用，抗酸化作用，抗アレルギー作用などのさまざまな機能が知られている（5章，12章，13章参照）。

　アントシアニンは，アントシアニジンを骨格とし，その水酸基に糖類が結合した配糖体である。アントシアニンは，赤や紫の水溶性色素であり，いちご，なす，ぶどう，紫いも，しそなどに多く含まれている。しそに含まれるシソニンの構造をⅦに示した。アントシアニン構造で，水酸基が多くなると紫が濃くなり，メトキシル基が多くなると赤色となる。

　タンニンは，カテキンが重合した縮合型タンニンと加水分解型タンニンがある。これらは赤ワインや茶に含まれる渋味成分である。このほかには，ルチン（構造Ⅷ）

●7　その他の機能成分　　25

がそばに，また，ダイゼイン(構造Ⅸ)やゲニステイン(構造Ⅹ)といったイソフラボンがだいずに多く含まれている。

② フェノールカルボン酸類

ベンゼン環にカルボキシ基をもつ側鎖が結合した物質で，代表的なものとして没食子酸(構造Ⅰ)，フェルラ酸(構造Ⅱ)，カフェ酸(構造Ⅲ)，p-クマル酸(構造Ⅳ)がある(図1-4)。これらのベンゼン環に水酸基やメトキシル基が結合した誘導体が多く存在する。またカルボキシ基に糖などの化合物が結合したものが食品に多く含まれている。食品に含まれる代表的なフェノールカルボン酸類はクロロゲン酸(構造Ⅴ)で，コーヒー豆やごぼうなどの植物性食品に多く含まれている。

またゴマに多く含まれるセサミン(構造Ⅵ)はリグナンとよばれるポリフェノールである。またカレーの成分であるウコンにはクルクミン(構造Ⅶ)とよばれるポリフェノールが含まれている。米糠には，γ-オリザノール(構造Ⅷ)が含まれているが，これはフェルラ酸とシクロアルテノールなどとのエステル化合物である(図1-4)。

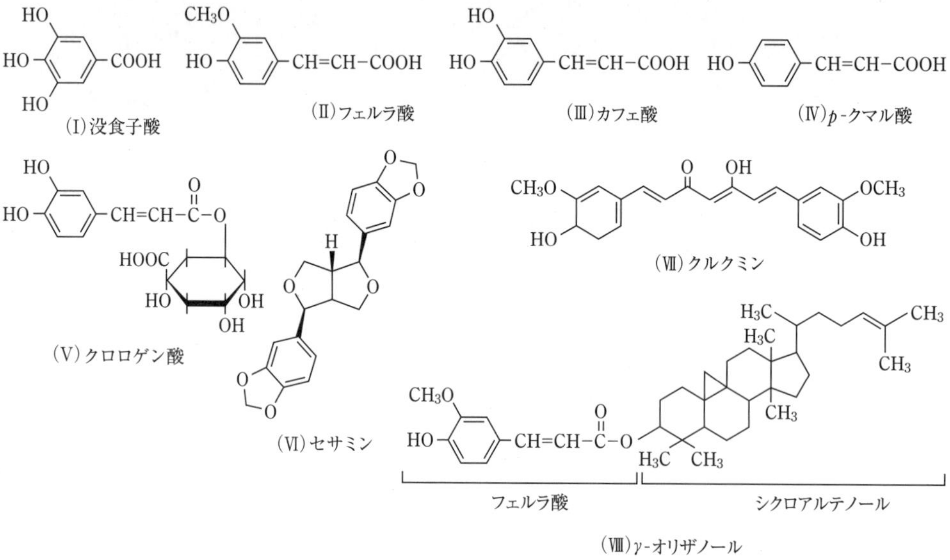

図1-4 ポリフェノール(フェノールカルボン酸類)の構造

（2） 植物ステロール

米ぬかや菜種油には，主にβ-シトステロール，スティグマステロール，カンペステロールなどとよばれる植物ステロールが存在している(図1-5)。これらは動物ステロールであるコレステロールの構造と類似している。

植物ステロールは，ヒト小腸で吸収されにくく，コレステロールとミセル形成で拮抗して，コレステロールの吸収を抑制する作用がある(5章参照)。

（3） オリゴ糖

オリゴ糖は，単糖が2〜10個結合した炭水化物のことである。オリゴ糖のなか

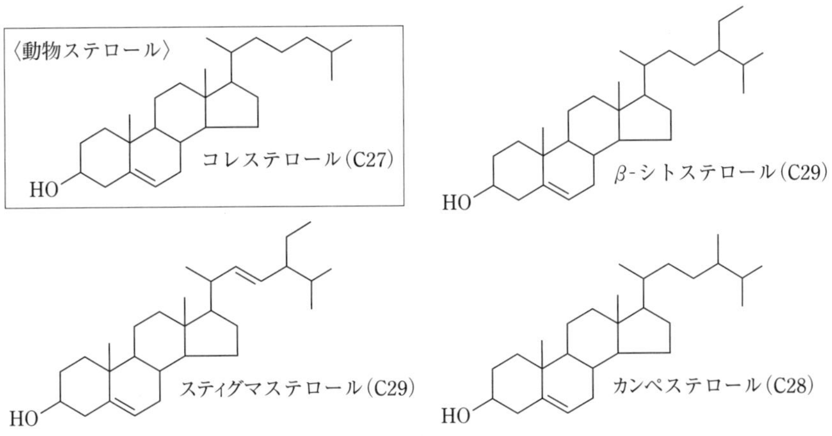

〈動物ステロール〉

コレステロール（C27）

β-シトステロール（C29）

スティグマステロール（C29）

カンペステロール（C28）

図1-5　植物ステロール

で，特に消化酵素により分解されないものを難消化性オリゴ糖とよんでいる。難消化性オリゴ糖には，さまざまな効果が知られている。これらの機能を有するオリゴ糖を機能性オリゴ糖とよぶ。

　食品に含まれる機能性オリゴ糖としては，野菜や果物に含まれているフラクトオリゴ糖，大豆に含まれるガラクトオリゴ糖，ミルクに含まれるシアロオリゴ糖などがあるが，その含有量は多くない。そこで多糖類やオリゴ糖を酵素で処理したものが多く開発されている。表1-18に主な機能性オリゴ糖を示した。機能性オリゴ糖の主な機能として，プレバイオティクスとしてのおなかの調子を整える作用が知られている（3章参照）。

表1-18　ビフィズス菌の増殖作用をもつオリゴ糖の構造と特徴

名　称	主な構造	nの数	～部分の結合様式	原　料	製造法
ラフィノース	Gal～Glc-Fru		α1-6	甜　菜	植物から抽出
大豆オリゴ糖	(Gal)n～Glc-Fru	1～2	α1-6	大　豆	植物から抽出
ラクチュロース	Gal～Fru		β1-4	乳　糖	アルカリ異性化反応
フラクトオリゴ糖	Glc-Fru～(Fru)n	1～3	β2-1	ショ糖	酵素による転移・縮合反応
ガラクトオリゴ糖	Gal～(Gal)n-Glc	1～4	β1-4	乳　糖	酵素による転移・縮合反応
ラクトスクロース	Gal-Glc～(Fru)n	1～2	β2-1	乳糖・ショ糖	酵素による転移・縮合反応
イソマルトオリゴ糖	(Glc)n～Glc	1～3	α1-6	でんぷん	酵素による転移・縮合反応
キシロオリゴ糖	Xyl～(Xyl)n	1～6	β1-4	キシラン	酵素による多糖類の分解
イヌロオリゴ糖	Glc-Fru～(Fru)n	1～7	β2-1	イヌリン	酵素による多糖類の分解

＊　Fru：フルクトース，Gal：ガラクトース，Glc：グルコース，Xyl：キシロース

　このように食べ物のなかには，さまざまな成分が含まれていると同時に，食品によって成分含量に特徴がある。これらの成分がヒトの健康維持のための栄養素や生体調節機能成分として病気を予防しているのである。食べ物に含まれる栄養素や機能性成分をよく理解し，それらを恒常的に摂取するためにバランスのよい食生活を

●7　その他の機能成分　　27

することが大切である。バランスのよい食生活により，毎日必要な栄養素を必要量摂取するよう心がけなければならない。

●確認問題　　＊　　＊　　＊　　＊　　＊

1. タンパク質を毎日摂取しなければならない理由を説明しなさい。

2. あなたが，健康維持のために必要とされる炭水化物と脂質の1日当たりの推奨摂取量を計算しなさい。

3. ビタミンには，過剰に摂取すると副作用を起こす可能性があるので，いくつかのビタミンには摂取量の上限(耐容上限値)が定められている。これらのビタミンの名称と耐容上限値を書きなさい。

4. 食品成分のなかで，病気の予防効果が期待される機能性成分を4つ挙げ，その作用を書きなさい。

〈参考文献〉
食品成分表2015，女子栄養大学出版部(2015)
今堀和友，山川民夫監修：生化学辞典(第4版)，東京化学同人(2007)
宮澤陽夫，五十嵐脩共著：「新訂食品の機能化学」，(株)アイ・ケイコーポレーション(2010)

2章　身体のしくみの概論

> **概要**：生体の基本的な生理機能（しくみ）を紹介する。食品がどのようにこれらの機能に関わるか概略
> を学習し，次章以降の各論の理解につなげたい。

　経口摂取された食べ物は消化・吸収され，栄養素となり血液中を運搬され，身体のなかのいろいろな臓器で，それぞれの目的に利用される。個々の臓器や個々の細胞周囲では，吸収された糖質や脂質を燃焼させ，エネルギーを産生させるための酸素の濃度が一定に保たれており，効率的に利用できる環境が維持されている（恒常性）。これには消化・吸収，酸素摂取に関わる呼吸，栄養素や酸素の運搬に関わる心臓・循環，不要物質の排泄に関わる腎の尿生成等の生理機構が関わる（図2-1）。

　これらは身体の基本的な働きであり，無意識下でも最適な条件で働くよう，主に自律神経系によって調節されている。また生体はさまざまな侵襲や障害に対し防御するしくみがある。

　本書では食品と関連づけながら，これらの基本的な生理機能を理解することを目的にしている。この章では，まずこれらの基本的しくみの概略を説明する。全体像を把握し，各論を理解する手助けにしてほしい。

（1）　栄養素の摂取：消化と吸収（3章，4章，5章参照）

　食品中の栄養素を体内に吸収するためには，吸収しやすいように小分子に分解しながら，主な吸収部位である小腸に運搬する必要がある。食塊を口側から肛門側に進める蠕動運動，小腸で消化液と充分混ぜる分節および振り子運動，消化酵素を多く含む消化液の分泌は，消化管壁内の神経叢と主に自律神経の副交感神経により調節されている。消化により小分子に分解された栄養素は消化管壁から吸収され，最終的には血液中に入り必要部位に運ばれる。

　3大栄養素である炭水化物，タンパク質，脂質はそれぞれ異なる消化酵素で分解され，最小単位，あるいはそれに近い形で吸収される。唾液，胃液，膵液，胆汁，十二指腸・小腸液，大腸液からなる消化液は，これらの消化酵素や消化管の運動を調節する消化管ホルモン等を含み，総量は1日7リットルにも及ぶ。これにより効率的な消化と吸収が可能となる。大量の水分の大半が小腸および大腸で吸収される。

●生体の基本的な生理機能　　29

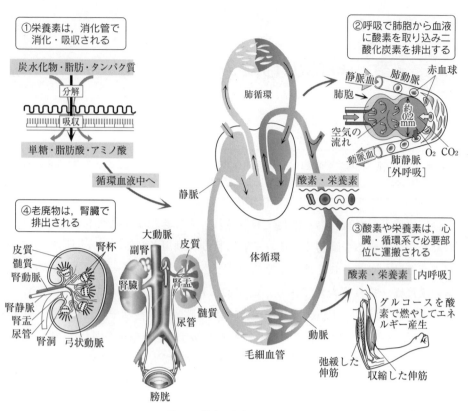

図2-1 基本的な身体のしくみ

(2) 酸素の摂取：呼吸(6章)

　生体では個々の細胞が固有の機能を発揮している。神経細胞は興奮，筋肉の細胞は興奮と収縮，内分泌腺の細胞は興奮と分泌，肝臓の細胞は解毒と胆汁の分泌などである。個々の細胞が生存し，これらの固有の機能を発現するには，エネルギーが必要であり，そのすべてを個々の細胞自身が，多くは糖質，あるいは脂質を酸素を用いて燃焼させることにより産生している。したがって，全身のすべての細胞に栄養素とともに酸素を供給することが生命の維持に必須である。

　呼吸器系による体外から体内への酸素の摂取と二酸化炭素の排泄を外呼吸とよび，細胞での酸素の利用によるエネルギー産生を内呼吸とよぶ。外呼吸では，呼吸筋による換気運動と，肺胞から血液への酸素の拡散，血液による酸素，および二酸化炭素の運搬の機構を理解する必要がある。換気運動は気道，および肺胞内の気体を出入りさせる運動であり，ガス交換に関わる肺胞内の酸素濃度，および二酸化炭素濃度を一定にする効果がある。肺胞壁は毛細血管が網の目のように被っており，肺胞内の気体と血管内の血液とは，肺胞の上皮細胞，基底膜，および血管内皮細胞の3層で隔てられるだけである。酸素や二酸化炭素のようなガスは細胞膜を自由に通過するので，肺胞中に高い濃度で存在する酸素は血液中に拡散し，組織から戻ってきた静脈血中に多く存在する二酸化炭素は逆に肺胞中に拡散することになる。多

くのエネルギーが消費される運動時には，動脈血中の酸素分圧が低下し二酸化炭素分圧が増加する。これらを呼吸調節のための受容体が感知すると「苦しい」と感じるとともに換気運動が増え，より多くの酸素の摂取と二酸化炭素の排泄が可能になる。

(3) 酸素や栄養素の運搬：血液と心臓循環系(6章，7章)

血液を全身の組織や肺に送るポンプ役は心臓であり，血管内の血液を移動させ，組織に酸素や栄養素を送る。心臓や血管の各部位は，自律神経系で巧妙に調節されており，必要なときに，必要な部位に，効率よく酸素や栄養素を運搬している。血液の移動は圧差によるので，血圧の高い部位から低い部位に向かって流れる。酸素や栄養素を多く必要とする運動中には，心拍数が増え，また収縮力も増して心臓からの駆出量を増加させ，全身に多くの血液を送る(左心系からの体循環)。右心系からは同量の血液が肺を循環(肺循環)するので，より多くの酸素を血液中に取り込むことができる。さらに多く使う筋肉では，血管を拡張させて圧を低くし，より多くの血液が流れ込むことを可能にしている。このようにして，どのような条件下でも細胞周囲の酸素や栄養素の濃度を含めた環境を一定にする(恒常性)ために，心臓循環系は機能している。これも意思によらない生体の自動調節であり，自律神経系によるものである。

血液のなかで酸素の運搬に関わるのは赤血球に含まれるヘモグロビンである。ヘモグロビンは酸素との結合能が高く，高い酸素分圧(100 mmHg 程度)では1分子に4分子の酸素分子を結合することができる。逆に低い酸素分圧(40 mmHg 程度)では酸素との結合能は低く，酸素を放してしまう。ヘモグロビンのこのような性質により，酸素分圧の高い肺で酸素を受け取り，低い組織で酸素を放出するという赤血球の主要な役割が可能となる。ヘモグロビン1分子は4本のヘモグロビン鎖からなっており，各々は1個の鉄イオンを含んでいる。鉄欠乏時には正常なヘモグロビン，および赤血球が産生できず(鉄欠乏性貧血)，組織の酸素不足に伴って，息切れや持久力の低下等が認められる。

(4) 老廃物の排泄：腎臓(9章参照)

身体のなかでは水分量や Na^+ あるいは K^+ のような電解質濃度，さらにはpH も一定に保たれている。食べ物から摂取した水分，電解質は消化管で吸収された後，循環系で運ばれ血中，および組織液中に分布する。細胞周囲だけでなく細胞内においてもこれらが一定に保たれていることが細胞の生存，および固有機能の発現に不可欠である。腎臓では，老廃物とともに，過剰の電解質を水分と一緒に尿として排泄し，生体内の環境を保持する。Na^+ 等の摂取が多ければ尿中に多く排泄して体内の Na^+ 量は一定に保たれることになる。アルカリ食品を多く摂れば，尿をアルカリ

● 生体の基本的な生理機能　　31

にして体内の pH は一定に保たれる。このようにして腎臓は水分，電解質，pH 等の恒常性維持に寄与する。

（5）　運動や歩行の能力を保つ機能(10章，11章)

　運動や歩行には，骨や筋肉が重要な働きをしている。これらは Ca やアミノ酸のプールとしての役割も有しているため，食事からの摂取が不足すると，骨を溶かして Ca を供給したり，筋肉を分解してアミノ酸の供給を行う。

　高齢になると，運動不足やタンパク質摂取不足で生じるサルコペニア症が原因で，ロコモティブ症候群になる。また，Ca が不足すると，骨粗しょう症になりやすい。

（6）　身体を守る機能：免疫，血液凝固，酸化ストレス抑制(8章，12章，13章)

　身体に病原体が侵入しないように防御するのが免疫系である。自然免疫と適応(獲得)免疫に大別されるが，両者は連続して協調して働き，異物(自分の成分ではないもの)を認識し速やかに体内から排除する。適応免疫では，病原微生物等の構成成分等免疫応答を引き起こす分子(抗原)を認識して記憶し，再度の侵入時に抗体や T 細胞を用いて速やかにこれを排除する。アレルギーは抗原に対する免疫反応が引き起こす過敏症であり，食べ物に起因するものが食物アレルギーである。アレルギーを起こす抗原をアレルゲンとよぶ。通常，経口で摂取したタンパク質は消化酵素で小分子に分解されるため過剰な免疫反応を起こさない。しかし，消化機能が未熟な乳幼児では，アレルゲンを充分に消化できずに残るため食物アレルギーが発症しやすい。

　組織や血管の傷害時に血液を固めて止血するのも生体の防御機構の一つである。血小板と血液凝固系が関わる。血管傷害部位等血栓形成が必要な部位では凝固系が効率的に活性化され，速やかに止血する。一方不要な部位では，さまざまな抑制機構が働き，不要な血栓形成に伴う血管閉塞を防いでいる。

　エネルギー産生のために摂取する酸素は，一方では活性酸素というかたちで酸化という化学反応を通じて生体を障害する。生体は酵素反応や別の酸化還元反応を利用して活性酸素を不活化することによって，組織の障害を防いでいる。

　食べ物から摂取された栄養素は，さまざまな生体機能により必要な臓器に運ばれ有効に利用される。その運搬を担う機構の構成・維持も栄養素によっている。これらの機構は，基本的な食品の適切な摂取により，はじめて維持が可能となる。経口摂取が困難であったり，偏った食生活では，単にエネルギー産生が悪くなるだけでなく，基本的なからだの機能が損なわれることになる。

3章　おなかの調子を整える機能
一食べ物の消化・吸収や排泄と健康

> **概要**：経口摂取した食品中の栄養素を体内に吸収するためには，吸収しやすいように小分子に分解（消化）することと，主な吸収部位である小腸に運搬する必要がある。また消化・吸収できなかったものは大腸に運搬され，その後，排泄される。消化・吸収・排泄のしくみを理解し，その機構に影響を及ぼし，おなかの調子を整える効果をもつ食品とその成分について学ぶ。

到達目標　＊　＊　＊　＊　＊　＊　＊

1. 消化管（口〜咽・喉頭〜食道〜胃〜十二指腸〜小腸〜大腸〜肛門）の構造と各部位の機能を理解し説明できる。
2. 食べ物がどの部位でどのように消化され，その後どの部位で栄養素として吸収されるのかを理解し説明できる。
3. 大腸の機能を理解すると同時に，大腸の環境改善に効果のある食品成分を挙げ，それらの働きを説明できる。
4. 食物繊維が多く含まれる食品を挙げることができる。
5. プロバイオティクスとプレバイオティクスの違いを説明でき，それを多く含む食品を挙げることができる。

● 1　食べ物の消化

　食べ物は，体内で消化されてから，吸収される。吸収された食品成分は，栄養素として生体の健康維持に使用される。消化・吸収されなかったものは大腸に送られ，最終的に排泄される。

　消化の第一段階は，咀しゃくと嚥下である。ある程度，つぶれた食べ物は，食道，胃，小腸の消化管で消化される。

（1）　咀しゃくと嚥下

　食物は口腔内で下顎の運動と歯，舌，口唇と頬の協調運動（咀しゃく運動）により，噛み砕かれ唾液と混ぜられて，適当な大きさの塊になる。唾液は食物が最初に出合う消化液で，唾液腺で産生・分泌される。唾液腺は左右に3対ある大唾液腺（耳下腺，舌下線，顎下腺）と，口腔粘膜に存在する小唾液腺に分けられる。唾液の大部分は水分で，主成分は消化酵素である唾液アミラーゼと粘液であるムチンである。

　唾液は以下の生理作用がある。

① 　唾液アミラーゼの働きによりデンプンを加水分解する。

● 1　食べ物の消化　　33

② ムチンにより食塊を滑らかにして咀しゃく・嚥下をしやすくし，口腔粘膜を保護する。
③ 食物成分を溶かし味覚刺激を助ける。
④ 口腔内を湿った状態にする。
⑤ 口腔内と歯を清浄に保つ。
⑥ 抗菌作用を発揮する。

咀しゃくにより小さくなった食塊は，嚥下により咽頭と食道を通って胃に送られる。嚥下運動は3相に分けられる（図3-1）。

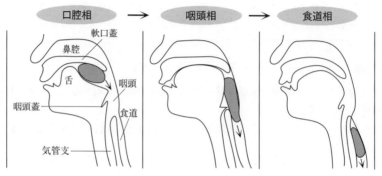

図3-1 嚥下運動

① 口腔相：形成された食塊が，複雑な舌の運動により咽頭に送られる。
② 咽頭相：咽頭は，鼻腔，口腔，食道，気管につながっている。食塊が咽頭に入ると，延髄の嚥下中枢を介する反射により，軟口蓋が挙上して鼻腔を塞ぎ，喉頭蓋が閉鎖して気管を塞ぎ，舌根を押し上げる。これらの一連の動きにより，食塊の口腔への逆流を防ぎ，咽頭の筋が収縮して咽頭内圧を上昇させるとともに食道の入口部を開き，食塊を食道へと送る。
③ 食道相：食塊は食道の蠕動運動により，下方に向かって移送され，胃の噴門部に至ると噴門が開き，胃に収容される。

サイドメモ：誤嚥（むせる）

これは誤って飲食物が気管に入ったとき，咳き込むことによって排出する一種の防衛反応である。この現象は，嚥下がいかに精巧な機序で行われているかの証拠でもある。脳卒中等で嚥下に関与する神経が障害されると嚥下機能が低下し，誤嚥を起こしやすくなる。脳卒中患者で肺炎のリスクが高まるのは，この誤嚥による肺炎（誤嚥性肺炎）のためである。

（2） 消化管の構造，運動と調節

消化管の壁は各部位によって差はあるが，一般に管腔側から粘膜，粘膜下層，筋層，漿膜下層，漿膜の5層構造をもつ。筋層は内輪走（環状）筋層と外縦走筋層に分かれ，いずれも平滑筋でできている（図3-2）。消化管運動は主に内輪走筋と外縦走筋の収縮と弛緩によって行われている。

消化管運動は神経性および液性（消化管ホルモン）調節を受けている。神経性調節

は，腸管内に存在する内在性神経系と，腸管外の外来性神経系からなる自律神経による。内在性神経系には，粘膜下層に分布する粘膜下神経叢（マイスナー神経叢）と内輪走筋層と外縦走筋層との間に分布する筋層間神経叢（アウエルバッハ神経叢）がある。前者は主として分泌や吸収等の粘膜機能の制御に関わり，後者が主として消化管運動の調節に関わる。

また消化管は，胃・腸管上皮に散在する消化管内分泌細胞より種々の消化管ホルモンを分泌し，血液あるいは組織を介して消化管運動を調節する（液性調節）。消化管運動に関わる消化管ホルモンの作用を表3-1にまとめる。

表3-1 消化管ホルモンの作用

ホルモン	作 用	産生細胞
ガストリン	胃酸分泌，胃の運動を促進する	胃前庭部のG細胞
コレシストキニン	膵酵素分泌，胆嚢収縮	十二指腸のI細胞
セクレチン	胃酸分泌抑制，膵液への水・重炭酸分泌	十二指腸のS細胞
ソマトスタチン	ガストリン，セクレチン，胃液，成長ホルモン，インスリン，グルカゴンの分泌抑制	胃・十二指腸のD細胞
セロトニン	消化管運動促進，腸液分泌促進	小腸のEC細胞
モチリン	胃腸内容推進運動（空腹時）	小腸
グレリン	食欲の促進，成長ホルモンの分泌促進，消化管運動促進，胃酸分泌促進など	胃体部のX/A-like細胞
GLP1，GIP	インスリンの分泌促進	小腸のL，K細胞

（3）食　道

食道は咽頭の下から胃に達する管状の臓器で，胃の噴門につながっている（食道胃接合部）。成人の食道の長さで25〜30cmである。食道には咽頭との接合部，気管支に接する部位，横隔膜を通過する部位の3か所の生理的狭窄部（せまくなっている部分）があり，これらの部位では食物がつまりやすい。食道の壁は内腔側から粘膜，粘膜下層，筋層，漿膜下層，漿膜で構成されている（図3-2）。食道の粘膜は，口腔や咽頭粘膜と同様に重層扁平上皮で，形のある食塊が通過する際に傷つ

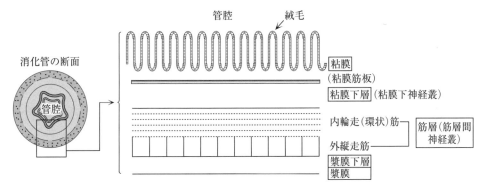

図3-2 消化管の壁構造

かないようになっている。筋層にある内輪走筋と，外縦走筋が収縮・弛緩する蠕動運動で食塊を胃に送り出している。また，粘膜下層に多数ある食道腺が粘膜の表面に粘液を分泌し，食塊の通りをよくしている。

（4） 胃

胃は食道と十二指腸をつなぐ臓器で，入口と出口が狭くなっている袋状の構造をもつ。胃の入り口を噴門，出口を幽門とよび，残りは上から順に胃底部，胃体部と幽門に向かって狭くなった前庭部に分けられる。J字形に湾曲した外縁を大彎，内縁を小彎とよび，小彎の胃体部と前庭部の境には胃角とよばれるくびれがある（図3-3）。

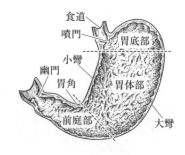

図3-3 胃の各部位

胃には以下の5つの機能がある。

① 貯留機能

食塊が入ると，反射性に胃壁は弛緩し，胃内圧をあまり高めずに胃内容積を増やし数時間程度まで貯留する。手術にて胃を摘出すると，この貯留能がなくなったり，または低下するため，一度に食べられる量が減る。

② ホルモンと消化酵素の分泌

粘膜は円柱上皮で，豊富な腺をもち，活発な分泌活動を行っている。食塊が入ると幽門前庭部のG細胞からガストリンが分泌される。ガストリン刺激により，胃底腺に存在する壁細胞から塩酸，主細胞からペプシンの前駆体ペプシノゲンを分泌する。また副細胞からは塩酸とペプシンから細胞自身を保護する粘液が分泌される。ペプシノゲンは，塩酸により活性化されペプシンになる。胃液の分泌は自律神経とホルモンによって反射性に調節されている。

③ 胃酸による殺菌

壁細胞から塩酸が分泌され，胃液は強い酸性（pHは1～2）を示す。胃内の食物を酸性に保つことで殺菌し腐敗を防ぐ。胃内の強酸性環境には細菌はいないと考えられていたが，1980年代前半ピロリ菌が発見された。近年これが胃・十二指腸潰瘍や胃がんの原因であることが判明した。除菌することにより，潰瘍の再発は激減し，胃がんの予防効果もあると考えられている。

④ 撹拌・消化

食塊が入った胃は，しばらくすると蠕動運動を開始する。蠕動は毎分約3回の頻度で，体上部に始まりゆっくりと幽門に向かって伝わる。これにより食塊は撹拌され，胃液とよく混和され糜汁となる。このときペプシンによりタンパク質が分解される。

⑤ 排　出

蠕動運動が幽門部におよぶと，幽門部の内圧が高まり，糜汁は幽門から少量ずつ十二指腸に送り出される。

サイドメモ

食道胃接合部は弁の役目をしており，食物が胃内に入ると閉まる。通常は閉じている。腹部の内圧が高まる脊椎湾曲や肥満の場合，この弁がゆるくなり胃内容物が食道に 逆流しやすくなる。胃内容物には消化液や酸が豊富であるため，食道胃接合部付近の食道粘膜が障害され，逆流性食道炎が起こることがある。症状として，胸焼け，げっぷ(噯)，呑酸などがある。今後，高齢化，肥満者の増加とピロリ菌罹患率の低下で，この病気の増加が懸念される。

（5） 小 腸

胃から続く小腸は，十二指腸，空腸と回腸よりなり，長さ約6mの管状の臓器である。ここで内容物は長く滞留し，吸収可能な大きさまで消化されて大部分の栄養素が吸収される。

十二指腸は幽門から長さ約25cm(指の幅12本程度の長さで名前の由来になっている)の部分で，膵臓の右側を囲むようなC字形をしている。十二指腸には，膵臓の導管(膵管)と肝臓から胆汁を導く総胆管が合流して開口しており，膵液と胆汁が流入する。

空腸と回腸の境目は明白でないが，おおよそ2/5が空腸，3/5が回腸である。

小腸には以下の機能がある。

① 分泌と吸収

小腸壁には多数の輪状ヒダがあり，粘膜には高さ1mm程度の絨毛が突出している。絨毛は吸収上皮細胞に覆われ，この細胞にも微絨毛とよばれるブラシのような突起が並ぶ。そのため小腸粘膜上皮の表面積は200m²(体表の100倍)ときわめて大きく，効率的な吸収に好都合である。絨毛内には毛細血管とリンパ管が発達しており，大部分の栄養素が毛細血管で，また脂質はリンパ管により運搬される。絨毛の根元には，陰窩という穴が存在し，消化液を分泌する。

② 胃酸の中和

十二指腸には十二指腸腺(ブルンネル腺)が多数存在し，粘度が高いアルカリ性分泌物を供給し，胃酸を中和して腸壁を保護している。

③ 腸管運動

小腸の運動には分節，振り子，蠕動の3つがある。

a) 分節運動 輪走筋による運動で，収縮部と弛緩部が隣り合って現れ次いで収縮部が弛緩し，弛緩部が収縮する。これにより腸内容物を混和する(図3−4a))。

b) 振り子運動 縦走筋による運動で，腸管の長軸方向に伸展運動が起こり，内容物の混和に役立つ(図3−4b))。

c) 蠕動運動 主として輪状筋が運動することにより，消化内容物を口側から肛門側に向かって押し進める。この運動は，胃から十二指腸に内容物が入った段階

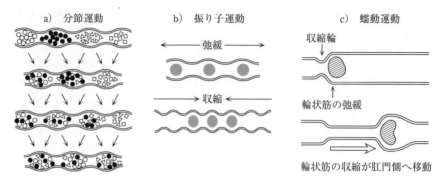

図3-4 小腸の運動

から始まり，大腸まで伝播するように続く（図3－4c））。

> **サイドメモ：蠕動運動**
> 胃腸炎になり嘔吐した経験が皆さんにもあると思う。口から食べたものが消化吸収され，約8m先の肛門から便として排泄されるまで運搬する蠕動運動は，巧妙な調節を受けている。小腸に炎症が起こると蠕動は亢進し，しかもその調節機構が障害されるため，内容物の逆流という嘔吐が起こるのである。

(6) 大腸の運動と排便のメカニズム

大腸は，小腸で栄養素が吸収された後の内容物を糞便として，排泄する役割をもっている。これは，構造的に，盲腸，上行結腸，横行結腸，下行結腸，S状結腸と直腸の6つに分けられる（図3-5）。上行結腸と下行結腸は後腹膜内に固定されているが，横行結腸とS状結腸は腸間膜に包まれ，小腸と同様に遊離した状態にある。

① 水と電解質の吸収と粘液の分泌

大腸はある意味「糞便をつくる」臓器ともいえ

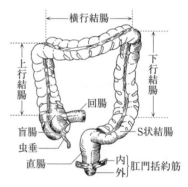

図3-5 大腸の各部位

る。小腸で栄養素が吸収され，盲腸に到達した内容物は液状である。徐々に水分と電解質が吸収され横行結腸では粥状，下行結腸では半固形状となり，S状結腸では固形状となる。なお排便された糞便の組成は，水分が75％，その他固形成分が25％である。固形成分は食物繊維，細菌，粘膜細胞，栄養素の分解産物などである

② 大腸の運動と排便

大腸も小腸と同様に，分節運動と蠕動運動を行うほか，逆蠕動運動も行うが，これらは概して弱く，内容物は停滞しがちである。1日数回，横行結腸からS状結腸にかけ広範囲の筋が同時に収縮する「大蠕動」が起こり，これにより内容物が一気に直腸に運ばれる。

直腸に糞便が到達し直腸壁が伸展されると，骨盤神経を伝って脊髄から大脳に伝わり便意となる。反射的にS状結腸と直腸が収縮し，肛門にある内肛門括約筋（平滑筋）を弛緩させるが，外肛門括約筋（横紋筋）は便の漏れを防ぐため弛緩せずに収

縮する。また随意的に横隔膜と腹筋を収縮させて腹圧を高め排便を容易にし，最後に随意的に外肛門括約筋を弛緩させ，排便が起こる。

サイドメモ

① **胃大腸反射**：食事をすると急に便意を催すことがあるが，これは食事により胃が急速に膨らむことにより，胃から大腸に信号が送られ，大腸が反射的に収縮し，便が直腸に送り込まれることによる。このため直腸内圧が高まり，便意を催すことになる。これを胃大腸(結腸)反射とよび，特に朝食後に強く起こる。なぜなら胃が空の状態で，かつ就寝中には大腸の蠕動も緩やかになっていたところに，食べ物が急にお腹に入ってくることにより，より強い刺激となって，反射が起こるためである。

② **排便反射**：排便において2種類の肛門括約筋が重要な役割を担っている。排便反射が起これば，平滑筋である内肛門括約筋が必ず弛緩し，排便がいつでもできる状態になるが，常にすぐ排便するとは限らない。「おっと，待った！」と我慢できるのは，意志によって外肛門括約筋が収縮しているからである。この我慢が続くと，排便抑制の刺激が骨盤神経，陰部神経に伝わり両肛門括約筋を緊張させ便意が消失する。このように排便を我慢する機会の多い人は，やがて便意を感じにくくなり，慢性便秘に移行しやすい。

（7） 便秘と下痢

① 便　秘

便秘は大腸内に糞便が長く停滞した状態(72時間以上または1週間に3回以下の排便など)と定義される。通常は毎日便通をみていたものが数日間も排便をみないとき，乾燥して硬い小さな便(兎便)が排泄されるとき，排便回数が少なく腹部膨満感，腹痛などを覚えるとき，排便後に残便感がある場合を便秘とすることが多い。

便秘には種類があり，以下のように分類される。

■**機能的便秘**

1. 急性便秘(一過性単純性便秘)

水分摂取不足，食物や生活様式の変化，安静のための運動不足など

2. 慢性便秘

① 弛緩性便秘…腸の蠕動運動が弱い，腹筋の低下で腹圧を高められない(高齢者や全身の衰弱)など

② けいれん性便秘…腸の蠕動運動が強くなりすぎて，けいれんを起こす(下剤の乱用，下痢型の過敏性腸症候群)

③ 直腸性便秘…排便反射が弱くなっている場合(便意を頻繁に我慢する，浣腸の乱用)

④ 全身性疾患による便秘

内分泌疾患(糖尿病，甲状腺機能低下症など)

中枢神経系疾患(パーキンソン病，脳血管障害など)

代謝異常，膠原病など(尿毒症，強皮症，低カリウム血症など)

■**器質性便秘**

1. 腸の腫瘍，炎症や閉塞により狭窄が起こる。

2. 腸の長さや大きさの異常によって起こる(ヒルシュスプルング病)。

● 1　食べ物の消化　39

② 下　痢

　　下痢は便の性状が液状，またはそれに近い状態にあるものをいい，1日の排便回数は問わない。1日の糞便中の水分量が200mL以上（または糞重量が200g/日以上）と定義されている。以下の4つに分類される。

■浸透圧性下痢

　　腸管内容物の吸収障害により腸管内浸透圧が上昇し，体液の腸管内への移行により腸管内の水分が増加し下痢となる。

■滲出性下痢

　　炎症などによる腸管壁の透過性亢進により，滲出液による腸管内容液の増加により下痢となる。

■分泌性下痢

　　ホルモン，脂肪酸やエンテロトキシンなどによる腸管壁の分泌性の亢進のため，腸管内容液の増加により下痢となる。このタイプの下痢は，分泌性であるために絶食しても下痢が消失せず，1日の便量が1L以上と大量になるのが特徴的である。例としてコレラなどがある。

■腸管運動異常による下痢

　　運動亢進だけでなく，低下でも起こることがある。
1. 腸管運動亢進による下痢で，急速な腸管内容の通過のため水分の吸収が間に合わず下痢となる。
2. 腸管運動低下による下痢で，小腸内の細菌増殖により，胆汁酸の小腸内における脱抱合が起こり，ミセルの形成障害のため脂肪吸収障害となり下痢となる。

● 2　栄養素の吸収

　　栄養素はすべて小腸で吸収されるといっても過言ではない。糖質は十二指腸下部，ビタミンは水溶性・脂溶性とも空腸上部で，タンパク質，脂質は空腸で，ビタ

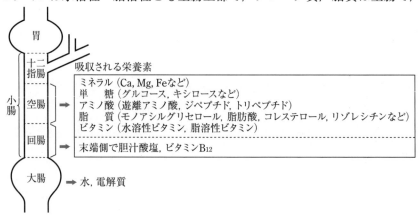

図3-6　小腸における栄養素の吸収部位

ミンB₁₂や胆汁酸塩は主に空腸下部から回腸で吸収される。このように小腸でも物質によって，吸収の部位に違いがみられる（図3-6）。

（1） 糖質の吸収（図3-7）

三大栄養素の一つである炭水化物は，糖質と食物繊維のことを指す。糖質は，からだの主要なエネルギー源であり砂糖をはじめとした「甘いもの」だけでなく，米やとうもろこしなどに含まれているデンプンもその仲間である。唾液腺アミラーゼや膵アミラーゼといった消化酵素による管腔内消化で二糖類・三糖類に分解された後，消化管上皮に存在するαグルコシダーゼにより単糖類に分解される（膜消化）。食物繊維は消化酵素で分解されない，多くは植物由来の成分である。便通促進効果等の機能を発揮する。

デンプンは管腔内消化で，唾液腺と膵臓のα-アミラーゼ（グルコシダーゼ）により麦芽糖（マルトース），マルトリオース，α-リミットデキストリンに分解される。

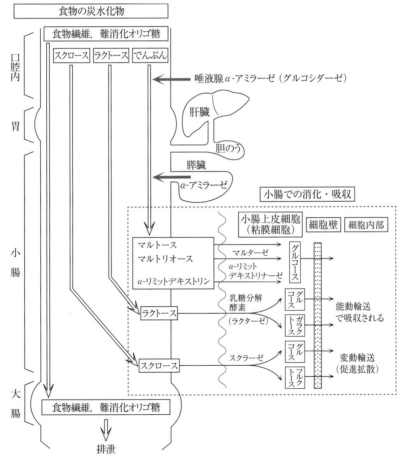

図3-7 糖質の消化と吸収

注〕 食物中の炭水化物は，消化管内で唾液腺アミラーゼおよび膵アミラーゼによって単糖が複数個連結したオリゴ糖に分解される（管腔内消化）。オリゴ糖は小腸粘膜微絨毛膜に存在する酵素により単糖に分解され（膜消化）吸収される。

これらは小腸上皮の微絨毛膜に存在するαグルコシダーゼ(マルターゼと α-リミットデキストリナーゼ)によりブドウ糖(グルコース)に分解され吸収される。

乳糖(ラクトース)とショ糖(スクロース)は管腔内消化されず,微絨毛膜に存在するラクターゼとスクラーゼにより,それぞれガラクトースとグルコース,フルクトースとグルコースに分解され吸収される。乳糖分解酵素,ラクターゼは乳児にとって必須の酵素であるが,加齢とともに活性が低下する。

食物繊維は,消化酵素で分解されない糖質である。その多くは植物由来の成分であり,便通促進効果などの機能を発揮する。

(2) 脂質の吸収(図3-8)

脂質には,ごま油などのように常温で液体である「油」とバターのように常温で固体である「脂」がある。三大栄養素のなかで,脂質は体内で最も高いエネルギー(1g当たり9kcal)になる。また,からだのなかでつくることができない必須脂肪酸が含まれており,からだの細胞膜の成分やホルモンの材料でもある。

経口摂取された脂肪(中性脂肪)は,口腔で消化を受けず,胃の撹拌運動で水に浮く脂肪滴となる。十二指腸に入り膵リパーゼにより脂肪酸とモノグリセリドに分解されるが,この両者も不溶性である。これらに胆汁酸が加わった3要素でミセルを形成すると水溶性になり,腸管粘膜から吸収される。吸収された後,再度,中性脂肪に再合成され,カイロミクロンとしてリンパ管より吸収され,胸管を経て上大静脈へと輸送される。カイロミクロンには中性脂肪のみならず,コレステロールやリン脂質も含まれる。通常の中性脂肪は炭素数12個以上の長鎖脂肪酸からなっているが,炭素数5〜12個の中鎖脂肪酸からなる中鎖中性脂肪も存在する。中鎖中性脂肪は,膵リパーゼにより中鎖脂肪酸とモノグリセリドに分解されて腸管粘膜から容易に吸収される。大部分がそのまま門脈系に移動し,肝臓で代謝され速やかにエネルギー源となる。胆汁酸の約90%は回腸で再吸収され門脈を経由して肝臓に戻り再利用される(腸肝循環)。

(3) タンパク質の吸収

タンパク質は,20種類のアミノ酸がいくつも結合したポリペプチドである。胃のペプシンによりポリペプチドであるペプトンに分解される。その後小腸内腔で膵のエンドペプチダーゼ(ペプチド鎖内部で切断する酵素:トリプシン,キモトリプシン,エラスターゼ)により分解されペプチドになり,エキソペプチダーゼ(ペプチド末端のアミノ酸を除去する酵素:カルボキシペプチダーゼA,B)によりアミノ酸や小ペプチドとなり腸管粘膜から吸収される。このとき小ペプチドは粘膜の刷子縁上または細胞内でジペプチダーゼなどによりアミノ酸に分解される。これらペプチダーゼは,他のペプチダーゼによる前駆タンパク質の分解により活性型に変換され

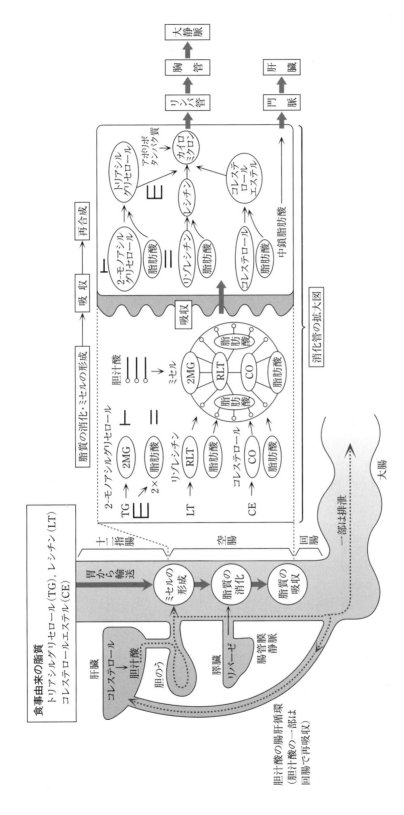

図3-8 消化管における脂質の消化と吸収

注] 食べ物の脂質である中性脂肪(トリアシルグリセロール)、レシチン、コレステロールエステルは、それぞれ、2-モノアシルグリセロールと脂肪酸、コレステロールと脂肪酸、コレステロールと脂肪酸に分解される。脂質は、消化液に溶けないため、胆汁酸が加わることにより、ミセルを形成し、リパーゼによる消化ならびに分解物の可溶化を行っている。リパーゼによる分解物は、ミセルの状態で、小腸上皮細胞内に吸収される。長鎖脂肪酸は、細胞内で再度中性脂肪に合成され、アポリポタンパク質と結合したカイロミクロンとして、リンパ管内に取り込まれ、体循環で輸送される。一方、中鎖脂肪酸は、カイロミクロンを形成せず、門脈を介して、肝臓に運ばれる。

● 2 栄養素の吸収　43

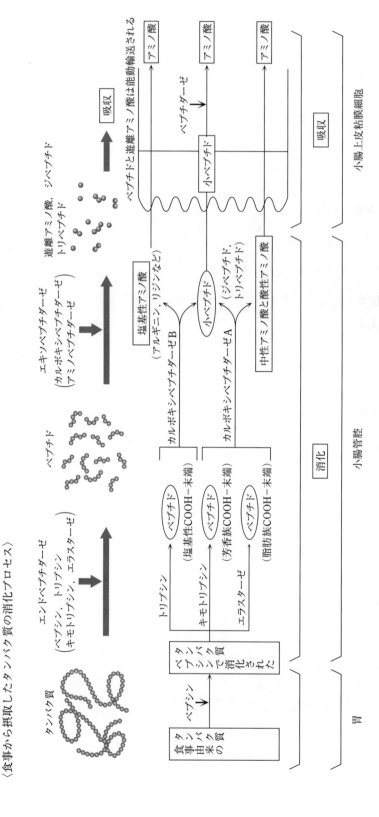

図3-9 タンパク質の消化酵素と消化酵素の作用様式

注) 食べ物のタンパク質は、胃でペプシンにより ポリペプチド(ペプトン)に分解された後、膵臓から分泌されたトリプシン、キモトリプシン、エラスターゼによって、さらに分子量の小さいペプチドに分解される。これらのペプチドは、小腸管腔内に存在するカルボキシペプチダーゼによって、ジペプチドからなる小ペプチドと遊離アミノ酸に分解される。それぞれは、ペプチドトランスポーターならびにアミノ酸トランスポーターで、小腸上皮細胞内に取り込まれる。小ペプチドは、細胞内で、遊離アミノ酸まで分解される。すべての遊離アミノ酸は、門脈を介して、肝臓に運ばれる。

44　3章　おなかの調子を整える機能

る（図3-9）。

（4） カルシウムの吸収（10章参照）

　カルシウムは，ミネラルのなかで最も多く体内に含まれ，体重の1～2％を占める。そのうち99％は歯と骨に存在し，残りの1％は血液や細胞外液などで心機能や筋収縮，血液凝固などに関与し，重要な役割を担っている。

　食品から摂取されたカルシウムは，主には活性型ビタミンDの作用により十二指腸から上部小腸で行われる能動輸送で吸収される。回腸でも，濃度差による受動輸送によって吸収される。腸管からのカルシウム吸収を促進させる因子として，乳糖，カゼインホスホペプチド，クエン酸などがある。他方，リン，食物繊維，野菜に含まれるシュウ酸や，脂肪の摂り過ぎは，カルシウムの吸収を抑制する。

　ビタミンDは，皮膚において日光の作用によりコレステロールを原料としてつくられるか，あるいは食物から供給される。生成または吸収されたビタミンDは，肝臓で25位が，次に腎臓で1α位が水酸化され，ビタミンDの活性化（ビタミンD_3）である$1,25-(OH)_2-D_3$となる。

●3 腸内細菌環境と健康

　腸内には100種類以上，100兆個の腸内細菌が生息していることが知られている。これらは，ヒトや動物などの宿主が摂取した栄養分の一部を利用して生活し，他の種類の腸内細菌との間で数のバランスを保ちながら，一種の生態系（腸内細菌叢または腸内フローラ）を形成している。

（1） 腸内環境と腸内細菌

　これまで記述した通り，口から摂取した食物は小腸上部から栄養分を吸収されながら大腸へと送り出される。よって内容物に含まれる栄養分に違いが生じる。また，消化管に送り込まれる酸素濃度は，腸管上部に生息する腸内細菌が呼吸することで酸素を消費するため，小腸下部に進むほど腸管内の酸素濃度は低下し，大腸に至るころには，ほぼ完全に嫌気性環境になっている。このように同じ宿主でも，その部位によって栄養や酸素環境が異なるため，腸内細菌叢を構成する細菌の種類と比率は，その部位によって異なる。一般に小腸の上部では腸内細菌の数は少なく，呼吸と発酵の両方を行う通性嫌気性菌（酸素の存在があってもなくても生育・増殖できる）の占める割合が高いが，大腸に向かうにつれ細菌数が増加し，同時に酸素のない環境に特化した偏性嫌気性菌（酸素のない状況のみで成育・増殖する）が主流になる。

　腸内細菌叢の組成には個人差が大きく，食事内容や加齢などにより，その組成も変化する。ヒトの腸内は出生するまで無菌状態であるが，出生後間もなく腸内細菌

●3　腸内細菌環境と健康　　45

叢が形成され始める。母乳で育てられている乳児は，ビフィズス菌などが最優勢で他の菌が少なくなっているが，人工のミルクで育てられている乳児は，ビフィズス菌以外の菌も多くみられる。乳児が成長して離乳食を摂るようになると，バクテロイデス属などの成人にもみられる嫌気性菌が増加し，ビフィズス菌は減少する。さらに加齢が進み老人になると，ビフィズス菌などの数はますます減少し，ラクトバシルス属やウェルシュ菌などが増加する。

（2） 腸内細菌の働き

腸内細菌は，善玉菌，悪玉菌とそのどちらでもない中間の菌（日和見菌^{ひよりみ}）の3つに大きく分けられ，腸内環境の説明に使われている（表3-2）。善玉菌は宿主の健康維持に貢献し，悪玉菌は害を及ぼすとされている。事実，腸内細菌と宿主の共生関係が認められ，腸内細菌叢のバランスの変化（善玉菌が減少し，悪玉菌が増加する）が，感染症や下痢症などの原因になり得ることが判明した。このことから腸内細菌叢のバランスを変化させることによって，ヒトの健康改善につながるという考え方が支持されてきている。それは腸内細菌叢の善玉菌を増やし，悪玉菌を減らすことを目的としている。その具体的な方法として，生きたまま腸内に到達可能な乳酸菌など（プロバイオティクス）や腸内の善玉菌が栄養源に利用できるが，悪玉菌には利用できない物質（オリゴ糖などのプレバイオティクス）の摂取がある。事実，製剤や機能性食品として開発・実用化されている。以下，宿主との共生として主な具体例を挙げる。

表3-2 糞便中から分離される主な細菌の分類と特長

種　類	特　長	主な細菌
善玉菌	人体に有用な働きをする菌。①病原菌が腸内に侵入するのを防ぐ。②悪玉菌の増殖を抑えて腸内での増殖を抑える。③腸の運動を促して便秘を防ぐ。④免疫機能を刺激して生体調節の働きをする。	ビフィズス菌，乳酸菌，腸球菌
悪玉菌	宿主の健康を阻害するなど，人体に有害に働く菌①腸内のタンパク質を腐敗させ，さまざまな有害物質を作り出す。②便秘や下痢などを起こしやすくする。③生活習慣病などの要因となる。	ウェルシュ菌，大腸菌，ブドウ球菌，緑膿菌
日和見菌	善玉菌や悪玉菌に当てはまらない菌。ただし悪玉菌が増えると増殖し，善玉菌と拮抗して，善玉菌の生育を抑制する。ときには日和見感染による敗血症，腎炎，膀胱炎などを発症する場合がある。	バクテロイデス，ユウバクテリウム，嫌気性連鎖球菌，クロストリジウム

① 短鎖脂肪酸の合成

ヒトは自力でデンプンやグリコーゲン以外の食物繊維である多くの多糖類を　消化できないが，大腸内の腸内細菌が嫌気発酵することで，一部が酪酸やプロピオン酸のような短鎖脂肪酸に変換され，エネルギー源として吸収される。

② ビタミンK等の合成

ビタミンKは血液凝固に必須な因子であるが，食物からの摂取と並んで，腸内細菌によって合成され供給を受けている。抗生物質の投与により腸内細菌叢が損なわれた場合，ビタミンKの低下・欠乏が起こり，出血を起こすことがある。

③　腸管免疫

　ヒトが毎日食べている食品には，膨大な量の異種タンパク質を含む抗原物質が含まれているが，生体はこれらすべてを異物として反応するわけではない。口から摂取する食物には過剰な免疫反応を起こさせない仕組みがあり，これを経口免疫寛容とよぶ。経口免疫寛容の形成に腸内細菌が必須である。逆に，免疫担当細胞は病原菌やウイルスは敵として殺しても，腸内細菌とは共存していると考えられている。ただし一部のヒトでは，ある種の抗原に過剰な免疫反応を起こし，慢性的に腸管に障害を起こしてしまうことがある。これが炎症性腸疾患(潰瘍性大腸炎やクローン病など)である。

●4　おなかの調子を整える食品成分と作用機序

　食べ物を摂取すると，それらは消化され，生体が必要とする栄養素を小腸で吸収する。吸収された栄養素は，生体の必要な組織に輸送され，構造体の原料やエネルギー源として利用される。食品成分のなかには，直接生体機能の調節に関わるものもある。また小腸で吸収されなかった栄養素等は，大腸に送られ，一部の栄養素である電解質や水分が再吸収された後，便として排泄される。

（1）　おなかの調子と腸内細菌叢

　おなかの調子の良し悪しは，排便回数で，ある程度判断できる。また体感はしにくいが腸内細菌叢も健康維持にとって，重要な判断の目安となる。

①　排　便

　排便は，1日に少なくとも一度あるのが理想であるが，食事の内容や体調等によって回数は変動する。また個人によっても大きく変動する。排便回数が少なく，数日にわたり排便行為がないとおなかが痛くなったりする。これを便秘という。逆に，1日に何度も排便する下痢も，おなかの調子が悪い場合に生じる。

②　腸内細菌叢(腸内フローラ)

　大腸の最も重要な機能は排便機能であるが，それ以外にも大きな役割がある。それは腸内細菌叢による健康維持効果である。腸内細菌は食生活，生活習慣，年齢などのさまざまな要因により変化する。

　腸内に生息する細菌集団の分布は，腸内細菌叢(腸内フローラ)とよばれている。ヒトの糞便中には，糞便1g当たり約10^{11}個の細菌が生息し，腸内全体では，10^{14}〜10^{15}個の細菌が生息している。菌の種類には，さまざまな報告があり，定説はないが，100〜500種類といわれている。

ヒトの糞便で最も優勢な菌は，*Bacteroides*，*Eubacterium*，*Peptococcaceae* などの嫌気性菌である。それらに次ぐのが，*Bifidobacterium*，*Clostridium* であり，*Lactobacillus*，*Enterobacteriaceae*，*Streptococcus* の菌数は低い。健康状態がより良くなり，腸内のpH が酸性に傾くと，*Bifidibacterium* や *Lactobacillus* の菌数が高くなり，*Bacteroides* の菌数が低下する。

ヒトの年齢による腸内細菌叢の変化も調べられている（図3-10）。生後すぐの腸内には酸素が多いため，大腸菌や腸球菌などの好気性菌が定着する。成長するにつれて，ヒトの腸内には，*Bifidi-bacterium*，それ以外の動物には，*Lactobacillus* などの嫌気性菌である乳酸菌が定着し，好気性菌数が減少して安定する。ヒトが高齢になると，大腸菌，腸球菌，ウェルシュ菌，*Clostridium* などの菌が増加し，ビフィズス菌の数が減少する。前者の菌は，腸内のpH を中性にし，腸内腐敗を促進させる菌

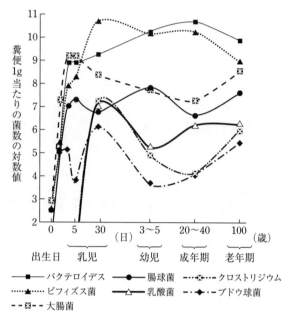

図3-10 腸内フローラの加齢による菌種の変化
Mutai ら：Bifidobacteria Microflora, 6, 33-41 (1987) より引用

であるため，排便の臭いが不快となり，腸管運動の減退や消化吸収力の低下を招く。さらに腸内細菌叢の変化は，発がん物質の産生や毒素産生をもたらすこともわかってきた。これらの腸内変化は，便秘や下痢，腸内の異常発酵，肝臓疾患，発がん，感染症を引き起こしやすくする。

このような理由から，腸内細菌叢をビフィズス菌優勢の状態に保つことが，おなかの調子を整え，健康維持を可能にする。

（2） おなかの調子を整える食品成分

おなかの調子を整える食品成分としては，食物繊維，プロバイオティクス，プレバイオティクスがある。

① 食物繊維とそれが多く含まれる食品

a) 食物繊維とその機能（表3-3）

食物繊維は，ヒトの消化酵素で分解できなかった多糖類やその他の成分の総称である。食物繊維の多くは植物由来で，セルロース，ヘミセルロース，リグニン，ペクチン，植物ガム（グアガム）などがある。動物由来のキチン，キトサンも食物繊維

表3-3 食物繊維の分類と消化器系における生理作用

分類	由来	名称	主な含有食品	特性	主な生理作用
不溶性食物繊維	植物性	セルロース，ヘミセルロース，リグニン，トコロテン，レジスタントデンプン	穀類，野菜，ふすま，豆類，ココア，紅藻類，いも類	保水性が高い	①便量を増加させる作用 ②消化内容物の腸内通過時間の短縮
	動物性	キチン，キトサン	かに，えび		
水溶性食物繊維	植物性	寒天，ペクチン，植物ガム(グアガム)，グルコマンナン，アルギン酸ナトリウム，難消化デキストリン，サイリリウム種皮(イサゴール)	野菜，果物，グア豆類，こんにゃく，褐藻類，パン，焼き菓子	粘度が高い	①便量を増加させる作用 ②粘性を増加させ，消化内容物の腸内通過時間の延長

である。それ以外にも，グルコマンナン，ポリデキストロース，アルギン酸ナトリウム，難消化デキストリン，寒天に含まれるアガロースやアガロペクチン，サイリウム種皮(イサゴール)などがある。デンプンは通常，α-アミラーゼなどの消化酵素で分解されるが，構造により小腸で分解されにくい部分があり，一部(2～20%)はそのままの形で大腸に入る。このような未消化のデンプンは，レジスタントスターチとよばれており，食物繊維と同様の機能が期待できる。

　食物繊維は，不溶性食物繊維と水溶性食物繊維に分類される(表3-3)。前者には，セルロース，ヘミセルロース，リグニン，キチンが含まれ，後者には，ペクチン，植物ガム(グアガム)，グルコマンナン，ポリデキストロース，アルギン酸ナトリウム，難消化デキストリンが含まれる。

　不溶性食物繊維は吸水性をもつ。通常，食べ物の消化内容物の水分は小腸の結腸部分で体内に吸収されるため，密度が高くなり，便が硬くなる。不溶性食物繊維を多く摂取すると消化内容物の水分を吸水し，結腸での体内への水分吸収を抑制するため便が軟らかくなると同時に便量も増える。このため腸管の内側への刺激が大きくなり，蠕動運動を促進させる。腸管の通過速度も速く，便秘を防ぐ効果がある。また腸管の通過速度が速いため，腸管での栄養素の吸収を抑える効果も認められている。

　水溶性食物繊維も不溶性食物繊維と同様に，吸水性をもつ。しかし不溶性繊維と違って，水分を吸収することにより粘性が増し，水分含量の多いゲル状態となる。このため腸管を通過する速度は，遅くなるが，便は軟らかく，便秘の予防効果がある。水溶性食物繊維は，水分とともに栄養素をゲル状態で保持してしまうため，栄養素を拡散させ，栄養素の吸収を抑制する効果もある。

　両方の食物繊維が共通してもっている機能として，腸内細菌への作用を介した便秘の予防効果である。食物繊維は，腸内細菌により分解発酵され，酢酸や酪酸などの有機酸が生成される。これらの酸が，大腸壁に作用すると，蠕動運動が大きくなり，便の移動速度を速くする。また大腸壁からの水分吸収も起こる。しかしこの作用が大きすぎると，下剤的効果をもたらし，下痢の原因となる。

● 4　おなかの調子を整える食品成分と作用機序　　49

食物繊維による便秘予防効果には，個人差が認められる。有機酸の大腸壁に対する作用に敏感なヒトでは，食物繊維を摂り過ぎると下痢を引き起こす。また逆のケースもあり，一定量の食物繊維を摂取しても，効果のないヒトもいる。後者の場合には，摂取量を増やすことで効果が認められる。

b)　食物繊維が多く含まれる食品（表1－14，15参照）

穀　類：穀類の外皮には，セルロース，ヘミセルロース，リグニンなどの不溶性食物繊維が多く含まれており，便秘の予防効果が大きい。しかし穀類の外皮は，味覚や消化吸収がよくないために，一般的な食品では，除去されている。

玄米には，約３％の食物繊維が含まれているが，精白の程度が大きくなると，食物繊維が除去されていく。白米には，食物繊維がほとんど含まれていないので，便秘の予防効果は期待できない。

精麦した大麦の食物繊維含量は，精白米のものより多い。小麦全粒粉やふすまには，食物繊維が多く，便秘の予防効果が認められている。この食物繊維の主成分は，ヘミセルロースであり，セルロース含量は多くない。

いも類：いも類には，ペクチンからなる食物繊維が多く含まれている。ヘミセルロースやセルロースも含まれるが，それほど多くはない。

豆　類：大豆や小豆などの豆類には，食物繊維が多い。ヘミセルロースが，食物繊維の約50％を占めており，ペクチンやセルロースも少量であるが含まれている。

野菜類：野菜類は，セルロース，ヘミセルロース，リグニン，ペクチン，イヌリン，マンナンなどの多くの種類の食物繊維を含んでいる。含まれている食物繊維の種類は，野菜の種類によって異なっている。

生野菜よりも，かんぴょう，干しずいき，切干しだいこんなどの乾燥野菜において，食物繊維の含量は多い。

藻　類：藻類はアルギン酸，カラギーナン，寒天などの食物繊維を多く含んだ食品である。わかめやひじきには，リグニンが多い。また，こんぶ，のり，てんぐさには，セルロースやヘミセルロースが多いことが知られている。

②　プロバイオティクスが多く含まれる食品

a)　プロバイオティクスとその機能

プロバイオティクスは，腸内細菌のバランスを改善することによって，宿主に有益な作用をもたらす微生物のことである。プロバイオティクスが，腸内に定着すれば，これらが生成する有機酸により腸内環境は酸性になることから，有害菌の増殖を防ぐことができると同時に，有機酸が大腸を刺激して蠕動運動を促し，便秘を解消する効果がある。

またアレルギー抑制作用，抗腫瘍や発がん性の危険率を低下させる効果も知られている。

プロバイオティクスとして使用される菌は，消化管でも死滅しない酸耐性菌であ

る。現在，使用されているプロバイオティクスとして，ラクトバチルス GG 株，ビフィドバクテリウム・ロンガム BB536，L. Bulgaricus 2038株，ヤクルト菌（L. カゼイ・シロタ株）などがある。

b)　プロバイオティクスが含まれる食品

　プロバイオティクスを含む代表的な食品は，ヨーグルトであり，多くの商品が開発されている。またヤクルトに代表される乳酸菌飲料にもプロバイオティクスが含まれている。

③　プレバイオティクスが多く含まれる食品

a)　プレバイオティクスとその機能

　食品成分のなかで，乳酸菌やビフィズス菌などの特定の細菌を増殖させることにより，宿主であるヒトの健康に有用な効果をもたらす成分のことである。このような成分としては，オリゴ糖が知られている。

　機能性をもつオリゴ糖としては，キシロオリゴ糖，大豆オリゴ糖，フラクトオリゴ糖，イソマルトオリゴ糖，乳果オリゴ糖，ラクチュロース，ガラクトオリゴ糖，ラフィノース，コーヒー豆マンノオリゴ糖などが見いだされている。

　これらのオリゴ糖は，食べたときに，胃や小腸で消化酵素による影響を受けにくく，そのまま大腸などの消化管下部に到達し，乳酸菌などの善玉乳酸菌に栄養源として利用される。善玉菌を増やすことにより，これらの菌が機能性オリゴ糖を分解して生成する酪酸や酢酸などの有機酸は，大腸壁を刺激して，便通を改善する効果をもつ。また水分を吸収し，便通を改善する効果もある。

b)　プレバイオティクスが含まれる食品

　機能性のオリゴ糖は，さまざまな炭水化物を用いて，酵素の作用により開発された。デンプン，スクロース，ラクトースなどが主な原料である。これらの機能性オリゴ糖は，特定保健用食品に利用されている（表1−18参照）。

　天然の食品では，ヒトの母乳にオリゴ糖が多く含まれている。主な難消化オリゴ糖としては，ガラクトシルラクトースやペンタサッカライドの存在が知られている。これらは乳酸菌であるビフィズス菌の栄養源として利用されるため，乳児の腸内における有害菌を抑制し，腸内環境を整えることが知られている。また，これらのオリゴ糖には，病原性大腸菌の細胞への付着阻害効果があることから，母乳栄養乳児は病原性大腸菌の感染による下痢症状が少ないと報告されている。

●確認問題 ＊ ＊ ＊ ＊ ＊

1．胃の5つの機能を挙げなさい。

2．小腸と大腸の機能について，簡単に説明しなさい。

3．ヒトが食後，便意をもよおすのはなぜか説明しなさい。

4．炭水化物の消化に関わる消化酵素は何か。最終的に血液に吸収されるときの糖類を3つ挙げなさい。

5．タンパク質の消化に関わる消化酵素は何か。また，その分解物が小腸で吸収される形態を3つ書きなさい。

6．おなかの調子を整える機能をもつ食物繊維の効果を説明しなさい。

7．おなかの調子を整える機能をもつ食物繊維について，水溶性と不溶性のものをそれぞれ3つずつ書きなさい。

8．おなかの調子を整える機能をもつプロバイオティクスとプレバイオティクスを説明しなさい。

9．プレバイオティクスの働きをする成分名を3つ書きなさい。

〈参考文献〉————————————————————————————

Turnbaugh PJ, Ley RE, Mahowald MA, Magrini V, Mardis ER, Gordon JI: An obesity-associated gut microbiome with increased capacity for energy harvest. Nature 444: 1027-1031, (2006)

園山慶：メタボリックシンドロームと腸内細菌叢．腸内細菌学雑誌 24：193-201, (2010)

「食品機能性の科学」

光岡知足：「人の健康は腸内細菌で決まる」，技術評論社(2011)

日本微生物学生態学会教育研究部編著：V-2 ヒトの腸の中の微生物，微生物生態学入門，pp.179-192(2004)

4章　血糖値の上昇を抑制する機能
―糖代謝の制御機構と健康

> **概要**：細胞，臓器および身体の維持，固有機能の発現に必要なエネルギーは，主に糖質，および脂質を燃焼させて産生する。これらを含む食品の適切な摂取が生命維持・健康維持に必須である。
> 　糖代謝によるエネルギー産生のしくみと血中の糖濃度を一定に調節する血糖値維持のしくみを学ぶ。また，その調節機構の破綻により発症する糖尿病の病態と食事療法を含めた治療法を学び，さらに血糖値の上昇を抑制する食品あるいは食品成分と，それらの作用機序を理解する。

到達目標　　＊　　＊　　＊　　＊　　＊　　＊　　＊

1. 糖質，および脂質が生体内でどのような過程を経てエネルギー源であるアデノシン三リン酸（ATP）に変成されるかを説明できる。
2. 血糖調節機構を糖代謝の観点から説明できる。
3. 糖質過剰摂取がどうして肥満につながるか説明できる。
4. 血糖調節機構の破綻がどのような病態を招くか説明できる。
5. 糖尿病の判断基準となる血糖値，および糖化ヘモグロビン量を説明できる。
6. 血糖値の上昇を予防できる食品成分を挙げ，その機序を説明できる。

● 1　エネルギー代謝の基礎

　3章でも述べている通り，われわれは食物を摂取することにより腸管から三大栄養素である糖質，脂質，タンパク質を消化・吸収して，生体の恒常性を維持している。そのうち，糖質および脂質は細胞内で酸化されて，最終的には水と二酸化炭素とエネルギーが生成される（図4-1）。タンパク質は通常はエネルギー源とはならないが飢餓状態等の非常時にはエネルギー産生に利用される。その際には窒素を含んでおり，上記に加えて最終分解産物の尿素として生体から排出される。細胞内ミトコンドリアにおけるエネルギー生成では，エネルギー源となるアデノシン三リン酸（ATP）に合成される。一方，摂取したエネルギー源となる栄養素はATPとして蓄積されるのではなく，例えば糖質の場合，ATPを使用してグルコースからグリコーゲンが合成され肝臓や筋肉に蓄積されたり，中性脂肪あるいは脂肪酸合成を通

$$C_6H_{12}O_6 + 6O_2 \xrightarrow[\text{エネルギー}]{ADP \quad ATP} 6CO_2 + 6H_2O$$

図4-1　糖質の分解によるエネルギー産生（異化）

● 1　エネルギー代謝の基礎　　53

じて脂肪組織として，生体内に蓄積されることになる（図4-2）。食べ物から摂取された三大栄養素は，まず共通代謝物質であるアセチルCoAに変換されクエン酸回路に入り生成されたH⁺がミトコンドリアの電子伝達系へ受け渡されATP合成を行うための駆動力となる。ATP合成以外に摂

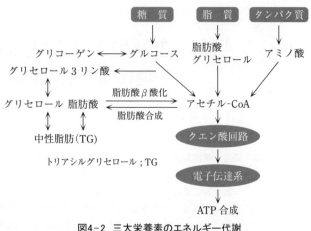

図4-2 三大栄養素のエネルギー代謝

取されたグルコースは，巨大ポリマーであるグリコーゲンとなり肝臓や筋肉に貯蔵される。過剰に摂取したグルコースは，アセチルCoAを介して脂肪酸に合成される。合成された脂肪酸は，解糖系の中間代謝物質であるグリセロール3リン酸より変換されたグリセロールと反応し中性脂肪となり脂肪組織に蓄積される。

2 糖代謝と血糖調節機構

　小腸で吸収されたグルコースは，門脈を介して肝臓に到達し肝細胞に取り込まれてグリコーゲンおよび脂肪として蓄積される。残りは体循環に入り全身の臓器に到達し，各臓器の細胞に取り込まれてエネルギー代謝に関わる。例えば筋肉の運動（心臓の拍動，腸管の蠕動，骨格筋の活動）や脳（神経活動の維持）に必要なエネルギー産生や脂肪組織への蓄積などである。グルコースの利用状態を制御する同化ホルモンがインスリンである。すなわちインスリンは，個々の細胞へのグルコースの取り込みを可能とすることで血糖値を低下させることができ得る唯一のホルモンである。

　生理的インスリン分泌パターンは24時間分泌される基礎分泌と食事のたびに追加される追加分泌の2相からなり，健常者の血糖値は，概ね70〜140 mg/dLの範囲に維持されている（図4-3）。血糖調節における，とり

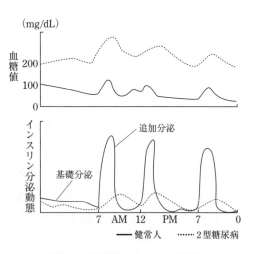

図4-3 健常人と2型糖尿病患者の血糖値とインスリン分泌パターン

注〕健常人では，食事の際にインスリンが追加分泌され，血糖値の上昇が抑制される。2型糖尿病患者では，食事後のインスリン分泌が少なく，そのため血糖値も高い状態が維持される。

わけ追加インスリン分泌時の主要な標的細胞は，筋肉，脂肪組織および肝臓である。アドレナリンやグルカゴンなどのホルモンは，インスリンの拮抗ホルモンとして血糖を上昇させる方向に働き，血糖を一定範囲内に調節している。

インスリンを分泌する膵臓のβ細胞は，膵臓内に100～200万個あるランゲルハンス島とよばれる内分泌細胞群に存在する。膵β細胞におけるインスリン分泌機構と筋・脂肪細胞におけるインスリン作用を図4-4, 5に示す。インスリン分泌に至る細胞内情報伝達の流れは次のようになる。

グルコース輸送担体(GLUT2)から細胞内に取り込まれたグルコースは，解糖系を経てミトコンドリアでATPに変換される。細胞膜のカリウムチャネルがATP/ADP濃度比上昇を感知して閉じることにより，細胞膜が脱分極する。これにより，電位依存性カルシウムチャネルが開口して細胞内にカルシウムイオンが流入し細胞内カルシウム濃度が上昇する。インスリン顆粒が細胞膜へ融合してインスリンの分泌が生じる（開口放出）（図4-4）。膵臓β細胞からインスリンが分泌される

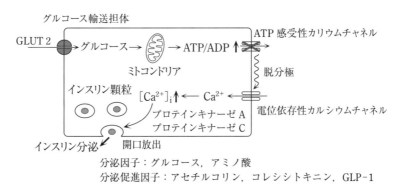

図4-4 膵臓β細胞におけるインスリン分泌の仕組み

注〕 血糖値が高くなると，膵臓β細胞でGLUT2がセンサーとしてはたらき，インスリンが分泌される。

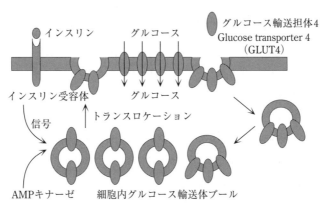

図4-5 インスリンによるグルコース輸送機構

注〕 放出されたインスリンは血流にのり，標的細胞の細胞膜上にあるインスリン受容体に結合して情報を伝え，細胞内にあるグルコース輸送担体(GLUT4)プールに作用する。細胞膜上でのGLUT4の数を増加させることでブドウ糖の取り込みを促進させる。

と，肝臓，筋肉，脂肪などの組織に存在するインスリン受容体に結合する。

これが引き金となり各組織細胞内にあるグルコース輸送担体プールからGLUT4が細胞膜に移動（トランスロケーション）し，グルコースを細胞内にとり込むことができる。これにより血糖値が低下する。

2型糖尿病患者では，インスリンの分泌が低いことに加えて，GLUT4を細胞表面に移動させるトランスロケーションの能力が低いため，血糖値が低下しない（図4-5）。

3 肥満とダイエット：血糖値の調節機構

（1）肥満

インスリンは，個々の細胞への血糖の取り込みを可能とすることで，血糖値を低下させることができる唯一のホルモンである。β細胞のインスリン分泌能力が高ければ，グリコーゲンの蓄積量を超えて過剰摂取した糖質は，大きな血糖上昇を伴うことなく脂肪組織に中性脂肪として蓄積されることになる（図4-6）。そして，このインスリン作用により，消費されるエネルギーよりも過剰の摂取エネルギーが生体に取り込まれると体重の増加から肥満へとつながる。インスリンが肥満ホルモンといわれるゆえんである。日本人は欧米人と比較してインスリン分泌能力が半分程

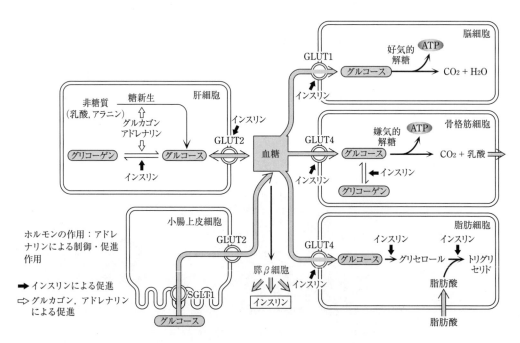

図4-6 糖代謝の全体像とインスリンによる糖のとり込み

注〕血糖値をセンシングし，インスリンが膵臓β細胞から分泌される。肝臓，脂肪組織，骨格筋などでは，各組織の細胞表面のインスリン受容体にインスリンが結合し，グルコース輸送体がトランスロケーションし，血中のグルコースが組織に取り込まれる。

度であるといわれている。例えば日本人は糖質エネルギーを過剰摂取し続けることにより，欧米人のように著しい肥満になる前にβ細胞が疲弊してインスリン分泌不全となりやすい。インスリン分泌能力の観点から日本人の肥満は，欧米人の肥満よりもβ細胞に対して大きな負担をかけている。

（2） ダイエット

肥満の治療は基本的には食事療法と運動療法である。筋肉組織は生体内で最大のエネルギー消費組織である(11章参照)。食間では，血中グルコースが上昇しなければ，インスリン分泌が起こらないため，筋組織のエネルギー源はブドウ糖ではなく脂肪酸である。食間に有酸素運動を行うことで，より脂肪酸の利用は促進される。有酸素運動を食間に行うことで，脂肪酸の利用がより促進される。

● 4 　糖尿病とその症状

（1） 病系分類と罹患率

① 病系分類

糖尿病は，生体内でのインスリン作用不足よってもたらされる，糖代謝，脂質代謝，タンパク質代謝異常をきたす慢性代謝性疾患である。インスリン作用不足により生じるグルコース利用率の低下は慢性的な高血糖をきたし，それを補うために，脂質およびタンパク質代謝異常を引き起こしてしまう。インスリン作用不足は，膵β細胞からのインスリン分泌低下，または末梢組織(筋肉，脂肪，肝)におけるインスリン感受性の低下(インスリン抵抗性)，あるいは両者によってもたらされる。膵β細胞からのインスリン分泌低下の原因により大きく2つの病系に分類される。膵β細胞が破壊されて，インスリン分泌量の絶対的な低下を伴う1型糖尿病(インスリン依存性糖尿病)とインスリン分泌量と感受性の両者の低下が混在する2型糖尿病(インスリン非依存性糖尿病)である。前者は自己免疫機序が関係するといわれ，治療の基本はインスリン投与である。後者は遺伝的素因が関連し，治療の基本は食事と運動である。1990年代頃から，ソフトドリンクケトーシスとよばれる青年期の高度肥満者にみられる糖尿病が報告されるようになった。病識のない2型糖尿病患者が口の渇きを癒すために，単純糖質を含むソフトドリンクを大量にのみ続けインスリン分泌，および作用がケトーシスを生じるまでに低下するケースをいう。前述の日本人のインスリン分泌能力が低いこととソフトドリンクを日常的に摂取するという生活習慣の変化を示す典型例といえる。

② 罹患率

1型糖尿病は遺伝的素因よりも自己免疫機序で発症する場合が多い。近年問題となっている糖尿病罹患者数の増加は，遺伝的素因に加え生活習慣の変化に根ざし

た2型糖尿病患者の増加に基づいている。日本人の場合，糖尿病患者の95％以上が2型糖尿病である。1997年から2007年まで10年間に糖尿病および糖尿病予備群を含めた罹患者数は約1,400万人から2,200万人と1.6倍となっている。特に糖尿病予備群[5.6％≦HbA1c（日本糖尿病学会）＜6.1％]の増加が目立つ。2型糖尿病患者の増加に関与すると考えられる生活習慣変化すなわち環境因子変化を拾い上げていくと，①自動車保有台数　②外食産業の市場規模　③コンビニエンスストアの店舗数　④一人世帯の割合　⑤脂質摂取比率　⑥40代男性のBMIなどの増加が挙げられる。運動不足と食事内容の変化が重要な因子であることを裏づけている。

（2）症状と検査方法

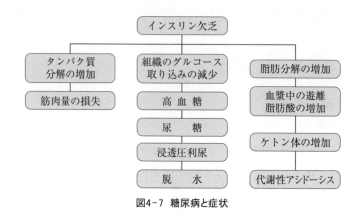

図4-7　糖尿病と症状

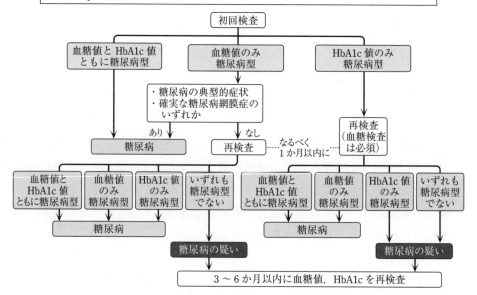

図4-8　糖尿病の臨床診断フローチャート

① 症　状

　糖尿病が患者自身にとって非常に厄介なのは，軽度であればあるほど症状に乏しいことである。重症化するに従い，口渇，多飲，多尿，体重減少の症状が顕在化して強くなり，さらに糖尿病性ケトアシドーシスや意識障害・昏睡などの重篤な症状がみられる(図4-7)。

　糖尿病の主要な合併症の一つである血管障害には，神経障害，腎障害，網膜症等の微小血管障害と，脳梗塞・心筋梗塞等の大血管障害がある。

② 検査方法

　糖尿病の診断は日本糖尿病学会糖尿病診断基準に当てはめて図4-8に示すようにフローチャートに従い進めていく。図には糖尿病型と糖尿病との判定基準が示してあり，血糖値とHbA1cの両者の基準がそろって糖尿病と診断される。

(3)　治療方法

　食事・運動療法は，糖尿病治療の基本である。インスリン投与が必要な1型糖尿病であっても良好な血糖コントロールを得るためには食事・運動療法は必須である。

① 食事療法

　まず間食，夜食そして清涼飲料水を摂取する習慣があるようならば止める。次に標準体重を目安に，身体活動量を考えてエネルギー摂取を決定する(1章参照)。そして食事バランスの是正を行う。栄養バランスとしては，糖質50～60％，脂質は25％，タンパク質は15～25％程度である。水溶性食物繊維は，糖質の吸収を遅らせる作用があるため，水溶性食物繊維を含む複合糖質の摂取が望ましい。またタンパク質の摂取量は，体重当たり1～1.2g/kg程度が望ましい。体重増加はインスリン抵抗性の増大を招くので，少なくとも標準体重を超えているヒトは，現行の体重の5％の減量を目標にすることが現実的である。

　食事療法による摂取エネルギー制限だけでは，体脂肪の減少には限界があるのみならず，筋肉量なども減少するため安静時の基礎代謝率が減少してしまう。食事療法としての適切なエネルギー制限は，運動療法と組み合わせることにより初めて有効な治療となる。

サイドメモ：食事指導のポイント
　①朝食・昼食・夕食を規則正しく食べ，間食をさける。
　②腹八分目とし，ゆっくりよくかんで食べる。
　③食品の種類はできるだけ多く，バランスよく摂る。
　④脂質と塩分の摂取を控えめにする。
　⑤食物繊維を多く含む食品(野菜，海藻，きのこなど)を摂る。

② 運動療法

　糖尿病における運動療法は，薬剤治療を行っている患者も多いので低血糖予防のために食後に行うことが望ましい。運動により全身のグルコース利用率が増加する

ことで血糖調節に寄与できる。習慣化することが可能であれば基礎代謝率の増加が見込める。

> **サイドメモ：運動のポイント**
> ① グルコース，脂肪酸の利用を促進し，インスリン抵抗性を改善する効果がある。
> ② 強度は運動時の心拍数が1分間100～120拍以内，自覚的に「きつい」と感じない程度とする。
> ③ 歩行運動では1回15～30分間，1日2回，1日の運動量として約10,000歩を目標とする。
> ④ 1週間に3日以上実施するのが望ましい。
> ⑤ インスリンやスルホニル尿素薬(SU薬)を用いている人では低血糖に注意する。低血糖時の対処法について十分に指導しておく。

③ 薬物療法

　1型糖尿病の場合は，最初からインスリン投与の適応である。2型糖尿病の場合は，食事・運動療法でも改善がみられないときに薬物療法を考慮することになる。使用される薬は，インスリン分泌を促進させるものとしてスルホニル尿素薬やグリニド系薬が，炭水化物の吸収遅延を目的とした薬としてα-グリコシダーゼ阻害薬が，また，インスリン抵抗性の改善薬として，ビグアナイド薬やチアゾリジン薬がある。しかし現実には，これまでの生活習慣を短期間に改善することは容易ではないので，薬物療法を併用しながら食事・運動療法を継続する場合が多く見受けられる。

● 5　血糖値の過度な上昇を抑制する食品成分と作用機序

　糖尿病に罹ってしまうと，食事療法や運動療法，薬物療法が必要となるが，糖尿病を予防するためには日頃から食事内容に気をつけたり，適度な運動を心掛けることが大切である。また，これらに加えて，最近明らかとなってきた糖尿病を予防する食品成分を摂取することも重要である。

　最近の研究から，血糖値の上昇を抑制する成分が，いくつか見いだされている。主に摂取食品中の糖質の消化・吸収を抑制する物質である。

（1）　難消化性デキストリン

①　特　性

　難消化性デキストリンは，食物繊維の一種である。食物繊維はヒトの消化酵素では消化されない食物中の難消化性成分と定義されている。その主な成分は，難消化性多糖類とリグニンである。また食物繊維は不溶性食物繊維と水溶性食物繊維に分類される。食物繊維は消化管機能への影響，便容積の増加，消化管通過時間の短縮，脂質代謝，糖代謝の改善など，さまざまな生理作用を有する。特に水溶性食物繊維はその粘性による物理的な作用によって食後血糖値およびインスリンの上昇を抑制して耐糖能を改善する効果がある。

60　　4章　血糖値の上昇を抑制する機能

② **製造方法**

　難消化性デキストリンは，とうもろこしやばれいしょデンプンに微量の塩酸を加えて加熱し，さらにα-アミラーゼとグルコアミラーゼによる酵素分解後に得られる水溶性食物繊維である。平均分子量は1,600〜2,000，グルコース残基がα-1,4，α-1,6，ならびにβ-1,2，β-1,3，およびβ-1,6-グルコシド結合し，還元末端の一部はレボグルコサン（1,6-アンヒドログルコース）である分枝構造の発達したデキストリンである。すなわち，デンプンを高温で加熱することによりグリコシド結合の一部が切断され，再重合が進むにつれ，結合部の変換が起こり，枝分かれ構造が増加したものである。

③ **効　果**

　難消化性デキストリンは，低粘性であるにもかかわらず，食事とともに摂取すると，食事に含まれている糖質の吸収を遅延させ，食後の血糖値の上昇を穏やかにすることが動物実験，ならびにヒト試験において確認されている。また，難消化性デキストリンにはミネラルの吸収阻害がないことも確認されている。これらの機能特性から，難消化性デキストリンは，「血糖値が気になる方の食生活を改善する」旨の表示を許可された特定保健用食品の関与成分として，茶系飲料，清涼飲料，米飯，即席みそ汁，粉末スープ，果実飲料，コーヒー飲料，パン，発酵乳，菓子類などに添加され広く利用されている。

　ラットおよびヒトを対象とした糖質の吸収に関する試験において，難消化性デキストリンは，グルコースやフルクトースなどの単糖類の吸収には影響を及ぼさず，マルトース，スクロース，ラクトースなど二糖類以上の糖質に対して血糖上昇を抑制する作用が確認されている。したがって難消化性デキストリンは，二糖類以上の糖質の吸収を穏やかにすることで，食後血糖値の上昇を抑制すると考えられている。

(2)　グァバ葉ポリフェノール

① **特　性**

　グァバ（*Psidium guajava* L.）はフトモモ科バンジロゥ属に属する常緑樹であり，熱帯，亜熱帯地方に広く自生し，果実，根とともに葉が生薬として糖尿病や下痢止めに民間で用いられている。グァバは台湾や沖縄地方において，グァバ茶として飲用されている。

② **効　果**

　グァバ葉の熱水抽出物は，*in vitro* においてα-アミラーゼ，マルターゼ，スクラーゼの活性を阻害する。特にα-アミラーゼに対しては，マルターゼやスクラーゼよりも強い活性阻害を示す（これらの酵素に対するグァバ葉抽出物の50％活性阻害濃度（IC_{50}）は，α-アミラーゼ0.6 mg/mL，マルターゼ2.1 mg/mL，スクラーゼ3.6 mg/mL）。グァバの乾燥葉の抽出液には，主にエラグ酸，シアニジンとその他

の低分子ポリフェノールから構成されるポリフェノールの重合体が存在する。これらはグァバ葉ポリフェノールと命名され，活性本体と考えられている。

　正常マウスを用いた糖負荷試験では，グァバ葉ポリフェノールを前投与後にマルトース，スクロース，可溶性デンプンを負荷すると，生理食塩水のみを前投与したマウスと比較して負荷後の血糖値の上昇は抑制された。またヒトを用いた飲用試験においても200gの米飯摂食後の血糖値が有意に低下した。肥満モデルマウス（db/db）を用いた研究においてもグァバ葉ポリフェノールの効果が確認されている。db/dbマウスは，レプチン受容体の欠損マウスであり，肥満と糖尿病に加えて，糖尿病の重要な合併症である腎症を発症する。db/dbマウスにグァバ葉ポリフェノールを250mg/kg体重/日となるように飲料水に添加して7週間投与したところ，体重や随時血糖値に差はなかったが，投与期間中の平均血糖値の指標であるHbA1c（％）は投与開始5週目，7週目で有意に低値を示した。また，腎臓のメサンギウム基質の肥厚が有意に抑制され，糖尿病性腎症の進行が抑制されていることが明らかになった。

　ヒトによる臨床研究では，前糖尿病状態または軽度の糖尿病患者15名（男性，45歳以上，空腹時血糖値が110mg/dLもしくはこれ以上，BMI22以上）にグァバ茶190mLを1日3回毎食事中に摂取した結果，空腹時血糖値は有意に減少した。さらに，HbA1c（％）が6以上の22名の2型糖尿病患者にグァバ茶190mLを1日3回毎食事中に摂取した結果，HbA1c（％）や血液中インスリン濃度が有意に低下し，血液中のコレステロール濃度，中性脂肪濃度も改善された。

（3）　小麦アルブミン

①　特　性

　小麦アルブミンは，小麦の水溶性タンパク質画分を抽出したものであり，主成分の0.19小麦アルブミン（電気泳動における移動度により命名された）をはじめ，複数のタンパク質から構成されている。小麦アルブミンは従来，肉製品などのいわゆる『つなぎ』として食品加工に利用されてきたが，アミラーゼ活性を阻害する作用が見いだされ，消化管での糖質の消化，吸収を遅延させることが明らかにされてきた。

②　効　果

　小麦アルブミン1分子がアミラーゼ1分子と結合して，ヒト唾液および膵臓アミラーゼ両者に対して阻害活性を示す。小麦アルブミンに含まれる唾液，膵液アミラーゼの阻害活性の80％以上が0.19小麦アルブミンに由来していたことから，0.19小麦アルブミンが小麦アルブミンのアミラーゼ阻害活性作用の本体と考えられている。1.5gの小麦アルブミン（0.19小麦アルブミンとして458mg相当）を300gの米飯とともに摂取した結果，正常型，境界型，糖尿病型いずれの被験者でも食後の血糖上昇が抑制され，同時に血中インスリン濃度の上昇も境界型と糖尿病型で抑

制された。

　0.19小麦アルブミンは単純タンパク質であり，タンパク質分解酵素により速やかに消化されるので，糖質の消化遅延に寄与するアミラーゼ活性の阻害は，摂取後短時間しか持続しない。また小麦由来のアミラーゼ阻害タンパク質は，熱安定性が高く，小麦粉の調理によっても完全には失活しない。この性質により小麦アルブミンは，いんげん豆由来のアミラーゼ阻害物質でみられるような下痢などの消化器症状を伴わずに血糖上昇を抑制できるものと考えられる。さらにαグリコシダーゼ阻害剤による糖質消化の阻害では，低分子糖類が腸管内に蓄積し浸透圧性の下痢を起こしやすいが，アミラーゼの阻害では低分子の糖類の蓄積が起こらないので，安全性が高いことが考えられる。小麦アルブミンは，乾燥スープに添加され，特定保健用食品として利用されている。

（4）　豆鼓エキス

①　特　性

　豆鼓（トウチ）は中国料理で伝統的に使用される発酵調味料の一種で，日本の大徳寺納豆などの寺納豆も豆鼓と同様な方法でつくられている。黒大豆に水を添加して蒸した後，塩，麹，酵母を加えて発酵させ，麻婆豆腐をはじめ，さまざまな料理に使用されている。豆鼓の水抽出物が豆鼓エキスである。豆鼓エキスには血糖値の上昇抑制作用が明らかにされており，特定保健用食品としても承認されている。

②　効　果

　In vitro での研究により，豆鼓エキスは，マルターゼを阻害するがスクラーゼに対する阻害作用は弱いこと，α-アミラーゼに対しては，阻害作用を示さないことなどが明らかにされている。したがって豆鼓エキスはα-グルコシダーゼに対して特異的に阻害作用を示すと考えられている。マルターゼを基質として測定したラット小腸α-グルコシダーゼに対する豆鼓エキスのIC_{50}は1.1 g/L と算出されている。*In vivo* の実験では，正常ラットにスクロース（2 g/kg 体重）とともに豆鼓エキス（100，500 mg/kg 体重）を経口投与すると，投与後30分，60分の血糖値が豆鼓エキス非投与の対照群と比較して有意に低値を示した。また8名の境界型糖尿病患者に75 gのスクロースを負荷する前に0.1〜10 gの豆鼓エキスを投与した結果，血糖値の上昇は豆鼓エキス投与量依存的に抑制され，0.3 gから血糖値の上昇抑制効果が認められた。さらに4名の糖尿病患者に200 gの米飯を食べる直前に0.3 gの豆鼓エキスを服用させたところ，食後90分と120分の血糖値，インスリン濃度は豆鼓エキス非服用時と比較して有意に低値を示した。また36名の軽度な糖尿病患者を用いた二重盲検試験でも有効性が明らかにされている。ほうじ茶（プラセボ）と0.3 gの豆鼓エキスを含むほうじ茶を1日3回食事の前に3か月間飲用した結果，空腹時血糖値ならびにHbA1c（％）は有意に減少した。一方，プラセボ群ではこれらの変化

は認められなかった。しかし豆鼓エキス中の作用成分に関する報告はほとんどない。

（5）アラビノース

① 特 性

　アラビノース（arabinose）は，五炭糖のアルドースである。他の単糖とは異なり，自然界にD体よりもL体のほうが多い。L-アラビノースは植物の細胞壁を構成するヘミセルロースやガム質に普遍的に存在し，米や小麦などの穀類の繊維質に特に多く存在する。これらの繊維質では，L-アラビノースはアラビノキシランとして，D-キシロースのβ-1,4結合の主鎖に2位または3位で結合し，側鎖を形成している（図4-9）。この側鎖の結合は酸や熱に対して弱く，容易に主鎖から解離する。

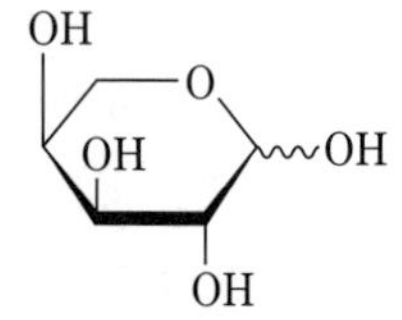

図4-9　L-アラビノースの構造

　L-アラビノースは少量ではあるが，みそ，パン，ビール，緑茶，紅茶などにも存在することが知られている。

② 効 果

　L-アラビノースとD-キシロースは，小腸のスクラーゼを特異的に阻害する。この阻害活性は非天然型のD-アラビノースやL-キシロースには認められず，阻害活性はいずれも天然型にのみ観察される。L-アラビノースとD-キシロースは，スクラーゼ活性を濃度依存的に非拮抗的に阻害し，50 mMでそれぞれ56％，52％活性を阻害する。

　L-アラビノースのスクラーゼに対する阻害定数は2.0 mMであり，一方スクロースに対するKm値は8〜10 mMである。したがってL-アラビノースはスクラーゼに対してスクロースよりも強い親和性を示す。スクロース（2.5 g/kg体重）をラットに投与すると血糖値は著しく上昇するが，同時にL-アラビノース（50〜250 mg/kg体重）を投与すると血糖値に加えてインスリン濃度はL-アラビノース投与量依存的に著しく抑制される。健常者8名を用いた試験においてもスクロース50 gとスクロース50 gにL-アラビノース4％（2 g）を添加した試料を摂取させるクロスオーバー試験では，摂取後の血糖値，インスリン濃度ともに有意に抑制された。また2型糖尿病患者10名を用いた試験においてもスクロース30 gとスクロース30 gにL-アラビノース3％添加（0.9 g）したゼリーを摂取させるクロスオーバー試験において，10名

表4-1　食品成分が阻害する糖分解酵素

食品成分	阻害される酵素
グァバポリフェノール	α-アミラーゼ，マルターゼ，スクラーゼ
小麦アルブミン	α-アミラーゼ
豆鼓エキス	マルターゼ（α-グルコシダーゼ）
アラビノース	スクラーゼ

中9名で最大血糖値の有意な抑制がみられたが，インスリン濃度には変化はみられなかった。中高年健常者を対象としたL-アラビノース用量試験によって，スクロース30gを含む試験食品への有効添加量は，スクロースに対して3〜4％であることが明らかにされている。

食品成分が阻害する酵素と成分の関係を表4-1にまとめた。

サイドメモ：HbA1c（％）
糖化ヘモグロビンの一種で，ヘモグロビンに糖が結合したもの。糖尿病の診断基準や血糖管理の指標として日常の診療に使用されている。赤血球の寿命が約120日であることから，1〜2か月前の血糖値の指標として利用される。正常値は4.3〜5.8％，6.5％以上で糖尿病型と診断される。

●確認問題　＊　＊　＊　＊　＊

1. グルコースからATPを産生する経路を説明しなさい。
2. 血糖値を一定に保つしくみを書きなさい。
3. 糖尿病の病型とそれぞれの原因となる機構を書きなさい。
4. 糖尿病の治療法を書きなさい。
5. 血糖値の上昇を抑制する食品や食品成分を列記し，その作用メカニズムについて説明しなさい。
6. 難消化性デキストリンの製造方法について書きなさい。
7. 血糖値の上昇を抑制する食品成分が阻害する生体内の酵素を挙げなさい。

〈参考文献〉

海老原清，上野川修一ら編：機能性食品の作用と安全性百科，209，丸善（2012）

Deguchi Y *et al.*, Nutr Metab（Lond），2：7：9（2010）

森本聡尚ら：日本栄養・食糧学会誌，52（5）：285-291（1999）

Hiroyuki F *et al.*, J Nutr Biochem，12（6）：351-356（2001）

井上修二ら：日本栄養・食糧学会誌，53（6）：243-247（2000）

5章 血中の中性脂肪やコレステロールの上昇を抑制する機能
―脂質代謝の制御機構と健康

> **概要**：栄養素として摂取された脂質がどのように代謝され，どのように利用されるかを学ぶ。また動脈硬化等の原因となる脂質異常症の発症機構と治療について学ぶ。さらに血中の中性脂肪やコレステロール濃度を上昇させる食品成分，および上昇を抑制する食品成分とその作用機序を学ぶ。

到達目標　＊　＊　＊　＊　＊　＊　＊

1. 体内へ取り込まれた脂質成分の代謝の概略が説明できる。
2. 血中脂質値を改善することの意義が説明できる。
3. 血中の中性脂肪を上昇させる食品成分，および上昇を抑制する食品成分を挙げ，その機序を説明できる。
4. 血中のコレステロールを上昇させる食品成分，および上昇を抑制する食品成分を挙げ，その機序を説明できる。
5. EPA や DHA を多く含む食材を挙げることができる。

● 1 脂質代謝

（1）　脂質を運搬するリポタンパク質の役割

　　消化管から吸収された中性脂肪(triglyceride; TG)やコレステロールなどの脂質成分は，カイロミクロンという直径75～1,200 nm の巨大リポタンパク質粒子として，リンパ管，胸管を経て大循環系に合流する。リポタンパク質とは水溶液中では分離してしまう“脂”成分を親水性のアポタンパク質やリン脂質で覆うことで血液中に溶け得る状態にさせた複合体粒子をいう。それぞれの脂質の割合やアポタンパク質の種類などの組成により粒子の大きさ，比重，性質が異なり，表5－1に示すように分類される。カイロミクロン(chyro micron; CM)，超低比重リポタンパク質(very low density lipoprotein; VLDL)，中間型リポタンパク質(intermediate density lipoprotein; IDL)，低比重リポタンパク質(low density lipoprotein; LDL)，高比重リポタンパク質(high-density lipoprotein; HDL)が，主なリポタンパク質である。リポタンパク質は，脂質成分が多く，タンパク質が少ないと，密度が低く(比重が小さく)，サイズ(粒子)が大きいものとなる。一方，脂質成分が少なく，タンパク質が多いと，密度が高く(比重が大きく)，サイズ(粒子)が小さいものとなる。リポタンパク質は，密度が低く，サイズの大きい順に密度が高くなる。なお臨床検査でよく耳にするLDL コレステロール(LDL-C)，HDL コレステロール(HDL-C)は，それぞれ LDL

66　5章　血中の中性脂肪やコレステロールの上昇を抑制する機能

表5-1 リポタンパク質の種類と組成

リポタンパク質	比重	直径(nm)	タンパク質(%)	リン脂質(%)	中性脂肪(%)	コレステロール(%)
キロミクロン(CM)	<0.95	75～1,200	1.5～2.5	7～9	84～89	4～8
VLDL	<1.006	30～80	5～10	15～20	50～65	15～25
IDL	1.006～1.019	25～35	15～20	22	22	38
LDL	1.019～1.063	18～25	20～25	15～20	7～10	42～50
HDL	1.063～1.210	50～120	40～55	20～35	3～5	15～19

粒子中のコレステロール，HDL粒子中のコレステロールを指し，また中性脂肪は，すべてのリポタンパク質中の中性脂肪の総和を示す。

　食後，血液中に移行したカイロミクロンは，脂肪組織や筋組織の毛細血管壁にあるリポプロテインリパーゼ(lipoprotein lipase; LPL)の作用を受け，中性脂肪が一部分解される。このとき生じたグリセロールと遊離脂肪酸は，各々の組織に取り込まれ代謝作用を受ける。一方，中性脂肪含量の減少したカイロミクロン(これをレムナントリポタンパク質という)は，受容体を介して肝臓に取り込まれる。肝細胞内では，リソソームにより分解され，食事由来の残余脂質成分は肝臓に供給されることになる(図5-1a：外因性リポタンパク質代謝経路)。

　また，肝臓で合成され，血中へ分泌される中性脂肪に富んだVLDLは，内因性リポタンパク質代謝経路(図5-1b：内因性リポタンパク質代謝経路)として肝臓から脂肪組織，筋組織へと脂質成分を運搬する役割を担う。カイロミクロンと同様に毛細血管壁でLPLの作用を受け，VLDL粒子中の中性脂肪が分解されると，より小さく比重の大きな，コレステロール含有比率の多いIDL，そしてLDLへと変化す

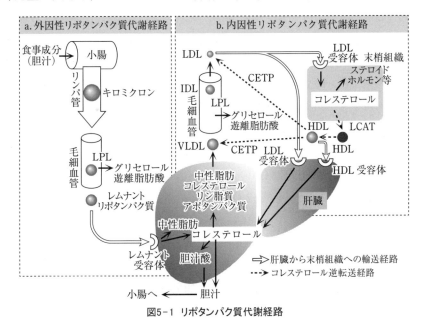

図5-1 リポタンパク質代謝経路

る。なお，血中ではIDL量はごくわずかであるとされる。LDL受容体を介して末梢組織に取り込まれたLDLは，細胞内へコレステロールを供給し，細胞膜やステロイドの合成，あるいはコレステロールエステルの貯蔵に利用される。LDLの約半量は再び肝臓に取り込まれ分解される。

　さらにコレステロール逆転送経路としてHDL代謝系(図5-1：点線矢印)がある。VLDLに対するLPL作用の結果生じた，余剰なコレステロールやリン脂質成分，マクロファージなどの細胞表面にあるコレステロールトランスポーターを介して細胞内から細胞外へ流出したコレステロールなどは，HDLに移行する。移行したコレステロールは，レシチンコレステロールアシルトランスフェラーゼ(lecithin cholesterol acyltransferase; LCAT)の作用によりエステル化されコレステロールエステルとなり，コレステロールエステルに富んだHDLが形成されていく。末梢から回収されたHDL粒子中のコレステロールは，肝臓にあるHDLに特異的な受容体を介して，あるいはコレステロールエステル転移タンパク質(cholesterol ester transfer protein; CETP)の作用により，VLDLやLDLへコレステロールエステルを移行させた後，各々の受容体を介して，肝細胞に取り込まれ，胆汁中へ排泄される。このコレステロール逆転送経路は，動脈硬化巣におけるコレステロールの沈着を軽減する経路として重要である。

(2)　中性脂肪代謝

　食事由来の脂質の90％を占める中性脂肪は，リポタンパク質により肝臓，脂肪組織ならびに筋肉などへ輸送され貯蔵される。また食事由来の余剰な糖質，つまり直ちにエネルギー源として使用されず，またグリコーゲンとして貯蔵され得る以上の摂取分は，大部分が肝臓で中性脂肪の合成に用いられ，肝臓および脂肪組織，あるいはわずかながら筋肉にて貯蔵される。

　基本的な中性脂肪の化学構造を図5-2に示す。3分子の長鎖脂肪酸(図では18個の炭素の鎖：C_{18})が1分子のグリセロールとエステル結合している。脂肪酸は長い炭化水素鎖をもつカルボン酸で，二重結合をもたないものを飽和，もつものを不飽和という。代表的な飽和脂肪酸はC_{16}のパルミチン酸，C_{18}のステアリン酸であり，不飽和脂肪酸はC_{18}のオレイン酸(1価：二重結合1つ)，リノール酸(2価：二重結合2つ)である。

$$CH_3-(CH_2)_{16}-COO-{}^1CH_2$$
$$CH_3-(CH_2)_{16}-COO-{}^2CH$$
$$CH_3-(CH_2)_{16}-COO-{}^3CH_2$$

図5-2　中性脂肪の化学構造

　中性脂肪は，体内ではエネルギー基質として，糖質とほぼ同様の役割を担う。脂肪組織に貯蔵されている中性脂肪は，体内でのエネルギー需要に応じてリパーゼにより加水分解される。血中に放出された脂肪酸(これを遊離脂肪酸という)は，速やかに血漿タンパク質のアルブミンと結合し，エネルギー源として必要とされる組織

へと供給される。脳細胞や赤血球を除くほとんどの細胞において，脂肪酸はエネルギー基質として利用される。脂肪酸はミトコンドリア内で，β酸化の過程を経てアセチルCoAへと分解される。アセチルCoAは，糖代謝の場合と同様に，クエン酸回路ならびに酸化的リン酸化反応を経て多量のアデノシン三リン酸(ATP)を生成する。実際に，18個の炭素の鎖をもつステアリン酸1分子が，完全に酸化されると，146分子ものATPを獲得することがで

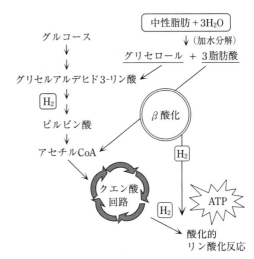

図5-3 中性脂肪分解によるエネルギー産生

き，グルコース1分子からの36分子のATPに比し，分子当たりのエネルギー生成量が多い。中性脂肪1分子当たりでは，さらに多量のATP生成が可能であり，脂質は貯蔵エネルギーとして非常に優れていることが理解できる。

安静時の血中遊離脂肪酸濃度は，およそ15 mg/dLと低濃度であるにもかかわらず，回転速度はきわめて速く，数分毎に半数の血中遊離脂肪酸が新しい脂肪酸と置き換えられる。また脂肪のエネルギー源としての利用が高まった場合には，血中濃度は5〜8倍も上昇することがあり，脂質輸送は非常にダイナミックに変動していることがわかる。なおグリセロールは，グリセロール-3-リン酸に変換後，解糖系に流入しエネルギー生成に利用される(図5-3)。

(3) コレステロール代謝

消化管より吸収される食事由来のコレステロールに加え，はるかに大量のコレステロールが生体内で生成される。リポタンパク質中のコレステロールは，肝臓で産生されるが，各々の細胞において細胞膜構造の維持のために，わずかながらもコレステロールを産生する。コレステロールの基本構造はステロール核であり(図5-4)，アセチルCoAから生成される。アセチルCoAは，3-ヒドロキシ-3-メチルグルタリルCoA(HMG-CoA)を経て，HMG-CoA還元酵素によりメバロン酸になる。

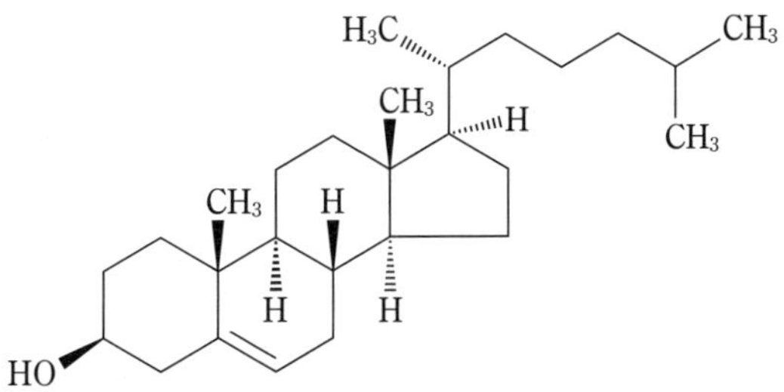

図5-4 コレステロール

1 脂質代謝

この反応はコレステロール合成系の律速段階で，コレステロール自身は，この酵素の重要なフィードバック調節因子である。生理的にはコレステロールの摂取が増大すると，コレステロール濃度の上昇によりこのフィードバック機構が作動して，HMG-CoA還元酵素を抑制し，血中コレステロール濃度の過度な上昇は防止される。また，飽和脂肪酸に富む食事では，肝臓内脂質含量が増加し，コレステロール産生のためのアセチルCoA量が増加することから，血中コレステロール濃度を15〜25％上昇させる。一方，不飽和脂肪酸含有脂肪の摂取により，血中コレステロール濃度は減少するとされるが，その機序はわかっていない。

　生成されたコレステロールは，中性脂肪とは異なり，異化によるエネルギー転換には利用されない。コレステロールの一部は副腎皮質や性腺で分泌されるステロイドホルモンへ変換されるが，そのほとんどは肝臓において胆汁酸の主成分であるコール酸に変換され，胆汁として小腸に分泌された後，再び食事由来の脂質成分とともに吸収され(これを腸肝循環という)再利用を繰り返す(図5−1)。

● 2　脂質代謝異常と疾患

　脂質異常症とは，血清脂質あるいはリポタンパク質が異常高値を示すもので，ⅠからⅤ型まで分類される(表5−2)。原因不明あるいは遺伝子変異によるものを原発性といい，腎疾患，肝疾患および内分泌疾患などが原因で発症するものを続発性(二次性)という。全体の9割以上はⅡa，Ⅱb，Ⅳ型のいずれかの表現型を示す。生活様式の欧米化に伴う食事由来の脂肪摂取の増加，あるいはリポタンパク質代謝(アポタンパク質，受容体，酵素など)における先天的，後天的異常により脂質代謝異常は発症する。

表5-2　脂質異常症の WHO分類

病　型	Ⅰ	Ⅱa	Ⅱb	Ⅲ	Ⅳ	Ⅴ
主に増加する リポタンパク質	キロミクロン	LDL	LDL VLDL	IDL	VLDL	キロミクロン
増加する 脂質の種類	Cho → TG ↑↑↑	Cho ↑ TG →	Cho ↑ TG ↑	Cho ↑↑ TG ↑↑	Cho → TG ↑↑	Cho ↑↑ TG ↑↑↑

＊Cho：コレステロール，TG：中性脂肪

(1)　原発性脂質異常症

①　脂質異常症

　日本動脈硬化学会が改訂発刊した「動脈硬化性疾患予防ガイドライン2012」では，高LDL-C血症(LDL-C 140 mg/dL以上)，低HDL-C血症(HDL-C 40 mg/dL未満)，高TG血症(TG 150 mg/dL以上)の脂質異常症の3つの診断基準に，境界域高LDL-C血症(LDL-C 120〜139 mg/dL)の設定と non HDL-C(TG 400 mg/dL以上や食後検査の場合，総コレステロール−(HDL-C)を使用，基準値：(LDL-C) + 30 mg/dL)

が新たに加えられた。日本における疫学研究やそのメタ解析結果が蓄積され，冠動脈疾患発症の危険率が数値設定の根拠となっている。また同じコレステロールレベルであっても高血圧症，糖尿病，喫煙，慢性腎臓病冠動脈疾患の家族歴，年齢，性差など他の危険因子の重積により疾患発症・死亡率が増加することから，動脈硬化性疾患の一次予防のための治療指針に絶対リスクの概念が導入され，それに基づくリスクの層別化，ならびに管理目標値の設定が示された。

② 家族性高コレステロール血症

LDL受容体関連遺伝子の変異による遺伝性疾患(常染色体優性遺伝)であり，高LDL血症，皮膚や腱の黄色種，若年性冠動脈疾患を主徴とする。ヘテロ接合体は500人に1人以上の頻度で認められ，国内で25万人以上と頻度の高い疾患である。冠動脈疾患などの動脈硬化症の発症が予後を決定するため，早期診断，早期治療がきわめて重要である。

(2) 続発性(二次性)脂質異常症

甲状腺機能低下症，ネフローゼ症候群，腎不全，尿毒症，原発性胆汁性肝硬変，閉塞性黄疸，糖尿病，Cushing症候群，肥満，アルコール，自己免疫疾患，薬剤性，妊娠などさまざまな疾患に続発する脂質異常で，原疾患の治療が優先される。

(3) 脂質代謝異常による疾患

コレステロールに富むLDLが過剰に血中に存在する，すなわち高LDL-C血症では，酸化(変性)LDLによる血管内皮傷害とともに，血管壁におけるコレステロールの蓄積やコレステロールを多量に取り込んだマクロファージ(泡沫細胞)の集族が認められるようになり，粥状病変が形成されていく。一方，コレステロール逆転送系としてのHDLは，動脈壁に蓄積する過剰なコレステロールを回収し肝臓へ運搬する作用により，粥状硬化病変形成を抑制する。したがって，血中HDL-C値の低下は，粥状病変形成を促進する。

血中中性脂肪値は食事による影響も大きく，中性脂肪含有量の多いリポタンパク質がそれぞれ大きな幅をもって変動するため，高TG血症を直接動脈硬化性疾患の危険因子として捉えるのが難しい。しかし，高TG血症ではHDL-C低下を随伴することが多いこと，動脈硬化惹起性リポタンパク質とされるレムナントリポタンパク質やLDLへの脂質転化作用があることなどにより，危険因子として認識されつつある。脂質代謝異常の症状がひどくなったときは，薬による治療が必要となる。

●2 脂質代謝異常と疾患　71

● 3　脂質代謝異常と治療薬

（1）　血中コレステロール濃度を改善させる代表的な薬剤

①　HMG-CoA 還元酵素阻害薬（スタチン）

　コレステロール合成経路の律速酵素である HMG-CoA 還元酵素の作用は，HMG-CoA と構造的に類似するスタチンにより拮抗的に阻害される。スタチンにより肝細胞内コレステロール合成が抑制されると，LDL 受容体の発現が増加し血中 LDL の細胞内への取り込みが促進され，血中 LDL コレステロール濃度は低下する。その効果は，脂質異常の改善のみならず，一次予防および二次予防効果として，冠動脈および脳血管イベントの発症・死亡を有意に抑制する。このような効果は，スタチンの有する多面的効果（pleiotropic effect; 炎症マーカーの減少，血管壁保護作用，プラーク退縮・安定化，血栓形成抑制など）によるものである。

②　小腸コレステロールトランスポーター阻害薬（エゼチミブ）

　コレステロール吸収阻害薬として開発されたエゼチミブは，当初そのターゲット分子が不明であったが，欧米での臨床応用後に，小腸粘膜に存在する Niemann-Pick C1-Like1（NPC1L1）の阻害因子であることが判明した。NPC1L1は，胆汁酸の作用にてミセル化されたコレステロールのトランスポーターであり，エゼチミブの結合により食事および胆汁由来のコレステロールの吸収は阻害される。これに伴い，肝臓の LDL 受容体の発現が増強し，LDL の取り込みが増加して，血中 LDL-C 値が低下する。スタチンとの併用にて確実に LDL-C 低下効果の増強は認められるものの，臨床試験における心血管イベント抑制効果に対する有用性は，現時点では報告されていない。

③　プロブコール

　抗酸化剤として開発された化合物であるが，血中コレステロール値の低下作用も有する。作用機序は不明な点が多いが，LDL の異化亢進，特に胆汁へのコレステロール排泄促進作用により，LDL-C 値とともに HDL-C 値も低下させる。大規模臨床試験は行われていない。

（2）　血中中性脂肪濃度を低下させる代表的な薬剤

①　フィブラート系薬剤

　フィブラート系薬剤は，核内受容体である α型ペルオキシソーム増殖因子活性化受容体（PPARα）に結合して，種々の遺伝子の転写を促進する。その結果，脂肪酸の β酸化の促進と肝臓での中性脂肪産生抑制，LPL 発現・活性増強，アポタンパク質発現修飾などにより，血中中性脂肪値は低下し HDL-C 値が増加する。PPARα は，肝臓，骨格筋，褐色脂肪細胞に多く発現し，内因性のリガンドとして長鎖脂肪酸やロイコトリエン B4 などがある。大規模臨床試験では，二次予防として心血管

イベント抑制効果が示されている。

② エイコサペンタエン酸（EPA）

EPA は炭素数20で５か所の二重結合を有する n-3多価不飽和脂肪酸であり，プランクトンや魚類，特にいわし，あじ，さばなどの青身魚に多く含まれる。アザラシや魚を主食とするイヌイット族では，特に心筋梗塞の発症が少なく，むしろ出血傾向を認めることが報告され，以降，注目されるようになった。本邦で行われた大規模臨床試験(JELIS)では，スタチン内服下，EPA 製剤併用によるイベント発生抑制に対する一次予防，二次予防効果が示された。EPA 製剤併用の有無により，血中脂質値の変化に有意差を認めなかったことから，EPA の有する多彩な薬理作用(血小板凝集抑制，接着因子発現抑制，抗動脈硬化作用，抗炎症作用など)は，スタチンの pleiotropic effect とは，また異なるものである可能性がある。

③ ニコチン酸誘導体

ニコチン酸誘導体(ナイアシン)は，ビタミン B 群の一つで，脂質改善作用を併せもつ薬剤として50年以上使用されている。最近同定された脂肪細胞のニコチン酸受容体や CETP を介する作用により血中脂質値の改善が認められる。残念ながら，最新の複数の大規模臨床試験(AIM-HIGH，HPS2-THRIVE)では，いずれもスタチンとの併用による心血管イベント抑制効果は示されなかった。

● 4 　血中コレステロールを増加させる食品

「コレステロールを多く含む食品」と「コレステロールは，ほとんど含まないが体内に摂取後，血中コレステロール濃度を上昇させる食品」に分類される。コレステロールは主に卵や魚肉類の脂肪に含まれており（表5−3），これらの過剰摂取により血中コレステロール濃度は上昇する。一方，血中のコレステロールを増加させる食品成分として飽和脂肪酸がある。ポテトチップスは食品としてはコレステロールを含まず，チョコレートや即席麺に含まれるコレステロールも少量であるが，これらは体内でコレステロールを増加させる。

表5−3　コレステロールが多く含まれる食品

（単位：mg/可食部100 g）

食品名	量	食品名	量
鶏卵　卵黄（生）	1400	鶏卵　全卵（生）	420
にしん　かずのこ（乾）	1000	すけとうだら　たらこ（焼き）	410
するめ	980	にしん　かずのこ（生）	370
ほたるいか　くん製	930	さきいか	370
ぼら　からすみ	860	にわとり［副生物］肝臓（生）	370
あひる卵　ピータン	680	まだら　しらこ（生）	360
がちょう　フォアグラ（ゆで）	650	すけとうだら　たらこ（生）	350
あんこうきも（生）	560	ししゃも　生干し（焼き）	300
かたくちいわし　煮干し	550	うに　生うに	290
しろさけイクラ	480	ぶた［副生物］肝臓（生）	250

日本食品成分表2015年版（七訂）より作成

● 3　脂質代謝異常と治療薬　　● 4　血中コレステロールを増加させる食品　　73

しかし，現在では食品から過剰に摂取しても，生体内でコレステロール生合成が抑えられるため，問題ないとされている。

● 5　血中コレステロール濃度の上昇を抑制する食品成分と作用機序

　血中のコレステロールや中性脂肪の含量が正常な基準を超えると，薬物による治療が必要である。よって日頃から食生活を工夫して，血中でのこれらの含量が高くならないように予防することが大切である。本項では，血中のコレステロールや中性脂肪濃度の上昇を抑制する成分について学習する。

（1）　腸管で食品中のコレステロールと結合し，体外への排出を促進する食品成分

①　大豆タンパク質

　大豆は日本人の食生活において中心的な食材として利用されてきた。豆腐，納豆，みそ，しょうゆなどさまざまな大豆加工食品や発酵食品が広く食されている。一般的に動物性タンパク質と比較して植物性タンパク質の摂取は，血清コレステロール濃度を低下させることが明らかにされており，そのなかでも大豆タンパク質の作用はよく研究されている。アメリカ食品医薬品局(FDA)は，1日当たり25gの大豆タンパク質の摂取により，コレステロールを5〜10％低下させることができるとしている。大豆には約40％のタンパク質が含まれており，その90％以上がグリシニン(glycinin)とよばれるグロブリンの混合物である。

　大豆タンパク質による血清コレステロール低下作用は，小腸での食品由来コレステロールの吸収抑制と胆汁酸の再吸収の阻害による。また大豆タンパク質のペプシン分解物は，大豆タンパク質そのものよりも強力な血清コレステロール低下作用を示し，グリシニン由来のペプチドであるソイスタチン(soystatin)(Val-Ala-Trp-Trp-Met-Tyr; VAWWMY)には強力なコレステロール吸収抑制作用がある。

②　リン脂質結合大豆ペプチド

　リン脂質結合大豆ペプチドは，より強力なコレステロール低下作用を有する物質として開発された。これは大豆に含まれるリン脂質(大豆レシチン)に血清コレステロール低下作用があること，レシチンを含む大豆タンパク質が，脂質異常症患者のHDLコレステロール濃度を上昇させることに着目したものである。その作用メカニズムは，①食事由来コレステロールのミセル化を阻害して，腸管からの吸収を阻害する　②胆汁酸と結合することによって，胆汁酸の再吸収を阻害することなどによる。

　特定保健用食品としては，個別に製品ごとの安全性・有効性が評価されており，リン脂質結合大豆ペプチドを関与成分とし「コレステロールが高めの方に役立つ食品」との表示が許可された食品がある。

74　　5章　血中の中性脂肪やコレステロールの上昇を抑制する機能

③　低分子アルギン酸ナトリウム

　低分子アルギン酸は，昆布やひじきなど，褐藻の海草に含まれているアルギン酸から製造される。アルギン酸は，褐藻の細胞壁を構成する成分であり，D-マンヌロン酸とL-ギュルロン酸とがβ-1,4結合で複雑に結

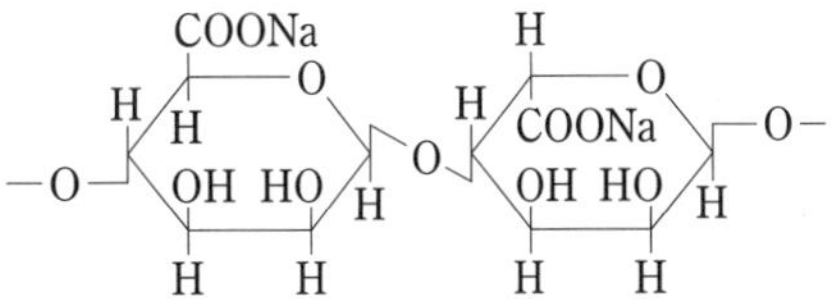

図5-5　低分子アルギン酸ナトリウムの部分構造

合した多糖である。天然のアルギン酸は高分子で粘度が高く，水に溶けにくい。アルギン酸を加熱加水分解して調製した低分子アルギン酸ナトリウムは，水溶性で粘性のあるゲルを形成する。低分子アルギン酸ナトリウムは，小腸でコレステロールや胆汁酸を吸着して体外への排出を促進する作用があり，血清コレステロール濃度を低下させる。また低分子アルギン酸ナトリウムには，排便や便の性状を改善する効果がある。D-マンヌロン酸ナトリウム（左）とL-ギュルロン酸ナトリウム（右）がβ-1,4結合で結合した多糖である。図5－5は構造の一部を示す。

④　キトサン

　キトサンは，えびやかにの殻に含まれているキチン質から調製される動物性の食物繊維である。えびやかにの殻を希酸で脱灰後，アルカリでタンパク質を除いたものがキチン（poly-β1,4-N-acetylglucosamine）で，キトサン（poly-β1,4-N-gluco-samine）はキチンをさらに強アルカリで溶融して調製する。すなわちキトサンは，キチンの脱アセチル化物である（図5－6,7）。水に不溶であるが希酸に可溶であり，塩は水溶性のものもある。キトサンはアミノ基を有するためイオン交換体として機能し，コレステロールを吸着して体外への排出を促進させる。キトサンを関与成分とし「コレステロールの高い方または注意している方の食生活の改善に役立ちます」などの表示が許可された特定保健用食品がある。

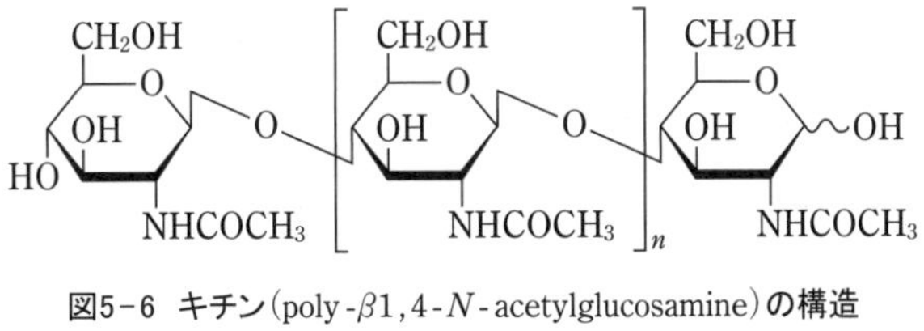

図5-6　キチン（poly-β1,4-N-acetylglucosamine）の構造

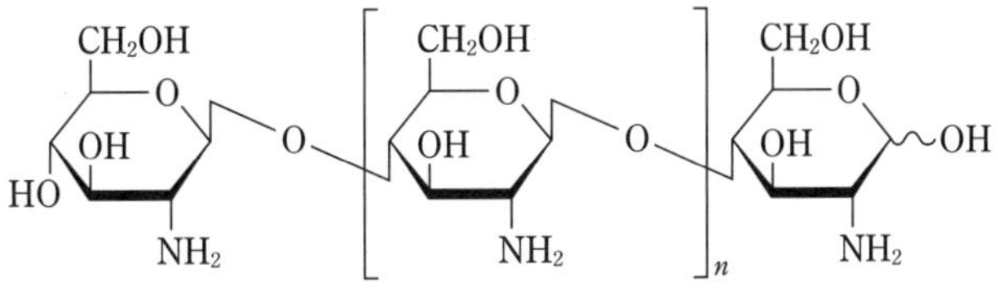

図5-7　キトサン（poly-β1,4-N-glucosamine）の構造

⑤　サイリウム種皮由来の食物繊維

　サイリウムは，オオバコ科オオバコ属植物の種子外皮を破砕したもので，プラン

タサン（plantasan），プランタゴムチラーゲ A（plantagomucilage A）などの多糖類を主成分とする粘性の強い食物繊維が主成分である。水を加えると膨張し，胃の内容物の小腸への移動を遅延させ，食後の急激な血糖値の上昇を抑制する。一方，小腸では腸内容物を膨潤させるとともに蠕動運動を促進し，排泄を促すことから日本薬局方にも下剤として収載されている。またサイリウムは胆汁酸の再吸収，ならびにコレステロールの吸収を阻害することにより血漿コレステロール濃度を低下させる。わが国においてもサイリウム由来の食物繊維成分を関与成分とした特定保健用食品が許可されている。

（2）　胆汁酸の排泄を促進し，コレステロールから胆汁酸への合成を促進する食品成分

①　大豆タンパク質

大豆タンパク質は，上述のようなコレステロール吸収阻害作用に加えて，肝臓でのコレステロールの異化を促進する作用もある。コレステロール異化の律速酵素である CYP7A1 の遺伝子発現を増加させる作用や β-VLDL の血漿からのクリアランスを増加させる作用が報告されている。

②　リン脂質結合大豆タンパク質

リン脂質結合大豆タンパク質も腸管で胆汁酸と結合し，胆汁酸の再吸収を阻害して，腸肝循環を抑制する。したがって，肝臓でのコレステロールからの胆汁酸の新規合成が増加し，血清コレステロール濃度が低下する。

（3）　複合ミセルの形成において動物ステロールと拮抗し，排泄量を増やす食品成分

①　植物ステロール

植物ステロールを摂取すると，糞便中へのコレステロールの排泄量が増加し，血清コレステロール濃度が低下する。したがって，植物ステロールは，小腸でのコレステロールの吸収を阻害すると考えられる。食事中のコレステロールは，遊離型もしくはエステル型として存在し，胃や十二指腸で中性脂質やリン脂質などの他の脂質とともに乳化され，胆汁酸とともに胆汁酸ミセルを形成して単分子として吸収される（3 章参照）。植物ステロールも同様に吸収されるが，ミセルに対する親和性が強いため単分子として放出されにくく難吸収性である。コレステロールと植物ステロールが消化管内に共存すると，ミセルとの親和性の高い植物ステロールが優先的に溶解するため，相対的にコレステロールの溶解性が減少してその吸収が阻害される。

● 6　血中の中性脂肪濃度の上昇を抑制する食品成分と作用機序

（1）　グロビンタンパク質由来のオリゴペプチド

ウシやブタの赤血球由来グロビンを酸性プロテアーゼで加水分解した分解物に

は，脂肪摂取時の血中トリグリセリド濃度の上昇を抑制する作用がある。強力な血中トリグリセリド濃度上昇抑制活性を有する Val-Val-Tyr-Pro（VVYP）ペプチドも含まれる。グロビン加水分解物は，マウス，ラット，イヌ，ヒトなど種を超えて血中トリグリセリド濃度の上昇抑制作用を示す。①膵リパーゼの阻害による脂肪吸収の抑制，②リポプロテインリパーゼの活性化によるトリグリセリド代謝の促進，③肝臓トリグリセリドリパーゼの活性化による脂肪代謝の促進，などの機構が提唱されている。

Val-Val-Tyr-Pro を関与成分として，『血中中性脂肪，体脂肪が気になる方に』という表示が許可された特定保健用食品がある。

(2) EPA と DHA：肝臓での脂肪合成を抑制

イコサペンタエン酸（EPA），ドコサヘキサエン酸（DHA）などの n-3 系（末端のメチル基から数えて3つ目の炭素原子の位置に最初の二重結合があるもの）高度不飽和脂肪酸（図5-8, 9）は虚血性心疾患（心筋梗塞）などの発症率を低下させることが報告されてきた。高純度 EPA エステル製剤は広く臨床で使用されている。EPA の作用機序として，肝臓での VLDL とアポ B の合成分泌の抑制が示唆されている。また，リポタンパク質の異化亢進，LPL 活性の増強，胆汁中への排泄促進などが推察されている。このほかにも PPAR（peroxisome-proliferator-activated receptor），SREBP1（sterol regulatory element-binding protein 1）などの核内受容体を介した血清トリグリセリド濃度低下作用，HDL-コレステロール濃度の低下を伴わない LDL-コレステロール改善作用も報告されている。

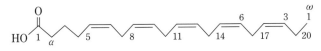

図5-8 EPA の構造

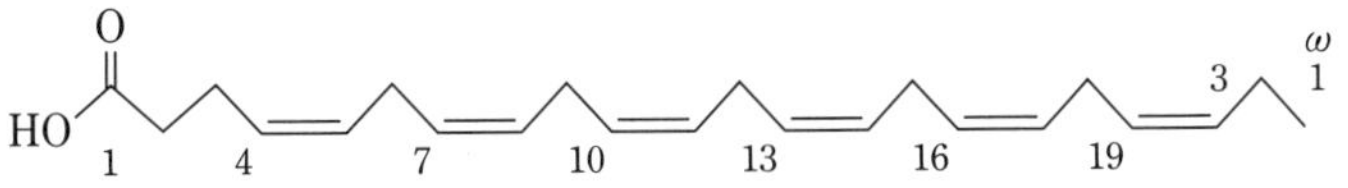

図5-9 DHA の構造

(3) 茶カテキン

カテキンは（-）-epicatechin，（-）-epigallocatechin（EGC），（-）-epicatechin gallate（ECg），（-）-epigallocatechin gallate（EGCg）の総称である（図5-10）。これらは緑茶や紅茶の独特の苦味を呈する水溶性のポリフェノールであり，緑茶においては，乾燥重量の8〜20％を占めている。茶カテキン類の抗酸化作用，抗ウイルス作用，動脈硬化抑制作用，抗アレルギー作用，がん予防作用，放射線防御作用，血圧低下作用，血糖低下作用など，さまざまな機能性が研究されている。動物を用いた実験において，カテキンの経口摂取による血清トリグリセリド濃度，血清総コレステ

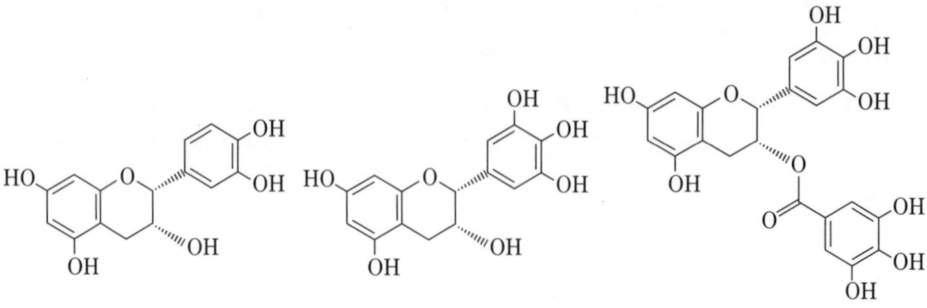

エピカテキン　　　　　　　　　エピガロカテキン　　　　　　　エピカテキンガレート

図5-10　代表的なカテキン類の構造

ロール濃度低下作用，肝臓脂質蓄積抑制作用，体脂肪上昇抑制作用が明らかにされ
ている。肥満（肥満度1度）の男性6名を用いて行った研究では，茶カテキンを12週
間摂取させたところ，BMI，ウエスト周囲長，体脂肪率，内臓脂肪面積すべてが減
少したと報告されている。高濃度の茶カテキンの摂取は，肝臓での acyl-CoA
oxidase（ペルオキシソームβ酸化酵素；ACO），medium-chain acyl-CoA dehydrogenase
（ミトコンドリアβ酸化酵素；MCAD）などのβ酸化関連酵素の活性化によるエネル
ギー消費量を増加させて，体脂肪を低減する効果をもつ。「血中中性脂肪や体脂肪
が気になる方の食品」として，茶カテキンを関与成分とした特定保健用食品が許可
されている。

（4）　ウーロン茶重合ポリフェノール

　　ウーロン茶は茶葉の発酵の過程で加熱により，発酵を止めた半発酵茶であり，特
有の香味がある。緑茶，ウーロン茶，紅茶は同じツバキ科の茶葉を用いて製造する
が，緑茶は茶葉を摘んだ直後に加熱し発酵させない。一方，紅茶は完全に発酵させ
た後，茶葉を乾燥して製造する。

　　ウーロン茶にはウーロン茶重合ポリフェノール（oolong tea polymerized polyphenols；
OTPP）とよばれる特徴的なポリフェノールが含まれており，茶葉の半発酵の過程
でポリフェノールが重合して生成すると考えられている。ウーロン茶抽出成分のな
かで最も疎水性の強い分子であり，分子量は，おおよそ2,000と算出されている。
ウーロン茶の有する，脂肪の吸収抑制作用や抗肥満作用の関与成分と考えられてい
る。ウーロン茶重合ポリフェノール分子内のガロイル基を介する膵リパーゼ阻害活
性が関わっている。

　　ウーロン茶重合ポリフェノールは，特定保健用食品のなかで「血中中性脂肪や体
脂肪が気になる方の食品」の関与成分として利用されている。

（5）　コーヒー豆マンノオリゴ糖

　　コーヒー豆中のガラクトマンナンに由来するオリゴ糖であり，マンノースが直鎖

78　　5章　血中の中性脂肪やコレステロールの上昇を抑制する機能

状2-10分子β1,4結合したオリゴ糖混合物である（図5-11）。ビフィズス菌や乳酸菌に資化されやすく，便秘改善作用，整腸作用がある。コーヒーオリゴ糖の摂取は脂肪の吸収を抑制，低減することが推察されている。さらに，ビフィズス菌をはじめとした大腸菌が生産するプロピオン酸などの短鎖脂肪酸が肝臓での脂質合成を抑制する可能性も考察されている。ヒトでは，体脂肪低減効果や血中脂質低減効果が確認されており，特定保健用食品のヘルスクレーム「体脂肪が気になる方に」の根拠となっている。

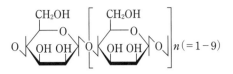

図5-11 コーヒー豆マンノオリゴ糖の構造

(6) β-コングリシニン

先に述べたように，大豆グロブリンの主要なタンパク質はグリシニンだが，複数のタンパク質分子から構成されるβ-コングリシニンも含む。

作用メカニズムに関しては不明な点が多いが，血中中性脂肪濃度の低下作用が報告されている。

(7) 中鎖脂肪酸

食品に含まれる脂肪や体内の貯蔵エネルギー（脂肪）のほとんどは，トリアシルグリセロールでありグリセロールに脂肪酸3分子がエステル結合したものである。脂肪酸は末端にカルボキシ基をもつ直鎖の炭化水素であるが，炭素数が4以下の短鎖脂肪酸，5～10の中鎖脂肪酸，11以上の長鎖脂肪酸に分類される。一般に食品に含まれる脂質は炭素数が14以上のものが多い。現在，中鎖脂肪酸を含有する食用油が特定保健用食品として販売されている。長鎖脂肪酸は，小腸細胞内でカイロミクロンを形成後，リンパ管に入り胸管を経て頚静脈から血液中に移行するのに対し，中鎖脂肪酸とグリセロールのエステル結合はリパーゼによって効率よく分解されるので，大部分は門脈を介して肝臓に直接輸送される。したがって，ほとんどカイロミクロンを形成せず，食後の高脂肪血症を起こしにくく，また脂肪組織への蓄積が少ないものと考えられる。

〈まとめ〉　表5-4　血中中性脂肪濃度の上昇を抑制する食品成分と作用機序

食品成分	作用機序
(1) グロビンタンパク質由来ペプチド	肝臓LPLやリパーゼの活性化，膵リパーゼの活性阻害
(2) EPAとDHA	肝臓LPLの活性化，リポタンパク質分解の促進
(3) 茶カテキン	ミトコンドリアでのβ-酸化の活性化
(4) ウーロン茶重合ポリフェノール	膵リパーゼの活性阻害
(5) コーヒー豆マンノオリゴ糖	小腸腸管での脂肪の吸収抑制
(6) β-コングリシニン	不明
(7) 中鎖脂肪酸	直接肝臓に輸送され，燃焼されやすい

●確認問題 ＊ ＊ ＊ ＊ ＊

1. 水に不溶性の脂質成分は，どのような形で体内を運搬されるかを説明しなさい。
2. 薬剤として使用される食品成分のエイコサペンタエン酸とは何かを説明しなさい。
3. 血中のコレステロールを増加させる食品を挙げなさい。
4. 血中コレステロール濃度の上昇を抑制する食品成分を挙げ，その機序を説明しなさい。
5. 血中の中性脂肪濃度の上昇を抑制する食品成分を挙げ，その機序を説明しなさい。

〈参考文献〉————————————————————————————————

Walter F. Boron: Medical Physiology (updated 2nd edition), Elsevier Saunders (2012)

御手洗玄洋総監訳：「ガイトン生理学」原著第11版，エルゼビアジャパン(2010)

日本動脈硬化学会(編)：動脈硬化性疾患予防ガイドライン2012年版，日本動脈硬化学会(2012)

特集「脂質異常症の治療薬：エビデンスと選択基準」：綜合臨床，永井書店(2011)

今掘和友，山川民夫監修：「生化学辞典 第4版」，東京化学同人(2007)
〈大豆タンパク質〉

Nagaoka S *et al.,* Biosci Biotechnol Biochem, 74(8):1738-41(2010)
〈リン脂質結合大豆タンパク質〉

Hori G *et al.,* Biosci Biotechnol Biochem, 65(1):72-8 (2001)
〈低分子アルギン酸ナトリウム〉

真田宏夫：機能性食品の作用と安全性百科(上野川修一ら編)，239，丸善(東京) (2012)
〈キトサン〉

宮澤陽夫ら：食品の機能化学，29，アイ・ケイコーポレーション(2010)
〈サイリウム種皮由来の食物繊維〉

Wei ZH *et al.,* Eur J Clin Nutr.; 63(7):821-7(2009)
〈グロビンタンパク質由来のオリゴペプチド〉

香川恭一ら：日本栄養・食糧学会誌，52(2):71-77(1999)
〈コーヒー豆マンノオリゴ糖〉

Asano I *et al.,* Food Science and Technology Research, 9(1), 62-66 (2003)
〈EPA〉

Hamazaki K *et al.,* Lipids, 38(4):353-8(2003)
〈カテキン〉

Murase T. *et al.,* Int. J. Obes. Relat. Metab. Disord., 26, 1459-1464 (2002)

Wolfram S *et al.,* Mol Nutr Food Res. 50(2):176-87(2006)
〈ウーロン茶重合ポリフェノール〉

Toyoda-Ono Y *et al.,* Biosci Biotechnol Biochem, 71(4):971-6 (2007)
〈β-コングリシニン〉

Kohno M. *et al.,* J Atheroscler Thromb. 13(5):247-55 (2006)

Moriyama T. *et al.,* Biosci Biotechnol Biochem. 68(2):352-9 (2004)
〈中鎖脂肪酸〉

Han JR *et al.,* Metabolism. 56(7):985-91(2007)

6章　貧血を予防する機能
—血液による酸素の運搬と健康

概要：酸素や栄養素の運搬に関わる血液の機能を学ぶ。また貧血の病態とその原因を学ぶ。さらに，貧血予防に効果のある食品成分とその機序を学ぶ。

到達目標　＊　＊　＊　＊　＊　＊　＊
1. ヘモグロビンによる酸素の運搬機構を説明できる。
2. 赤血球の産生と破壊の過程を説明できる。
3. 赤血球産生における鉄，ビタミンB_{12}，葉酸の働きを説明できる。
4. 小腸における鉄の吸収機構を説明できる。
5. 小腸において，鉄の吸収を阻害する成分と促進する成分を挙げ，その機序を説明できる。
6. ヘム鉄，ビタミンC，ビタミンB_{12}，葉酸を多く含む食品を挙げることができる。

1　血液の働き

　人体の臓器はさまざまな細胞で構成されており，個々の細胞は，酸素とグルコースを原料として産生したエネルギーを使って臓器固有の機能を発揮している。血液はエネルギー産生に必要な酸素やグルコースを臓器に供給すると同時に，エネルギー産生の結果生じる二酸化炭素や老廃物を回収することにより，各臓器周囲の環境を適切に保つ（恒常性の維持）。血液は，またホルモンやさまざまな情報伝達物質の運搬を通じ，個体としての恒常性の維持にも関わる。多くの生理機能のなかで酸素の運搬は最も重要であり，赤血球中のヘモグロビンがこれを担当する。白血球は主に免疫や炎症反応（12章参照）に，血小板は止血に関わる（8章参照）。血液の成分については図6-1に示した。

　この章では，主に血液の働きと産生，および破壊に関わる因子を理解する。

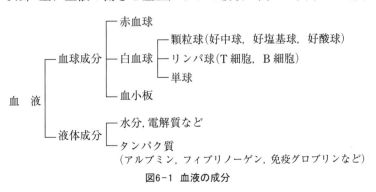

図6-1　血液の成分

（1） 赤血球中のヘモグロビンの酸素結合能

血液量はおおよそ体重の1/13である。血液中に赤血球は男性で450万/mm³，女性で400万/mm³存在し，核が無く円盤状である。ヘモグロビン（Hemoglobin；Hb）は赤血球中に高濃度（13～15 g/dL）存在し酸素の運搬に関わる。ヘモグロビンは鉄を含むヘムが結合したグロビンタンパクの4量体（成人ではα鎖とβ鎖各2本）として存在する（図6-2）。各々のヘモグロビン鎖のヘムは酸素1分子と結合するため，一つのヘモグロビン分子は4分子の酸素と結合することができる。酸素は100 mLの血漿（血液の液体成分）中には0.3 mLしか溶解しないが，赤血球中にヘモグロビンが存在するため全血液中には20 mLも溶解可能である。

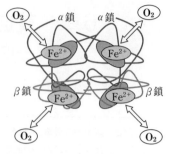

図6-2 ヘモグロビンの酸素結合

（2） 赤血球中のヘモグロビンによる酸素運搬

ヘモグロビンは酸素分圧が高いと酸素を結合しやすく（離しにくく）逆に低いと結合しにくい（離しやすい）性質をもつ。このため各酸素分圧時の酸素飽和度を表した酸素解離曲線はS字状となる（図6-3）。これによりヘモグロビンは酸素分圧が高い肺で酸素と結合し，動脈血中を運搬した後，酸素分圧の低い組織で酸素を離すという生理機能を果たすことができる（図6-3）。

肺胞内の酸素分圧（P_AO_2）は約100 mmHgであり，その周囲の毛細血管を血液が通過するとヘモグロビンは4分子の酸素と結合（100％飽和）し動脈血として組織に運ばれる。酸素分圧の低

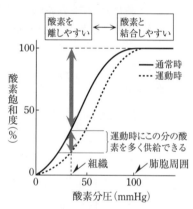

図6-3 通常時と運動時のヘモグロビンの酸素解離曲線

注〕運動時には組織での酸素分圧が低下するため，より多くの酸素を供給できる。

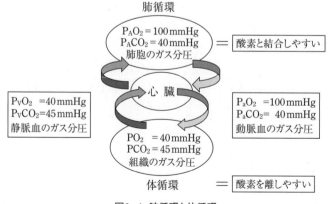

図6-4 肺循環と体循環

い(約40mmHg)組織ではヘモグロビンと結合できなくなった酸素が放出される(図6-4)。運動時の筋肉等では，酸素を使ってグルコースを二酸化炭素と水に分解してエネルギーを産生する好気性代謝が亢進しているため，酸素分圧が他の組織より低くなり，より多くの酸素が供給されることになる。またエネルギー産生亢進部位で認められる二酸化炭素分圧の上昇，温度上昇，アシドーシス(酸性化)等はいずれも酸素解離曲線を右側に移動(右方移動；図6-3中点曲線)させ，低酸素領域での酸素結合能をさらに低下させることにより，より多くの酸素を組織に供給することを可能にしている。

サイドメモ
酸素化ヘモグロビンと脱酸素化ヘモグロビンは異なる高次構造をとり，前者では，鮮紅色，後者では暗赤色を示す。動脈血と静脈血の色の違いである。パルスオキシメーターは，この色彩の違いを利用してHbの酸素飽和度を経皮的に無侵襲で測定する装置である。

2 造血機能

血球成分である赤血球，血小板，白血球は，骨髄で産生される。骨髄では多機能性幹細胞とよばれる細胞が，それぞれ異なる刺激により各前駆細胞に分化し，さらに特異的な造血因子の刺激により成熟分化して流血中に出る。血小板は，骨髄中で巨核球として成熟した後，その細胞質の一部が流血中に放出されてできる(図6-5)。赤血球の分化誘導にはエリスロポイエチンが必要であり，白血球，巨核球の分化誘導にもそれぞれ，コロニー刺激因子，トロンボポイエチン等の造血因子が働く。いずれもそれぞれの血球成分の産生が必要なときに機能し，赤血球産生を促進するエリスロポイエチンは出血や赤血球の破壊亢進による貧血時，あるいは高地等の低酸素状態で，腎臓における産生が亢進し赤血球産生を高める。腎機能が障害される(腎不全)とエリスロポイエチン産生能が低下し貧血をきたす。

造血には細胞のDNA合成に必須のビタミンB_{12}や葉酸が補助因子として必要で

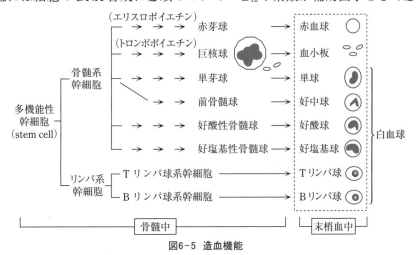

図6-5 造血機能

ある．これに加えて，赤血球の産生にはヘモグロビンの成分であるヘムに含まれる鉄やグロビンをつくるアミノ酸が必要である．グロビンは，アミノ酸からタンパク質合成により産生される．ヘムはアミノ酸のグリシンと糖代謝の中間産物であるスクシニルCoAを材料として合成されたポルフィリンに，2価の鉄イオンが結合して完成する．これらの造血の必要因子の欠乏により貧血をきたす．

● 3 赤血球の破壊

赤血球の寿命は約120日で，老化すると膜の変形能が低下し，脾臓や肝臓で破壊される．破壊に伴い放出されたヘモグロビンはヘムとグロビンに分かれ，ヘムは代謝されてビリルビン（非抱合型）となりアルブミンに結合して肝臓に運ばれ，グルクロン酸抱合を受けて抱合型ビリルビンとなり胆汁中に排泄される．ヘモグロビンに結合していた鉄は再利用される．またグロビン部は分解され，タンパク質合成に再利用される．ビリルビンは最終的に尿中，および便中に排泄される（図6-6）．赤血球の破壊が亢進したり，肝臓の機能が低下すると，血中の非抱合型ビリルビンが増加する．また胆石や胆管癌等で胆汁排泄が障害されると抱合型ビリルビンが増加する．ビリルビンは緑黄色なので血中濃度が高くなると黄疸を引き起こす．さまざまな要因で赤血球の破壊が亢進すると貧血をきたす．

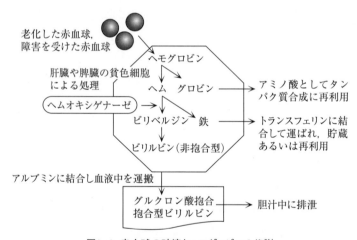

図6-6 赤血球の破壊とヘモグロビンの代謝

● 4 貧血の定義と分類

貧血とは赤血球数の減少のことをいうが，赤血球の主要な役割である酸素の運搬をヘモグロビンが担うことから，病態生理学的にはヘモグロビン濃度の減少ととらえたほうが適切である．臨床的には，組織の酸素不足による症状とそれを改善するための代償機能による症状が主となる．前者は，倦怠感，易疲労感，筋肉の脱力感

等で，後者は，脈拍数および呼吸数増加に伴う，労作時の動悸，息切れ等である。眼瞼結膜や顔色が蒼白となる。貧血は形態学的あるいは病態生理学的等さまざまな方法で分類されるが，ここでは，代表的な赤血球産生障害に伴う貧血を挙げる。

（1） 鉄欠乏性貧血

鉄欠乏に伴うヘモグロビン合成障害による貧血である。鉄は食事により1日1mg程度吸収するが，汗や糞便中に，ほぼ同量が排泄されるため，過多月経や消化管出血により鉄を体外に喪失すると，生体内の貯蔵鉄（3〜4mg）が減少し鉄欠乏となる。ヘモグロビン含量の少ない赤血球（低色素性貧血）となり，大きさは正常，あるいは小さい。

① 鉄の吸収機構

食物中の鉄吸収経路は，ヘモグロビンや筋肉中のミオグロビンに含まれるヘムとしての吸収と，非ヘムとしての吸収との2つの経路がある。ヘム鉄はヘム鉄トランスポーターを介して直接腸管上皮細胞に吸収され，細胞内でヘムオキシゲナーゼにより Fe^{2+} とヘモグロビンの代謝産物であるビリベルジンに代謝される。非ヘム鉄は食品中では主に3価（Fe^{3+}）として存在する。腸管上皮では Fe^{2+} として2価金属トランスポーター DMTP1（divalent metal transporter1）により吸収される。Fe^{3+} から Fe^{2+} への還元には，十二指腸上皮の鉄還元酵素や，食品中のビタミンC（アスコルビン酸），あるいは酸性の胃液が必要となる（図6-7）。偏食や過剰ダイエット，あるいは胃切除後の低（無）酸症等による鉄の吸収障害は貧血の原因となる。食餌からの吸収率は約15％である。

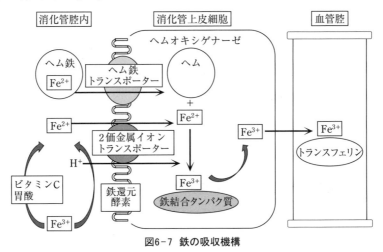

図6-7 鉄の吸収機構

② 葉酸欠乏性貧血およびビタミン B_{12}

葉酸はチミン，プリン体の骨格として DNA 合成に必須のビタミンである。ビタミン B_{12} はアミノ酸のメチオニン合成に必須のビタミンであり，不足すると葉酸を用いたメチオニン合成が進むため，結果として葉酸不足となる。いずれのビタミンの不足でも DNA 合成が阻害されるため細胞分裂ができなくなり，血球や腸管上皮細

胞のような新陳代謝の速い細胞の産生が抑制される。骨髄では分裂できないため巨大赤芽球が増え，末梢血でも大きな赤血球が認められ，数が減少する（大球性貧血）。

a) 葉酸の吸収機構

葉酸は上部空腸で吸収される。

b) ビタミン B_{12} の吸収機構

ビタミン B_{12} は食品中ではタンパク質と結合しており，胃液中のペプシンで結合タンパク質を分解する必要がある。結合タンパク質から遊離したビタミン B_{12} は胃液中では，ハプトコリンとよばれるタンパク質と一時結合し，十二指腸内で膵液中のタンパク質分解酵素で，このタンパク質が分解されると，内因子とよばれる別のタンパク質と結合して回腸末端で吸収される。内因子は，胃の壁細胞から分泌されるため，萎縮性胃炎等でその分泌が低下するとビタミン B_{12} の吸収障害が認められる。また膵臓の消化酵素の分泌低下でもハプトコリンの分解低下により内因子との結合が妨げられ，ビタミン B_{12} の吸収が抑制される。

● 5 鉄の吸収を抑制する食品

食品中の鉄は小腸で吸収されるが，食品のなかには，鉄の吸収を抑制する成分がある。鉄の吸収を抑制する食品成分として，フィチン酸，シュウ酸，ポリフェノール，リン酸，食物繊維などがある。フィチン酸は穀類，豆類，加工されていない全粒穀物製品に多く，シュウ酸は，ほうれんそうに多く含まれている。これらは鉄と強く結合して難溶性の鉄塩を形成し，吸収を阻害する。茶，およびさまざまな野菜に含まれるポリフェノールも鉄と結合することにより吸収を阻害する。リン酸は食品添加物として清涼飲料水，ハム，ソーセージ，めん類などに利用され，同様に鉄と結合して利用率を低下させる。鶏卵は可食部 $100\,g$ 当たり $1.8\,mg$ の鉄を含んでいるが，卵黄中に存在するリンタンパク質であるフォスビチンと強く結合して，利用率を低下させる。過剰なカルシウムも腸管で鉄と干渉し，鉄の吸収を阻害する因子として知られている。

● 6 貧血を予防する食品成分と作用機序

貧血を予防するためには，食生活に気をつけることが重要である。まず前項に述べた「鉄の吸収を抑制する食品」を，鉄を供給するための食品と同時に摂取しないことである。また吸収率の高いヘム鉄，遊離鉄の吸収を助けるビタミン C や D，ヘモグロビン形成に重要なビタミン B_{12} や葉酸をそれぞれ多く含む食品の摂取に心掛けることも貧血の予防に繋がる。

（1） ヘム鉄を多く含む食品

食品に含まれる鉄は，存在形態で非ヘム鉄（遊離鉄）とヘム鉄に分類される。小腸

での鉄の吸収率は，ヘム鉄が非ヘム鉄よりも高い。

① ヘム鉄の作用

　動物，植物の細胞内には色素タンパク質が存在する。代表的な色素タンパク質は，ポルフィリン環と鉄から形成される錯体をもつヘムタンパク質であり，食品成分として重要なのは畜肉，魚肉のミオグロビンやレバーに含まれるヘモグロビンである。その他チトクロム類がすべての食品に微量に存在する。ミオグロビン，ヘモグロビンを構成するヘム色素は，ポルフィリン環の中央に2価鉄（Fe^{2+}）をキレートした化合物である（図6-8）。一方，チトクロムに結合した鉄は2価に固定されず，酸化還元（$Fe^{2+} \Leftrightarrow Fe^{3+}$）を受ける。

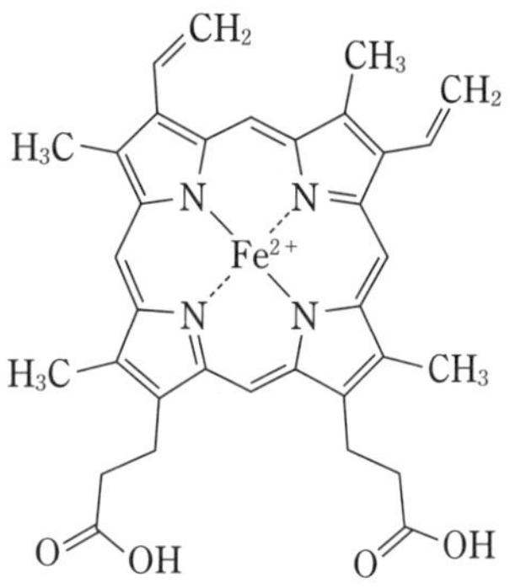

図6-8 ヘム色素の構造

＊ポルフィリン環の構造の中央に2価鉄がキレートしている

　このようなミオグロビン，ヘモグロビンなどのヘム色素の鉄はヘム鉄とよばれる。また，植物や乳製品，鉄強化食品などに含まれる鉄塩は，非ヘム鉄と総称される。ヘム鉄の吸収は，非ヘム鉄に比べて効率的である。鉄の吸収は，食事中の鉄含有量，食事中鉄の生物学的利用効率，体内の貯蔵鉄量，赤血球産生速度により影響を受けるが，これらの条件が等しい場合，ヘム鉄の吸収率は非ヘム鉄の7倍以上である。これは非ヘム鉄がフィチン酸，シュウ酸，ポリフェノール，リン酸，食物繊維などの他の食品成分と結合して吸収が阻害されるが，ヘム鉄は，これらの物質による阻害を受けにくいことに起因する。

　また，ヘム鉄はヘム鉄トランスポーターとよばれる特異的な輸送担体で吸収される。

② ヘム鉄を多く含む食品

　表6-1に鉄含有量の多い食品とその含有量を示した。鉄欠乏性貧血には鉄摂取が有効である。上述のようにヘム鉄の吸収率は，非ヘム鉄と比較して高く，ヘム鉄を関与成分として添加した特定保健用食品も販売されている。ヘム鉄はレバー，畜肉，魚肉などの動物性食品に多く含まれ，非ヘム鉄は植物性食品に含まれる。

表6-1 鉄が多く含まれる食品

単位：mg/可食部100g

食品名	量	食品名	量
バジル　粉	120.0	ごま（いり）	9.9
スモークレバー	19.8	にわとり[副生物]肝臓（生）	9.0
あさりつくだ煮	18.8	（こんぶ類）刻み昆布	8.6
かたくちいわし煮干し	18.0	きな粉（全粒大豆, 黄大豆）	8.0
抹茶	17.0	鶏卵　卵黄（生）	6.0
紅茶　茶	17.0	あゆ天然（焼き）	5.5
えごま（乾）	16.4	かつお節	5.5
干しえび	15.1	うま肉（赤肉, 生）	4.3
ぶた[副生物]肝臓（生）	13.0	うし[副生物]肝臓（生）	4.0
あまのり焼きのり	11.4	うし[和牛肉]もも皮下脂肪なし（焼き）	3.8

日本食品成分表2015年版（七訂）より作成

（2）ビタミンCを多く含む食品

① ビタミンCの作用

　ビタミンC（アスコルビン酸）は強力な還元作用を有し，脂質過酸化，活

● 5　鉄の吸収を抑制する食品　● 6　貧血を予防する食品成分と作用機序　　87

性酸素の反応，加齢などに基づくフリーラジカルの生成を抑制する水溶性ビタミンであり，抗酸化性の食品保存料としても広く利用されている。またビタミン C の還元作用やキレート作用は，食事からの鉄の吸収，体内移動を促進する。鉄は小腸の刷子縁膜に存在する2価金属イオントランスポーターDMTP1により能動輸送されるが，輸送にあたり3価鉄は，ビタミン C や刷子縁膜に存在する鉄還元酵素により2価に還元される必要がある。通常食事中の鉄の80％以上は非ヘム鉄であることから，比較的少量であっても食物に畜肉類やビタミン C を添加することによって食事中の鉄の吸収率を増加させることができる。畜肉中に存在する鉄吸収促進因子の実態は明らかでないが，タンパク質中の含硫アミノ酸の還元作用による可能性も考えられる。

表6-2 ビタミン C が多く含まれる食品

単位：mg/可食部100 g

食品名	量	食品名	量
アセロラ 酸味種(生)	1700	玉露茶	110
青汁　ケール	1100	レモン 全果(生)	100
アセロラ甘味種(生)	800	青ピーマン 果実(油いため)	79
せん茶　茶	260	かき 甘がき(生)	70
グァバ(生)	220	キウイフルーツ 緑肉種(生)	69
あまのり 焼きのり	210	いちご(生)	62
赤ピーマン 果実(油いため)	180	抹茶	60
ゆず果皮(生)	160	洋種なばな 茎葉(ゆで)	55
パセリ葉(生)	120	ブロッコリー 花序(ゆで)	54
めキャベツ 結球葉(ゆで)	110	カリフラワー 花序(ゆで)	53

日本食品成分表2015年版(七訂)より作成

② ビタミン C を多く含む食品

ビタミン C を多く含む食品を表6-2に示す。ビタミン C は果実類，野菜類に多く含まれる。

③ ビタミン B_{12} や葉酸を多く含む食品

赤血球に含まれるヘモグロビンが生合成されず，減少すると，貧血になることから，常にヘモグロビンを生合成できるように栄養素を摂取することが大切である。ヘモグロビンの生合成には，鉄が不足しないように，食べ物から摂取することは既に述べている。また，この生合成には，鉄以外にヘモグロビンの構成成分であるアミノ酸の摂取並びに，この生合成に不可欠なビタミンであるビタミン B_{12} と葉酸が不足しないように食べ物から摂取することが重要である。

ビタミン B_{12} は，しじみ，あさり，はまぐり，かきなどの貝類と牛，豚，鶏のレバーに多く含まれている。また，葉酸は，牛，豚，鶏のレバーや，からしな，なのはな，アスパラガス，ほうれんそうなどの野菜類に多く含まれている。日頃の食生活で，これらを摂取し，ヘモグロビンが不足しないように気をつけることが，貧血の予防に繋がるのである。

●確認問題　　＊　　＊　　＊　　＊　　＊

1. 血液の血球成分の種類を挙げなさい。

2. ヘモグロビンの働きを書きなさい。

3. 肺胞，動脈血および静脈血内の酸素分圧および二酸化炭素分圧はいくらか書きなさい。

4. 赤血球の産生に関わる因子は何か書きなさい。

5. ビリルビンとは何か書きなさい。

6. 鉄の吸収を阻害する食品成分を挙げ，その作用メカニズムについて説明しなさい。

7. 鉄の吸収におけるビタミン C の働きについて説明しなさい。

〈参考文献〉

軍神宏美：「分子消化器病」，5(1)，73-81(2008)

Yip R（横井克彦訳）：木村修一，小林修平翻訳監修：「最新栄養学第 8 版」，324-341(2004)

7章 適切な血圧を維持する機能
―呼吸と循環と健康

> **概要**：エネルギー産生に必要な酸素を体内に取り込む呼吸のしくみと，血液を必要としている部位に必要量を輸送する心臓・循環のしくみを学ぶ。また，血圧の上昇を抑制する成分とその機序を学ぶ。

到達目標 　＊　　＊　　＊　　＊　　＊　　＊　　＊

1. 呼吸のしくみとその調節のしくみを説明できる。
2. 心臓の機能とその調節のしくみを説明できる。
3. 血液循環の調節のしくみを説明できる。
4. 血圧の高いヒトによくない食品を挙げることができる。
5. 血圧の上昇を抑制する食品成分を挙げ，その機序を説明できる。
6. 血圧の上昇を抑制するペプチドを挙げることができる。
7. 血圧の上昇を抑制する GABA を多く含む食品を挙げることができる。

● 1 呼吸のしくみ

　一般に呼吸とは，肺における体外とのガス交換である外呼吸を指し，体外から血液への酸素の摂取と血液から体外への二酸化炭素の排出を意味する。これに対し内呼吸とは，組織における血液とのガス交換を指し，血液から組織への酸素摂取と，組織から血液への二酸化炭素の排出を意味する。

（1）呼吸運動と換気

　呼吸運動は，換気のために息を吸ったり（吸気）吐いたり（呼気）する運動である（図7－1）。吸気では胸腔は拡張し，呼気では縮小する。胸腔は体外と連絡していないので，胸腔が広がると胸腔の陰圧が高くなる。胸腔内の肺は，魚の空気袋のように薄い壁を有する肺胞がぶどうの房のように連なってできており，それぞれの肺胞は肺胞管，細気管支，気管を通して体外と交通している。胸腔内の陰圧が高くなると，薄い肺胞壁は容易に拡張して肺胞内腔も陰圧になるため，気管を通して外気が肺胞内に吸入される（吸気）。これには肋骨間を外側で斜めにつなぐ外肋間筋の収縮と，胸腔と腹腔を隔てる横隔膜の収縮が関わる。前者により胸腔の前後径と左右径，後者により上下径が拡張し内腔が拡大する。安静呼吸時には，これらの筋肉が弛緩することにより肺が弾性で縮小し，肺胞内の空気が気管を通して排出される（呼気）。強制呼気の際は，肋骨間を内側で斜めにつなぐ内肋間筋と腹筋群が収縮す

ることにより胸腔内腔がさらに縮小し，多くの空気を速く呼出する。このようにして肺胞内と体外の空気が交換され（換気），肺胞内の酸素分圧（約760mmHgの肺胞内圧のうち酸素による圧力）が100mmHg，二酸化炭素分圧が40mmHgに保たれる（図7-1）。

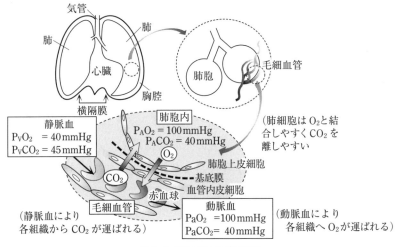

図7-1　肺におけるガス交換

（2）　ガス交換

肺胞表面は毛細血管が網の目のように取り巻いている（図7-1）。肺胞内と毛細血管内の血液は，肺胞上皮細胞，基底膜，血管内皮細胞で隔てられているが，酸素や二酸化炭素のガスは脂質の二重膜でできている細胞膜を容易に通過するので，それぞれの濃度勾配に応じて分圧が高いほうから低いほうへ拡散する。組織で酸素を放出し，二酸化炭素を受けとった静脈血では，酸素分圧は肺胞内より低く，二酸化炭素分圧は肺胞内より高い。したがって酸素は肺胞から血液中に拡散し，二酸化炭素は血液から肺胞に拡散する。最終的に血液中のこれらの分圧は肺胞内の分圧と同じになり（平衡化），動脈血として心臓を通り，組織に運搬される（図6-4参照）。組織では酸素分圧が低く二酸化炭素分圧が高いため，血液から酸素が拡散し，二酸化炭素が逆に組織から血液に拡散する。最終的には組織内の分圧と同じになり静脈血として肺に戻る。

（3）　呼吸調節

呼吸は延髄の呼吸中枢で調節されており，無意識下でも規則的な呼吸運動が可能である。運動等により必要エネルギー量が増加した際に，呼吸運動を促進して酸素摂取量と二酸化炭素排泄量を増やすのも，呼吸中枢の働きである。調節には呼吸の化学受容器による

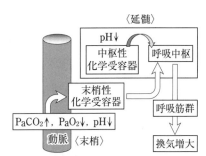

図7-2　末梢と延髄でのモニタリングによる呼吸の調節

●1　呼吸のしくみ

モニタリングが必要である。化学受容器は，中枢(延髄)と末梢(内外頸動脈分岐部：頸動脈小体)にあり，それぞれ髄液の pH，血液中の酸素分圧(PaO_2)，二酸化炭素分圧($PaCO_2$)および pH を監視している。正常では二酸化炭素の血中濃度上昇に対し最もよく反応し，自律神経系と呼吸中枢を介して呼吸が促進される(図7-2)。

2　循環のメカニズム

　心臓の左心室から体循環に駆出された動脈血は，大動脈，細動脈を経て毛細血管に至り，組織に酸素や栄養素を供給する。二酸化炭素や老廃物を受け取った静脈血は，細静脈，上および下大静脈を経て右心房に戻り右心室から肺循環に駆出され，肺でガス交換を受けた後，再び心臓の左心房に戻る。心臓と循環系は，必要な部位に必要量の酸素を送れるよう全身性および局所性にさまざまな調節を受けている。

(1)　心臓の機能とその調節

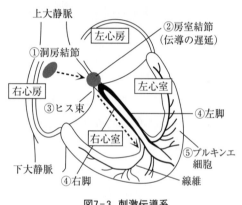

図7-3　刺激伝導系
①〜⑤は伝わる順序
-→ は伝導の道すじ，または通過場所

　心臓は骨格筋と同じ横紋筋でできており強い収縮力を有する。不随意筋であり，自動能があるが，収縮回数および収縮力は自律神経で調節されている。以下に示すように心臓はあたかも一つの細胞のように興奮し収縮する。①洞房結節で発生した興奮が，②房室結節，③ヒス束，④右脚・左脚，⑤プルキンエ細胞という特殊心筋で構成される刺激伝導系を通して心臓全体に伝わることによる(図7-3)。その際，心房と心室間をつなぐ房室結節では伝達速度が遅い(約1/12秒要する)ため，心房の収縮から遅れて心室が収縮することになる。これにより心房の血液が心室に送られてから心室が収縮してポンプとして機能することになる。心拍数は洞房結節の興奮頻度で決まる。洞房結節には交感神経と副交感神経末端が分布しており，前者の刺激で頻拍となり後者の刺激で徐脈となる。また交感神経は心室も支配しており，その刺激で収縮力が増す。心筋は強い収縮力で左心室内の圧をおおよそ0(拡張期)から120 mmHg(収縮期)程度まで上げ，血液を駆出する。心筋が収縮したときの圧が最高(収縮期)血圧で，拡張したときの圧が最低(拡張期)血圧である(図7-4)。

(2)　血管各部位の機能

　大動脈は壁が弾性に富むため心臓の収縮時には駆出された血液により拡張し，拡張期に戻る。これにより血流を平滑にして拡張期にも末梢への血流を保つ。大動脈

および細動脈内では収縮期血圧は左心室内の圧力とほぼ同じだが，拡張期血圧は0まで下がらず約70〜80mmHgである（図7-4）。これは循環系が弾性に富む血管壁に囲まれた閉鎖腔であることによる。細動脈は交感神経刺激や種々の昇圧物質により収縮し血流抵抗を大きくするため，抵抗血管とよばれる。収縮に伴い血圧は上昇する。毛細血管は血管内皮細胞一層でできており酸素や二酸化炭素，栄養素や電解質等の交換が容易で交換血管とよばれる。静脈は拡張性が高く，多くの血液（全血液量の約3/4）を貯蔵するため容量血管とよばれる。大量出血時には交感神経刺激で静脈壁が収縮し，血液を動脈系に送り出すことにより血圧の維持に貢献する。

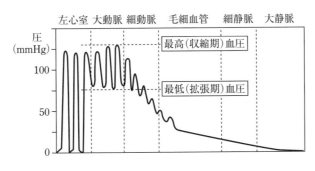

図7-4 各部位の血圧

(3) 循環血液量の維持機構：血漿膠質浸透圧の役割

毛細血管では，動脈側で約25mmHg，静脈側で約9mmHgと血圧は低い。一方血管外の組織の圧力は陰圧（-7.5mmHg）であり，いずれの側でも血圧により血管内の水を外へ押し出す力が働く。しかし，血管内には毛細血管でも血管外へ漏出しないアルブミンを中心とした大きな分子量の血漿タンパク質が高濃度で存在する。これにより血管内皮を隔てた血管内外間に浸透圧が生じ，血管外から水分を引き込む力（浸透圧）となる。これは，血漿膠質浸透圧とよばれ，循環血液量の維持に重要である（図7-5）。腎臓からのタンパク質の漏出が増加するネフローゼ症候群や，低栄養による低タンパク血症時には，血漿膠質浸透圧が低下し，組織への水分の漏出が増加し浮腫となる。また循環血液量も低下することになる。

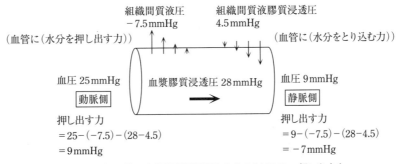

図7-5 毛細血管の血漿膠質浸透圧と水分のとり込み，押し出す力

(4) 血圧の調節機構

末梢組織に適切に血液を循環させるために，生体の血圧は全身性，および局所性に調節されている。全身性の調節は神経性調節と昇圧物質等による液性調節に分類できる（図7-6）。

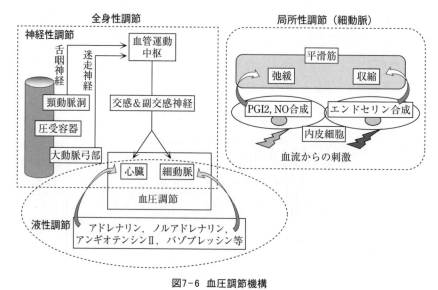

図7-6 血圧調節機構

① 全身性調節

a) 神経性調節

内外頸動脈分岐部の内頸動脈側の膨大部（頸動脈洞）と大動脈弓部に壁の進展を感知する圧受容器がある。各々舌咽神経と迷走神経を求心路として血管運動中枢に血圧情報を伝達し，交感神経系および副交感神経系を介して全身性に血圧を調節する。血圧低下時には交感神経が興奮し，心拍数および心収縮力を上げるとともに細動脈を収縮させて血圧を上昇させる。過剰な血圧上昇時には副交感神経刺激による逆の反応で血圧は低下する。神経性の反射性調節機構であり，起立時の頭部の血流量低下等への応答性の血圧上昇等がこれにあたる。

b) 液性調節

血流を循環する血圧調節因子による全身性の調節機構であり，神経性調節機構より緩やかな反応である。副腎髄質から分泌されるアドレナリンおよびノルアドレナリン（$\alpha 1$受容体），レニン・アンギオテンシン系により産生されるアンギオテンシンⅡ（AT1受容体），脳下垂体後葉から分泌されるバゾプレッシン（V1受容体）等が主要な昇圧因子である。いずれも細動脈の平滑筋細胞膜上の特異受容体に結合し，細胞内カルシウム濃度を上昇させて血管を収縮させる。骨格筋の血管壁にはアドレナリンの別の受容体（$\beta 2$受容体）が存在し，これに結合すると血管は弛緩する。

レニンは腎血流量の低下あるいは尿生成量の低下に応答し，腎で産生されるタンパク質分解酵素である。血漿中のアンギオテンシノーゲンは，レニンによりアンギ

オテンシンIに分解され，肺や腎臓の血管内皮表面に多く発現するアンギオテンシン変換酵素(ACE)によりさらにアンギオテンシンIIに分解される。また，この酵素により降圧作用を有するブラジキニンが分解される。アンギオテンシンIIは血管を収縮させて血圧を上げると同時に，副腎皮質から腎臓でのナトリウム貯蔵作用を有するアルドステロンの分泌を促し，循環血液量の維持に貢献する(図7-7)。

図7-7 レニン・アンギオテンシン系

心房で産生され血中に放出される心房性ナトリウム利尿ペプチド(ANP)は，腎臓での利尿作用とともに血管拡張作用を有する。

② 局所性調節

生体内の局所で産生された血管作動性因子によるもので，血管内皮細胞で産生される血管拡張因子(一酸化窒素：NO，プロスタグランディンI2等)や血管収縮因子(エンドセリン等)による傍分泌性調節が主である。これらの調節因子もさまざまな刺激に応じて血管内皮細胞で産生される。

● 3　血圧の高いヒトによくない食品

高血圧の要因の一つとして，過剰な塩分摂取が挙げられる。さまざまな疫学研究の結果，血圧を上昇させない塩分摂取量の平均値が3〜5g/日であると考えられていることから，国際高血圧学会や日本高血圧学会のガイドラインでは1日の塩分摂取量として6g未満を推奨している。しかし，日本人の食文化には，みそやしょうゆなど塩を使った調味料が多く使われてきた背景があり，現在の平均塩分摂取量約10g(平成23年国民健康・栄養調査)を急激に減らすことは困難である。

平成26年に厚生労働省から発表された「日本人の食事摂取基準(2015年版)」では，今後5年間に達成したい塩分摂取の目標量として，男性は8.0g/日未満，女性は7.0g/日未満と設定している。漬物や汁物などには塩分が多く含まれていることから(表7-1)，それらを食べる回数や量を減らすこと，めん類を食べるときは汁を残すことが塩分の摂取量を減少させるために

表7-1 食品に含まれる塩分の量

食品名	食塩相当量(g)
塩ざけ(1切れ)	1.4
梅干し(中1個)	2.7
しょうゆ(小さじ1杯)	0.9
即席ラーメン(1杯)	6.4
たくあん(3切れ)	1.3
食パン(6枚切り1枚)	0.8

日本食品成分表2015年版(七訂)より作成

は重要である。

　高血圧の予防・改善のために減塩は避けて通れない。そこで，さまざまな減塩調味料が市販されている。減塩食塩，減塩しょうゆ，減塩だしの素，減塩ケチャップ，減塩ソース，減塩みそ，減塩だしつゆなどが開発されており，減塩でない調味料と比較して塩分が20～50％カットされている。

　減塩しょうゆは通常のしょうゆを作成した後，しょうゆから塩分をおよそ半分にする工程を経て製造される。減塩の食塩には，塩化ナトリウムの代わりに塩化カリウムを使って塩辛さを出したものもある。このほか，レモンや食酢の酸味，香辛料を使用して風味にアクセントをつけることで塩の使用量を減らした調味料もある。また，昆布やきのこ，かつお節などのうま味を「だし」として利用したり，油を使ってコクを出したり，焦げの風味をつけることで香ばしさをつけたり，しょうゆを表面にスプレーすることで使用量を少なくするなど，調理方法を工夫することで減塩する方法もある。

　塩分の摂り過ぎが血圧の上昇に関与する一方，カリウムの摂取は余分な塩分を排出し血圧を下げる効果がある。カリウムは野菜や果物，豆類，肉類に多く含まれる（表7－2）。

表7-2　カリウムが多く含まれる食品

食品名	カリウム含有量 （mg/100 g 可食部）	食品名	カリウム含有量 （mg/100 g 可食部）
刻み昆布	8,200	かつお節	940
インスタントコーヒー	3,600	らっかせい大粒種（いり）	770
玉露　茶	2,800	ぶどう　干しぶどう	740
抹茶	2,700	アボカド（生）	720
あまのり　焼きのり	2,400	ぶた［大型種肉］ ヒレ（赤肉，焼き）	690
せん茶（茶）	2,200	干しがき	670
きな粉（全粒大豆，黄大豆）	2,000	糸引き納豆	660
紅茶　茶	2,000	さわら（焼き）	610
ポテトチップス	1,200	えごま（乾）	590
するめ	1,100	にわとり［若鶏肉］ むね（皮なし，焼き）	570

日本食品成分表2015年版（七訂）より作成

● 4　血圧上昇の抑制作用をもつ食品成分と作用機序

　血圧が上昇し，正常範囲を常に超えると高血圧症と診断され，投薬が必要となる。しかし高齢になると，自然と血圧が上昇してくる。このような場合には，高血圧の予防のために，食生活で血圧の上昇を抑制する成分を含む食べ物を摂取するこ

96　　7章　適切な血圧を維持する機能

とが大切である。食品のなかで，血圧の上昇を抑制する成分には，全身性の液性調節機構へ作用するものと，神経性調節機構へ作用するものがある。

（1） 液性調節機構へ作用し，血圧上昇を抑制するペプチド

液性調節機構のなかで，レニン・アンギオテンシン系に作用し，血圧上昇を抑制するペプチドの存在が知られている。

① ペプチドの作用機序

アンギオテンシン変換酵素（ACE）は不活性なアンギオテンシンⅠから，血圧上昇作用をもつアンギオテンシンⅡに変換するジペプチジルカルボキシペプチダーゼである。さらに ACE は動脈弛緩・血圧降下作用をもつブラジキニンの分解にも関与することから，ACE 活性を阻害する物質は2つの作用点で血圧降下作用を示すことが知られている。これまでにさまざまなタンパク質をプロテアーゼによって分解して得られるペプチドに ACE 活性阻害作用を有するペプチドが見いだされており，血圧降下作用を有することが報告されている。これらペプチドの ACE 阻害活性はカプトプリルなどの血圧降下薬と比べると1/100〜1/1,000と小さいが，高血圧予防効果を示すものもあり，特定保健用食品として利用されている。

② 血圧降下作用をもつペプチドが多く含まれる食品

a） 動物筋肉由来 ACE 阻害ペプチド

鶏胸肉の熱水抽出物をこうじ菌由来のプロテアーゼで消化したペプチドや，豚肉の骨格筋ミオシンをサーモリシンで分解したペプチドなどに ACE 阻害活性が報告されている。

b） 魚介由来 ACE 阻害ペプチド

未利用資源あるいは大量捕獲資源の有効利用の観点から，日本ではさかんに研究が行われている。あこや貝（真珠採取後の貝肉），するめいか（内臓），うなぎ（骨肉），かつお（内臓），かつお節（煮汁）などの未利用廃棄物を用い，ペプシン，トリプシン，サーモリシンなどで分解して得られたペプチドに ACE 阻害活性が見いだされている。また，20数年前までは日本で最も代表的な魚種だった，まいわしは，古くから ACE 阻害ペプチドの研究対象となっており，多くの種類の ACE 阻害ペプチドが報告されている。かつお節を作製した後の煮汁をサーモリシンで分解することで得られるかつお節オリゴペプチドとして Leu-Lys-Pro-Asn-Met，いわしをアルカリプロテアーゼで分解することで得られるサーデンペプチドとして Val-Tyr が同定されている。

c） 牛乳由来 ACE 阻害ペプチド

乳酸菌が牛乳を発酵する過程で生成する2種類のペプチド，Val-Pro-Pro，Ile-Pro-Pro や，牛乳カゼインをトリプシンで消化して得られた12個のアミノ酸からなるペプチド，Phe-Phe-Val-Ala-Pro-Phe-Pro-Glu-Val-Phe-Gly-Lys に ACE 活性の阻害作用があることが報告されている。

(2) 神経調節機構へ作用し，血圧上昇を抑制する成分

血圧は，交感神経を刺激すると上昇し，副交感神経を刺激すると低下する。これらの神経に作用し，血圧の上昇を抑制する食品成分が知られている。

① GABA（γ-アミノ酪酸）

a) GABA の作用機序

酪酸のγ位にアミノ基がついたγ-アミノ酪酸（GABA）は，脳内でグルタミン酸のα位のカルボキシル基がグルタミン酸脱炭酸酵素により除かれることによって生合成される（図7-8）。グルタミン酸が興奮性の神経伝達物質であるのに対し，GABA は抑制性の神経伝達物質である。血液と脳の物質交換を制限する機構の血液脳関門があるため，体外から摂取した GABA が中枢神経系に直接作用することはできないが，末梢血管の神経節部位において GABA 受容体を活性化し，交感神経末端から出る血管収縮作用伝達物質のノルアドレナリン分泌を抑制する。ノルアドレナリンは細動脈を収縮させる作用があり，この分泌を GABA が抑制することが結果として血圧低下につながると報告されている。また GABA は血管収縮作用を有する抗利尿ホルモンであるバソプレッシンの分泌を抑制することで血管を拡張し，血圧を下げることが報告されている。

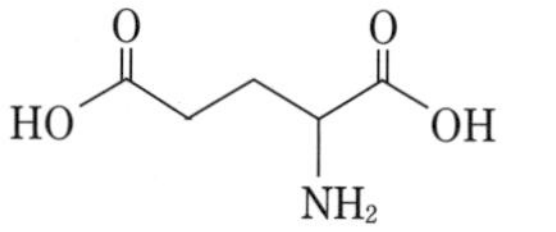

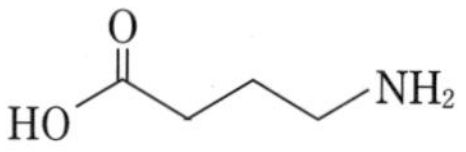

図7-8 グルタミン酸（左）とγ-アミノ酪酸（右）の化学構造式

b) GABA を多く含む食品

みそ，しょうゆ，キムチ，ぬか漬けなどの発酵食品，トマト，茶葉などに比較的多く含まれている。発芽玄米には白米の約10倍の GABA が含まれると報告されている。また茶葉，米胚芽，きのこ，もやしなどの食品で GABA の含有量を高める生産方法，食品加工法が研究開発されている。

●確認問題　＊　　＊　　＊　　＊　　＊

1．呼吸運動に関わる筋肉はどれか書きなさい。

2．肺胞内から血液にどのように酸素が取り込まれるか説明しなさい。

3．呼吸の調節機構を書きなさい。

4．心臓はどのようにして一つの細胞のように全体として興奮し収縮するのか説明しなさい。

5．血管外から血管内へ水分を引き込む力はどうして生まれるか書きなさい。

6．血圧の神経性調節機構を説明しなさい。

7．血圧の液性調節機構を説明しなさい。

8．血圧の高いヒトによくない食品を挙げ，その理由を説明しなさい。

9．血圧の上昇を抑制するペプチドを挙げ，その機序を説明しなさい。

10．ペプチド以外の成分で，血圧の上昇を抑制する成分を挙げ，その機序を説明しなさい。

〈参考文献〉
　　西川研次郎監修：「食品機能性の科学」，p.372-423，産業技術サービスセンター(2008)
　　上野川修一編集：「機能性食品の作用と安全性百科」，p.240-286，丸善出版(2012)

8章　血栓症を抑制する機能
―止血と血液凝固と健康

> 概要：血管壁の損傷等による出血時に，血栓を形成して止血するしくみを学ぶ。また血液凝固を抑制し，血栓形成の予防効果を有する食品成分とその機序を学ぶ。

到達目標　＊　＊　＊　＊　＊　＊　＊
1. 血栓形成のしくみと，これに関わる因子を説明できる。
2. 止血におけるビタミンKの役割を説明できる。
3. 血液凝固を抑制し，血栓形成の予防効果を有する食品成分を挙げ，その機序を説明できる。
4. 血栓形成の予防効果を有する。EPAやDHAを多く含む食品を挙げることができる。

1　血液の凝固と抗血栓症

　正常な血管内では血液は固まらない（凝固しない）。これは血管内腔を被う血管内皮が血液を固めにくい性質（抗血栓性）をもっているためで，これにより血液は固まらず，酸素や栄養素を末梢組織まで運搬することができる。血管が傷害されて血管外の組織に触れると血液は即座に固まり（血液凝固），失血を防ぐとともに組織修復に貢献する。その場合も太い血管では，血管腔を完全に閉塞させるほど血栓は大きくならず，末梢組織への血流は保たれる。このような迅速な血栓形成には血液中の血小板や凝固因子が関わる。これらが不足したり機能異常があると止血できず異常出血を引き起こすことになる。一方過剰な血栓形成や，不要な部位での血栓形成により血管腔が閉塞すると，末梢への血流が途絶え末梢組織は壊死（梗塞）してしまう（血栓症）。正常な血管内皮細胞は血液中の凝固制御因子とともにこのような不要な血栓形成を抑制しているが，内皮細胞機能が障害されると，抗血栓性が失われ血栓症を発症しやすくなる（図8-1）。

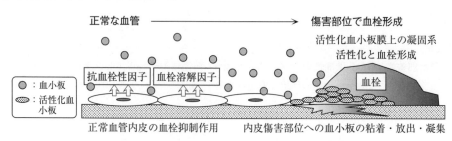

図8-1　血管内皮の抗血栓性と障害部位での血栓の形成

本章では血栓形成，およびその溶解のしくみと，これらに関わる因子を理解する。

（1）　血小板の機能

血小板は，骨髄において巨核球の細胞質の一部がちぎれてできる。血小板の形状は，直径$2 \sim 5 \mu m$，厚さ約$0.5 \mu m$の円盤状で，赤血球（直径$7.7 \mu m$）と比べて小さい（図6-5参照）。血小板はさまざまな生理活性物質を含む顆粒を多くもち，また膜表面に多くの受容体をもつ。血小板は正常な血管内皮とはほとんど反応しないが，内皮が剝がれて内皮下の組織が露出した血管傷害部位では容易に活性化され，露出部分に粘着・凝集して止血血栓を形成する（図8-1）。活性化には膜表面の受容体と皮下組織のコラーゲンとの直接的な結合，あるいは血漿中の巨大タンパクである von *Willebrand* 因子を介した結合（粘着）が重要である。結合すると血小板はさらに活性化し，顆粒からADP等の凝集惹起物質を「放出」するとともに血小板膜からアラキドン酸を遊離させ，サイクロオキシゲナーゼにより強力な血小板凝集能をもつトロンボキサンA2を合成し放出する（1章参照）。また他の受容体の構造を変化させて対応する機能分子との結合を促進する。これらの活性化増幅機構により，血管傷害部位への血小板の粘着・凝集が可能となる。血小板はまた，活性化されると膜表面にフォスファチジルセリンというリン脂質を露出する。フォスファチジルセリンはビタミンK依存性凝固因子の活性化に必須である。このため下記の凝固系カスケードの共通部（黒枠部）は血小板が活性化された部位でのみ活性化される（図8-2）。

サイドメモ：抗血小板薬

抗血小板薬としてよく使用されるアスピリン（バッファリン）はサイクロオキシゲナーゼ活性を抑制しトロンボキサンA2産生を抑えて抗血小板活性を発揮する。またドコサヘキサノイン酸（DHA），エイコサペンタエン酸（EPA）はアラキドン酸と拮抗することにより抗血小板機能を発揮すると考えられている。

（2）　凝固系の機能

血液凝固系は止血機構の中心で止血血栓の安定化に必須である。凝固因子の多くはトリプシン様のセリン酵素（活性中心にセリンをもつ）で，血中には不活性型の酵素前駆体として存在し，必要に応じて活性化される（図8-2）。活性化経路には，

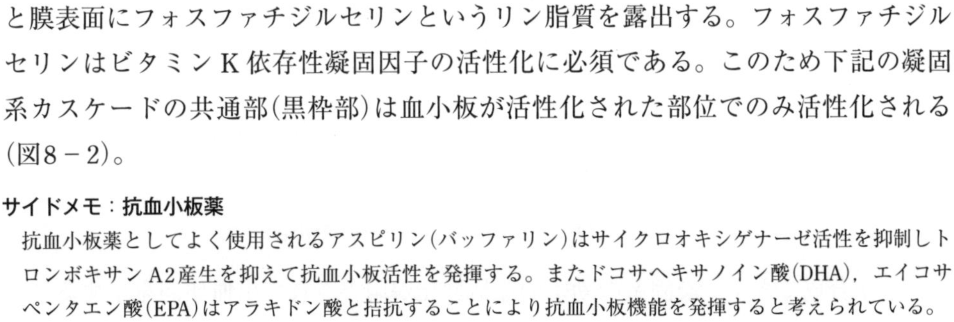

〈内因系凝固経路：異物やコラーゲンとの接触〉　　〈外因系凝固経路：組織破壊〉

接触因子（異物やコラーゲン）　組織因子（TF）＋Ⅶ

Ⅶa-TF　　　　TF：Tissue factor（組織因子）

〈両凝固経路に必要な物質〉
● カルシウムイオン
● 活性化血小板リン脂質（フォスファチジルセリン）

IX → IXa
Ⅷa

X → Xa
Va

プロトロンビン → トロンビン → フィブリノーゲン（可溶性）

フィブリン（不溶性）
（止血血栓）

図8-2　凝固カスケードによる止血血栓の形成メカニズム

血液が異物やコラーゲンに接触することにより開始される内因系と，血管外の組織の細胞膜上に発現する組織因子(TF)と血液中の凝固Ⅶ因子により開始される外因系がある。生理的な止血には主に後者が関わる。いずれの系も少量の凝固因子が活性化されると，次々に凝固因子を効率良く活性化する系で，カスケードとよばれる。最終的には，トロンビンにより血漿中の可溶性タンパク質であるフィブリノーゲン(線維素原)から不溶性のフィブリン(線維素)が産生されて，止血血栓を形成する。両経路の共通部ではカルシウムイオンとフォスファチジルセリンが必須である(図8－2)。共通部ではビタミンＫ依存性凝固因子である凝固Ⅶ，Ⅸ，Ⅹ因子とプロトロンビンが関わる。いずれもγ-カルボキシグルタミン酸(Gla)というグルタミン酸にカルボキシル基が余分に付加された修飾アミノ酸を多く含む部位(Gla-ドメイン)を有しており，有効な活性化には同部位を介したフォスファチジルセリンへ結合が必須である。このカルボキシル基の付加にビタミンＫ依存性のカルボキシラーゼを必要とするため，Gla-ドメインを有する凝固因子をビタミンＫ依存性凝固因子とよぶ(図8－3)。ビタミンＫ欠乏時には，正常なビタミンＫ依存性凝固因

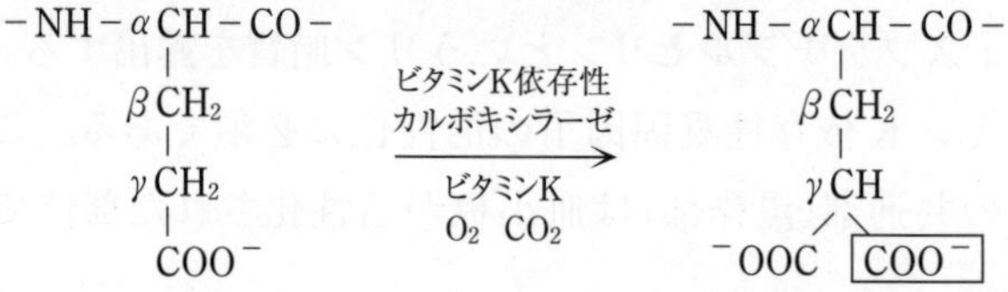

グルタミン酸(Glu)　　　γ-カルボキシルグルタミン酸(Gla)

図8-3　γ-カルボキシグルタミン酸の合成

子が合成できず，凝固系の効率的な活性化が阻害されて出血傾向を呈する。

またこれらの凝固因子の異常あるいは欠損症では，凝固系の活性化が障害され重篤な出血症状を呈する。凝固Ⅷ因子(FⅧ)および凝固Ⅸ因子(FⅨ)の異常症は，それぞれ血友病ＡおよびＢとしてよく知られている。

サイドメモ：ワルファリン

ビタミンＫの類似物質であるワルファリンは，ビタミンＫ依存性カルボキシラーゼを拮抗阻害する薬剤であり，服用中は正常なGlaが合成されず，正常活性を有さないビタミンＫ依存性凝固因子が産生される。これにより凝固能を低下させ，血栓症の発症を予防する。服用時に多量のビタミンＫ含有食品を摂取するとその薬効が低下する。

(3)　線溶系の機能

傷害部位の修復後に不要になった血栓や過剰に産生された血栓を溶解する系もあり，線溶(線維素溶解)系という。正常血管内皮細胞は線溶系を開始する酵素(プラスミノーゲンアクチベーター；PA)を分泌しており，不要な血栓が形成されると効率よく溶解し，血流を維持している。その酵素のインヒビターも血中に存在し(PAインヒビター1；PA-1)，肥満や脂質異常症では血中濃度が高まり線溶能を低下さ

せ，血栓傾向を強めることが知られている。

（4） 血管内皮の抗血栓能

正常血管内皮細胞は，さまざまな機構で高い抗血栓性を示す。血管内皮で合成されるプロスタグランジンI2(プロスタサイクリン；PGI2)や一酸化窒素(NO)は，血小板凝集を抑制する。また膜上には血漿中の主要な抗凝固因子であるアンチトロンビンが十分な抗凝固活性を発現するうえで必須である，ヘパラン硫酸などのプロテオグリカンを多く発現している。さらに，必要に応じて線溶酵素を分泌して高い線溶活性発現することが可能であり，不要な血栓，あるいは過剰に産生された血栓を迅速に溶解して，血管閉塞につながる病的血栓の形成を予防している。

さまざまな要因で血管内皮細胞の抗血栓性が障害されると血栓症発症のリスクが高まる。動脈硬化がその主な要因であり，基盤となる病態として，炎症反応，糖尿病や脂質異常が挙げられる。このような病態時には，正常血管内皮では発現していない組織因子も血管内皮表面に発現するため血栓症のリスクがさらに高まる。

● 2　血液凝固を抑制する食品成分と作用機序

過剰な血栓形成を予防するためには，日頃の食生活から，血液凝固を抑制する食品成分を摂取することが大切である。

（1） EPA，DHA を多く含む食品
① EPA，DHA の作用機序

グリーンランドのイヌイット族は，アザラシなどの獣肉を常食しているのもかかわらず虚血性心疾患の発症率が低い。1970年代に実施された疫学調査では，食物連鎖により摂取している海洋生物由来のエイコサペンタエン酸(EPA)，ドコサヘキサエン酸(DHA)などのn-3系高度不飽和脂肪酸の関与が指摘された。EPAは炭素

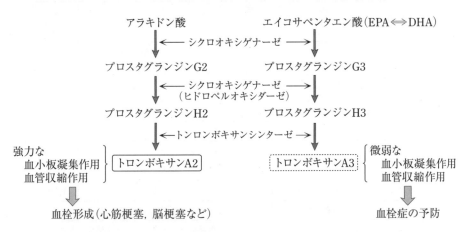

図8-4　アラキドン酸代謝系に対するエイコサペンタエン酸の機能

数20で二重結合を5つ有する高度不飽和脂肪酸であり，いわしやさばなどの背の青い魚の脂肪に多く含まれる。魚の摂取量の多い日本人では，血清リン脂質の成分として検出される。陸上動物に見いだされるアラキドン酸が2系のプロスタグランジンを形成するのに対して，EPAは3系のプロスタグランジンを形成する。特にアラキドン酸代謝産物の一つであるトロンボキサンA2(TXA2)は強力に血小板凝集や血管収縮を惹起するのに対して，トロンボキサンA3にはこのような作用がない（図8-4）。

　一方，DHAは炭素数22で二重結合を6個有する多価不飽和脂肪酸である。EPAとDHAの生理活性は異なる点もあるが，両者は生体内で相互に変換されるため，両者の機能性を厳密に区別して議論することは困難である。上記のEPAのTXA2

表8-1　エイコサペンタエン酸(EPA)が多く含まれる食品

単位：mg/可食部100g

食　品	量	食　品	量
くじら／本皮，生	4,300	くろまぐろ／脂身，生	1,400
やつめうなぎ／干しやつめ	2,200	みりん干し／まいわし	1,400
しろさけ／すじこ	2,100	かずのこ／乾	1,300
あゆ／養殖，内臓，焼き	1,800	まいわし／焼き	1,200
さば／焼き	1,700	あまのり／焼きのり	1,200
しめさば	1,600	まいわし／生	1,200
しろさけ／いくら	1,600	はまち／養殖，生	980
さば／生	1,600	たちうお／生	970
にしん／開き干し	1,400	ぶり／成魚／生	940
まいわし／生干し	1,400	めざし／生	930

食品成分データベース，文部科学省より作成

表8-2　ドコサヘキサエン酸(DHA)が多く含まれる食品

単位：mg/可食部100g

食　品	量	食　品	量
あんこう／きも，生	3,600	しろさけ／いくら	2,000
くじら／本皮，生	3,400	あゆ／養殖，内臓，生	2,000
くろまぐろ／脂身，生	3,200	ぼら／からすみ	1,900
やつめうなぎ／干しやつめ	2,800	ぶり／生魚／焼き	1,900
みなみまぐろ／脂身，生	2,700	ぶり／はまち／養殖，生	1,700
たいせいようさば／焼き	2,700	さんま／生	1,700
しめさば	2,600	かずのこ／乾	1,700
しろさけ／すじこ	2,400	さんま／缶詰／味付け	1,700
たいせいようさば／生	2,300	ぶり／生魚／生	1,700
あゆ／養殖，内臓，焼き	2,300	たいせいようさけ／養殖，焼き	1,700

食品成分データベース，文部科学省より作成

104　　8章　血栓症を抑制する機能

合成抑制作用に加えて，EPA，DHAには血中脂質低下作用，抗炎症作用，血圧降下作用が知られており，これらが総合的に動脈硬化症の進展を抑制し，動脈硬化を基盤とした血栓性疾患の予防に寄与していると考えられる。

エイコサペンタエン酸は，シクロオキシゲナーゼによるアラキドン酸代謝に拮抗して，通常アラキドン酸から産生されるトロンボキサンA2の代わりにトロンボキサンA3を産生する。トロンボキサンA2は強力な血小板凝集作用を示して血栓形成に関与するが，トロンボキサンA2の作用は微弱であり，エイコサペンタエン酸の摂取により血栓形成能が低下する（1章参照）。

② EPA，DHAを多く含む食品

EPAは必須脂肪酸であるαリノレン酸から体内で生合成されるが，ヒトでは合成効率が低く，海草や魚類より摂取する必要がある。表8-1, 2にEPA，DHAを多く含む食品を示した。

●確認問題　＊　　＊　　＊　　＊　　＊

1. 血小板の働きを書きなさい。
2. ビタミンK依存性凝固因子とは何か書きなさい。
3. 線溶系の機能を説明しなさい。
4. 血管内皮の抗血栓能を説明しなさい。
5. アラキドン酸代謝と血栓形成のメカニズムについて書きなさい。
6. エイコサペンタエン酸，ドコサヘキサエン酸の構造と性質について書きなさい。
7. エイコサペンタエン酸，ドコサヘキサエン酸を多く含む食品を挙げなさい。

〈参考文献〉

関泰一郎ら：「健康栄養学」，178-187，共立出版（2005）

9章 尿の生成によりからだの恒常性を維持する機能 —尿の生成・排泄と健康

> 概要：体内で生じた不要物を尿として腎臓より排泄する機構を学ぶ。また身体の環境を一定に保つ（恒常性維持）に関わる腎臓の機能を学ぶ。

到達目標　＊　＊　＊　＊　＊　＊　＊　＊
1. 尿の生成機構を理解し説明できる。
2. 恒常性維持に関わる腎臓の機能を理解し説明できる。

1　腎臓の構造と機能

　腎臓は体内で産生された不要な代謝産物あるいは有害な異物を排泄するとともに，水・電解質のバランス，血圧，酸塩基平衡の調節に関わり，からだの恒常性維持に貢献する器官である。本章では腎臓の構造と機能を理解し，からだの恒常性を維持するしくみを理解する。

　腎臓は後腹膜腔に左右1対存在する。腹大動脈からほぼ直角に分岐する腎動脈により血流を得る（図9-1）。重量は600g（各300g）程度で体重の1.0％にすぎないが，血流量は心拍出量の22％と多い。ネフロンとよばれる構造が腎臓1個当たり100万個存在する。ネフロンは構造および機能単位であり，糸球体とボーマン嚢からなる①腎小体，②近位尿細管，③ヘンレの係蹄，④遠位尿細管，⑤集合管よりなる（図9-2）。ネフロンで産生された尿は，腎盂から尿管を経て膀胱に輸送される（図2-1参照）。

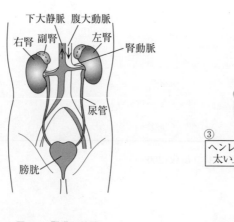

図9-1　腎臓の位置

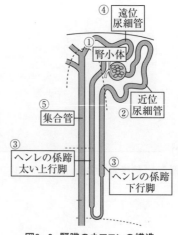

図9-2　腎臓のネフロンの構造

● 2 尿の生成のしくみ

（1） 糸球体におけるろ過

腎動脈から葉間動脈等を介して分岐した輸入細動脈は，ボーマン腔の中で毛糸の球のようになった毛細血管（糸球体）を形成し輸出細動脈としてボーマン腔から出る。糸球体の血管は内皮細胞間の間隙が広く，基底膜，ボーマン嚢上皮細胞とともに，血液ろ過のフィルターとなる（図9-3）。水や電解質など一定の分子量より小さい物質は自由に通過させる（限外ろ過）が，アルブミン（分子量約69,000）は，ほとんど通さない。ボーマン腔に1分間にこし出される糸球体ろ液（原尿）は両腎で約120 mL である。

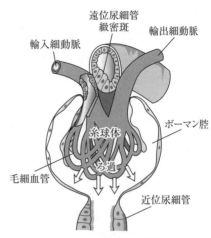

図9-3　腎小体の構造

（2） 再吸収と分泌

原尿中の水や電解質の大半は再吸収される。グルコースなどの栄養素はほぼ100％再吸収され最終尿には含まれない。

再吸収に関わる機構を図に紹介する（図9-4）。再吸収の基本となるのは，基底膜側に局在する Na^+-K^+ 交換ポンプによる Na^+ の能動輸送である。エネルギー（ATP）を使い濃度勾配に逆らって，Na^+ 3個を細胞外にくみだすと同時に K^+ 2個を細胞内にくみ入れる。これにより細胞内外の Na^+ の大きな濃度勾配が形成される。これに相対して管腔側の上皮に，Na^+ 等の電解質のチャネル，また Na^+ と一緒に糖やアミノ酸を細胞内に共輸送する担体，あるいは Na^+ を取り入れる際に細胞外に H^+ 等を逆輸送する担体等が存在する。これらを通して Na^+ は濃度勾配に応じて受動的に細胞外（管腔内の原尿）から細胞内に流入する（再吸収）。水は Na^+ の移動に伴う浸透圧変化により，受動的に Na^+ と同方向に移動する。担体は Na^+ が受動的に流入する力を利用して，糖やアミノ酸を取り込んだり（再吸収），逆に H^+ を細胞外に放出（分泌）したりする。再吸収あるいは分泌に関わる細胞は一般的に大きく，ミトコンドリアが豊富で，刷子縁を有している。ミトコンドリアは Na^+-K^+ 交換ポンプを作動させるための ATP 産生

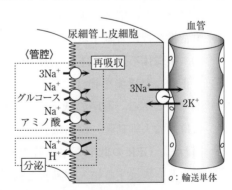

図9-4　再吸収のしくみ

に必須であり，また刷子縁により広い表面積が確保でき，効率的な吸収が可能となる。

① 近位尿細管

水とNa$^+$のほぼ65％は近位尿再管で再吸収される。この部位の再吸収は大量で，恒常性維持のための調節を受けない。またグルコースやアミノ酸等，生体に必要な成分は，ほぼ100％再吸収される。この部位は薬物の輸送にも関わるため，腎毒性を有する薬剤により障害を受けやすい。

② ヘンレの係蹄，下行脚

尿の濃縮に関わる傍髄質ネフロンでは，ヘンレの係蹄は浸透圧の高い髄質深部まで達する。細い下行脚は水の透過性が高く，下行に伴う浸透圧の増加につれて尿は濃縮される。ヒトでは浸透圧1,200mOsm/Lまで濃縮可能である。上行脚は水の透過性は低いがNa$^+$の透過性が高い。これにより上行に伴う浸透圧の低下につれてNa$^+$が拡散し，希釈されることなく尿の浸透圧は低下する。

③ ヘンレの係蹄，太い上行脚および遠位尿細管

この部位の細胞は大きく（尿細管は太い），再び再吸収が行われる。基本構造は同じだが特異共輸送体として，Na$^+$-K$^+$-2Cl$^-$（NKCC）が存在する。ループ利尿薬はこの担体を標的としており，NKCCの機能を低下させてNa$^+$およびK$^+$の再吸収を低下させ尿量を増加させる。このため血漿中のNa$^+$およびK$^+$濃度は低下しがちである。

④ 集合管

水の再吸収に関わるアルドステロンや抗利尿ホルモン（ADH）の標的部位である。アルドステロンは管腔側にNa$^+$およびK$^+$チャネル，K$^+$/Cl$^-$共輸送体を発現させ，Na$^+$の再吸収とK$^+$の分泌を促進する。ADHは水輸送のチャネル（アクアポリン）を管腔側に多く発現させ，水の再吸収を高める。これらのホルモンは生体の水分や電解質の過不足に応じて分泌され，集合管での再吸収量，最終尿の組成量を調節している。

（3） 恒常性の維持

腎は必要に応じて水の排泄量や電解質の再吸収，および分泌量を調節し，生体の恒常性維持に貢献する。

① 糸球体ろ過量（GFR）の維持

正常な腎機能を維持するために，腎血流量およびGFRを一定に維持することは不可欠である。血圧の低下時などにもGFRを維持する自己調節機構がある。これには，輸入細動脈，輸出細動脈および遠位尿細管の緻密斑からなる傍糸球体装置が関わる。GFRの低下を尿細管中を流れる尿中のNa$^+$量の低下として緻密斑で検知すると，隣接する輸入細動脈を拡張して腎血流量を増加させる。また同部位の輸入細動脈内皮細胞からレニンを分泌し，血中のアンギオテンシノーゲンの一部を分解

してアンギオテンシンⅠを産生する。アンギオテンシン転換酵素によりさらに分解されると昇圧物質であるアンギオテンシンⅡが産生される。これにより全身の血圧を上昇させるとともに，輸出細動脈の抵抗を増加させて GFR を増加させる。アンギオテンシンⅡはまた，副腎皮質を刺激しアルドステロンの分泌を促進する。アルドステロンは集合管で Na^+ と水の再吸収を増加させて循環血液量を増加させる（7章参照）。

② 水・電解質バランスの維持

生体の水分の過不足は細胞外液の浸透圧の変化として脳の視床下部にある浸透圧受容器で感知する。浸透圧が高くなると下垂体後葉からの抗利尿ホルモン（ADH）分泌を促す。ADH は集合管での水の再吸収を増加させるとともに，細動脈を収縮させて血圧を上昇させる。①に記載したように循環血液量の減少，あるいは血圧低下に伴い GFR が低下すると，アルドステロンが分泌され，集合管での Na^+ と水の再吸収を増加させる。糸球体で1分間にろ過された原尿（GFR＝120 mL/min）の通常約1.0 %程度が最終尿として排泄されるが，これらのホルモンの働きで最終尿量は0.2〜20 mL/min もの大きな範囲で変動し，体内の水・電解質バランスが保たれる。

サイドメモ：必要な最低尿量
体内で1日に産生される老廃物は70 kg の体重のヒトで約600 mOsm/day である。ヒトで最高に濃縮した際の尿の浸透圧は1,200 mOsm/L なので，これを排泄するには少なくとも500 mL の尿が必要ということになる。

$$600(mOsm/day)/1,200(mOsm/L) = 0.5 L/day$$

③ 血圧の調節 （7章参照）

過剰な水分および Na^+ の排泄，あるいは循環血液量低下時には尿排泄量を低下させることにより，血圧の調節にも関わる。圧受容器を介した神経性の調節と比べ，緩やかな調節である。主に，レニン・アンギオテンシン・アルドステロン系およびADH を介する。

サイドメモ：高食塩食および低カリウム食と高血圧
食塩の過剰摂取で高血圧になることはよく知られている。また最近，カリウム摂取量が少ないと高血圧になり，十分に摂取することにより高血圧の改善がみられることが疫学調査で明らかになってきた。Na^+ の過剰摂取では，血漿 Na^+ 濃度の増加に伴い ADH 分泌量および飲水量が増加し，細胞外液量および循環血液量が増加することが主要な原因と考えられている。また，血漿 Na^+ 濃度が持続的に増加すると Na^+/K^+ 交換ポンプを抑制する内因性ジギタリス様物質が増加し，最終的に血管平滑筋の細胞内 Ca^{2+} 濃度が増加することにより血管の緊張性が高まることが要因となっているとする説もある。K^+ の十分な摂取により尿中 Na^+ 排泄量が増加することが知られており，これにより降圧効果を示すようである。

④ 酸塩基平衡の調節

血液の pH（$\log(1/[H^+])$）はおおよそ7.4であり，炭酸・重炭酸系を主とするいくつかの緩衝系で綿密に調節されている。腎では Na^+/H^+ 交換輸送体，H^+ ポンプ，H^+ $-K^+$ ポンプにより H^+ を尿細管に分泌する。その多くは糸球体でろ過された HCO_3^-

の再吸収に利用されるが，一部は，アンモニアやリン酸と結合して尿中に排泄される。肺における呼吸性の調節と，腎におけるこれらの排泄の調節により，血液では7.4というpHが維持される。酸性の食事が多く，酸の摂取量が増えればH⁺の排泄量が増し，アルカリ性の食事が多ければH⁺の排泄量を減らすことにより，血液のpHは7.4に維持される。

（4） その他の機能

腎では赤血球産生を促進するエリスロポイエチンを産生している。腎機能低下時にはその産生が低下し貧血を来す。またビタミンDを活性型に転換する。

（5） 尿の排泄

産生された尿は腎盂から尿管を通って膀胱へ運ばれる。膀胱は3層の平滑筋群からできており，尿道につながる部位では尿道を輪状にとりまき，内尿道括約筋として機能する。

膀胱に150〜300 mLの尿が貯留すると，副交感神経である骨盤神経を介して尿意を感じ始める。すると交感神経である下腹神経を介して膀胱壁は反射性に進展し膀胱内圧の上昇および尿意は抑制される。尿量が400〜500 mLになると膀胱内圧が上昇し強い尿意を感じて排尿反射が起こる。これにより膀胱は収縮し，内尿道括約筋が弛緩して（骨盤神経支配），体性運動神経である陰部神経による外尿道括約筋の弛緩が，排尿をうながす。

●確認問題 ＊ ＊ ＊ ＊ ＊
1. 糸球体におけるろ過のしくみを説明しなさい。
2. 尿細管における再吸収のしくみを説明しなさい。
3. 腎における，Na⁺と水の再吸収量を調節するしくみを説明しなさい。
4. アルドステロンの働きを説明しなさい。
5. レニン・アンギオテンシン系の働きを説明しなさい。

10章　骨を丈夫にする機能
―骨格形成と健康

概要：生体内で多様な機能を発揮するカルシウムの役割を学ぶ。また機能発現のために必要な血中濃度の調節機構を，経口摂取後の吸収機構，腎臓での尿細管からの再吸収調節機構，また体内で最も多くカルシウムを含む骨からの動員，および骨への蓄積機構を学ぶ。骨を丈夫にする食品成分を学び，その作用機序を理解すると同時に，小腸でのカルシウム吸収を阻害する成分について学ぶ。

到達目標　　＊　　＊　　＊　　＊　　＊　　＊　　＊
1. 生体におけるカルシウムの役割を説明できる。
2. 骨代謝による生体カルシウム濃度の調節機構を説明できる。
3. カルシウムを多く含む食品を挙げることができる。
4. 小腸でカルシウムの吸収を促進する働きをもつ食品成分を挙げ，そのメカニズムを説明できる。
5. 骨代謝を改善することができる食品成分を挙げ，その作用メカニズムを説明できる。
6. ビタミンD，ビタミンKを多く含む食品を挙げることができる。

● 1　生体におけるカルシウムの役割

　カルシウムにはさまざまな働きがあり，骨や歯の強度に関与するほか，骨格筋の収縮調節，脳や神経の情報伝達のための細胞内信号伝達，神経興奮性やホルモン分泌，酵素活性の修飾など，各種の細胞機能の調節を介して，生体機能の維持，および調節に不可欠な役割を担っている。カルシウムが不足すると，骨の強度が弱くなる骨粗しょう症や筋肉の痙攣，あるいはイライラするなどの精神的に不安定な症状を示すことがある。

● 2　血中カルシウム濃度の調節機構

　生体内のカルシウムの約99％はリン酸塩などの形で骨や歯の硬組織にあり，残りの1％が軟部組織に，血中には約0.1％程度存在するのみである。しかし，その生理的役割は重要で，血中濃度はカルシウム調節ホルモンにより厳密に制御されている。血中総カルシウムの48〜55％がイオン化型として，10％前後がリン酸，炭酸，クエン酸などと化合物を形成し，残りの40〜50％がアルブミンやグロブリンと結合したタンパク結合型として存在する。

●1　生体におけるカルシウムの役割　●2　血中カルシウム濃度の調節機構　111

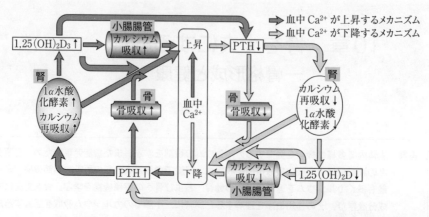

図10-1 カルシウム調節ホルモンによる血中Ca²⁺濃度の調節

注] 血液のCa²⁺濃度が下がると，PTHが上昇し，骨，腎臓，小腸腸管において，Ca²⁺濃度を上昇させる方向にはたらく。一方Ca²⁺濃度が正常範囲に戻ると，PTHが低下し，骨，腎臓，小腸腸管がCa²⁺濃度を低下させる方向に働く。

　陸上で生息する動物は，多量のカルシウムが存在する水中に生息する魚類などと異なり，摂取したカルシウムを体内に貯蔵し，必要に応じて動員することにより血中Ca²⁺濃度を一定の範囲に維持する必要がある。カルシウム代謝を全身的に調節しているのは，副甲状腺ホルモン(Parathyroid hormone: PTH)，1,25水酸化ビタミンD₃[1,25(OH)₂D₃]（活性型ビタミンD₃），カルシトニンなどのカルシウム調節ホルモンであり小腸，腎，骨でのカルシウム，リンの出入りを調節して，生体内のカルシウムやリンの代謝を調節している（図10-1）。

　PTHは84個のアミノ酸よりなるポリペプチドホルモンである。カルシウム調節ホルモンとしての生物活性はN-末端部(1-34)にある。PTHは副甲状腺より循環血中に分泌され，標的臓器に作用する。その主な生理作用は骨における骨吸収の亢進，腎におけるカルシウム再吸収促進，リン再吸収抑制，小腸腸管におけるカルシウム吸収作用を有するビタミンDの活性化の促進であり，血中カルシウム濃度の低下がPTHの最大の分泌刺激となる。血中Ca²⁺濃度が低下するとPTH分泌が亢進し，骨から血中へのCa²⁺動員を促進して血中Ca²⁺濃度を増加させる。カルシウム代謝に関わるPTHの分泌は，このように血中Ca²⁺濃度による厳密な調節を受けている。

　PTHを合成・分泌する副甲状腺細胞の細胞膜には血中Ca²⁺濃度を鋭敏に感知するCa²⁺受容体が存在し，Ca²⁺の上昇によりPTHの分泌が抑制され，低下により促進される。血中Ca²⁺濃度の変化は長期的にはPTHの合成にも影響する。PTH遺伝子の発現調節部位には細胞外Ca²⁺濃度の変化に反応するDNA配列が存在し(negative Ca²⁺ responsive element; nCaRE)，Ca²⁺濃度の増加に応答して遺伝子発現が抑制される。PTHの合成は1,25(OH)₂D₃による調節も受けており，1,25(OH)₂D₃の上昇により合成が抑制される。このようにPTHの合成・分泌はCa²⁺および1,25(OH)₂D₃による二重のフィードバック調節を受けている。

● 3　カルシウムの摂取と吸収

（1）　カルシウムの摂取

　　日本人の食事摂取基準2015年版で示された成人女性のカルシウムの食事摂取基準をみると，69歳までは推定平均必要量が550 mg，推奨量が650 mg，70歳以上は推定平均必要量が500 mg，推奨量が600 mgとなっている（表10-1）。成人期以降の値は低めに設定されているが，これは成長期に推奨量のカルシウムを摂取し，十分な骨量獲得があった場合を想定しての値といえる。また，成人期以降については骨量が維持されているものとして数値が算出されているが，仮に年間の骨からのカルシウム減少を1％程度と仮定すると，骨量を維持するためには，約100 mgの上乗せをする必要があると考えられる。

表10-1　カルシウムの食事摂取基準（mg/日）

性　別	男　性				女　性			
年　齢	推定平均 必要量	推奨量	目安量	耐　容 上限量	推定平均 必要量	推奨量	目安量	耐　容 上限量
0 - 5（か月）			200				200	
6 -11			250				250	
1 - 2（歳）	350	450			350	400		
3 - 5	500	600			450	550		
6 - 7	500	600			450	550		
8 - 9	550	650			600	750		
10-11	600	700			600	750		
12-14	850	1,000			700	800		
15-17	650	800			550	650		
18-29	650	800		2,500	550	650		2,500
30-49	550	650		2,500	550	650		2,500
50-69	600	700		2,500	550	650		2,500
70以上	600	700		2,500	500	650		2,500

日本食品成分表2015年版（七訂）より作成

（2）　小腸腸管におけるカルシウムの吸収

　　食品から摂取したカルシウムは小腸で吸収される。$1,25(OH)_2D_3$は小腸上部の腸管上皮細胞の刷子縁にあるカルシウムチャネルを介するカルシウム流入を促進するとともに，腸管上皮細胞の基底膜側のCa^{2+} ATPase（PMCA）機能を増強して腸管上皮細胞内から血液へのカルシウムのくみ出しを増強し，カルシウムの吸収を促進する。また PTH は1α-ヒドロキシラーゼ活性を増強し$1,25(OH)_2D_3$量を増加させることによって，小腸からのカルシウム吸収を促進する。カルシウムの吸収率は，乳児期・思春期・妊娠後期で特に高くなる。またカルシウムの吸収率・吸収量は，摂取量や食品に含まれる成分によって影響を受ける。カルシウムの摂取量が多ければ吸収量・尿中排泄量は増加する。逆にカルシウムの摂取量が少なければ吸収率は上

昇し，尿中排泄量は低下する。したがって，カルシウムは一度に集中的に摂取するよりも，何食かに分けて摂取するほうが効率よく摂取することができる。カルシウムの吸収を阻害する物質として，野菜に含まれるシュウ酸や穀物に含まれるフィチン酸が知られており，多量の脂質もカルシウムの吸収に悪影響を与えるといわれている。逆にクエン酸はキレート作用によりミネラルの吸収を高める。クエン酸リンゴ酸カルシウム(CCM)はカルシウムに酸味料として用いられるクエン酸とリンゴ酸をある一定の比率で配合したものである。カルシウムは消化器内で酸やアルカリの影響を受け，溶解性が悪くなって吸収率が低下する。CCMはそうした影響を受けずに，常にカルシウムを溶けた状態にするので吸収されやすい。カゼインホスホペプチド(CPP)はミルクのなかのタンパク質が分解されて生じた成分である。溶解したカルシウムなどのミネラルと結合し，他の成分がカルシウムと結合して吸収率を低下させるのを防ぐ。酢に含まれる酢酸も食品の中のカルシウムを引き出し，吸収しやすい酢酸カルシウムに代える作用がある。

(3) 腎におけるカルシウムの再吸収

血中のカルシウムは腎糸球体で原尿中にろ過された後，多くが尿細管で再吸収される。尿細管におけるカルシウムの再吸収過程は小腸における吸収過程と類似しており，やはり$1,25(OH)_2D_3$とPTHにより再吸収量が増加し，尿中への排泄量が減少する。PTHは遠位尿細管でのCa^{2+}再吸収を促進することによりその血中濃度の維持に重要な役割を果たしている(8章参照)。

● 4　骨代謝

骨は生体を支える堅固な支持組織であると同時に，カルシウム，リンの体内での最大の貯蔵庫として，カルシウム代謝の維持のうえでも重要な役割を果たしている。また，丈夫な骨を維持するために，古い骨を壊し新しい骨をつくる骨代謝が行

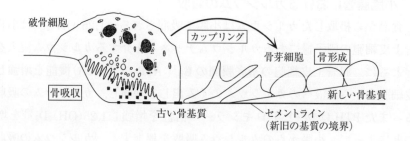

図10-2　骨リモデリング

注〕 破骨細胞による骨吸収の後には，骨芽細胞の骨形成が誘導され，常に丈夫な骨を維持するための骨代謝が行われている。これを「骨リモデリング」という。

網塚ら：「実験医学増刊」，32-7, 70-79 (2014) より引用

われている。新しい骨をつくることを「骨のリモデリング」という（図10−2）。骨の
リモデリングにおける骨代謝では，骨を壊す骨吸収と骨をつくる骨形成がカップリ
ングし，バランスよく働いている。PTHは骨では破骨細胞による骨吸収を促進し，
骨から血中へのカルシウムの動員を増強する。PTH受容体をもちPTHに直接反応
し得るのは骨芽細胞である。骨芽細胞にPTHが作用すると，破骨細胞の形成が高
まり骨吸収が促進される。骨が吸収された後には，骨芽細胞が出現して骨形成が開
始され，基質タンパクの合成が活発に行われるとともに，この基質へのハイドロキ
シアパタイト結晶の沈着により骨の形成が完成する。ハイドロキシアパタイト結晶
の円滑な成熟には一定の「カルシウム・リン積」が必要であり，$1,25(OH)_2D_3$はその
維持，および骨への直接作用により骨基質の石灰化に重要な役割を果たす。この骨
吸収と骨形成とのサイクルは健常成人では，約13週間前後の周期で繰り返される
といわれ，両過程間の平衡関係が保たれることにより，骨量は一定に維持される。
またこれらの過程は重力などの物理的負荷の影響を受け，荷重負荷に応じた骨構造
の再構築が常に営まれている。

　骨芽細胞に直接作用して，骨の各種基質タンパク質の合成を促進するオステオカ
ルシン（osteocalcin）やオステオポンチン（osteopontin）の生合成は，$1,25(OH)_2D_3$に
より促進される可能性が考えられている。それは，これらの遺伝子上に，ビタミン
D反応性DNA配列（vitamin D responsive element；DRE）の存在が見いだされてい
るからである。

サイドメモ：カルシウム・リン積

　カルシウムの濃度とリンの濃度とリンの濃度をかけ算したもので，医学分野で用いられる。健常人で
は，血清のカルシウムとリンの濃度は，それぞれ9.5 md/dL，3.0mg/dLであり，カルシウム・リン積は
30程度である。

● 5　骨粗しょう症

（1）成　因

　骨粗しょう症は骨密度の低下と骨質の劣化により骨強度が低下する疾患である。
骨粗しょう症の患者の病態は多様であり，骨密度の低下や骨質の劣化に至る過程は
一様ではない。骨密度は学童期から思春期にかけて高まり，いわゆる骨量頂値
（peak bone mass）を迎えるが，成人期以降，加齢や閉経に伴い，破骨細胞による骨
吸収が骨芽細胞による骨形成を上回り，骨密度は低下する（図10−3）。骨質は骨の
素材としての質である材質特性と，その素材を元に作り上げられた構造特性（微細
構造）により規定される。これらの骨質は骨の新陳代謝機構である骨リモデリング
によって規定されるほか，骨基質を合成する細胞機能や骨基質の周囲の環境（酸化
や糖化のレベル），またビタミンDやビタミンKの充足状態により変化する。骨強

●4　骨代謝　●5　骨粗しょう症　　115

度は骨密度と骨質により規定されるため，そのどちらが低下しても骨強度は低下し，骨折リスクは高まる．

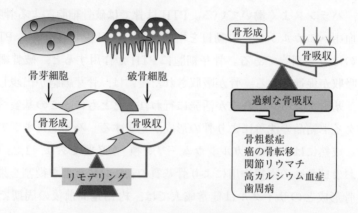

図10-3 骨代謝と関連疾患

禹ら：化学と生物，47，51-58(2009)より引用

　骨吸収の亢進が骨形成を上回ると骨密度は低下するが，同時に加齢に伴う骨芽細胞機能の低下，およびそれに伴う骨形成の低下も関与している．エストロゲンは直接破骨細胞の分化・成熟を抑制するとともに，間葉系細胞・骨芽細胞由来のRANKL (receptor activator of NFκB ligand)の発現を抑制して，破骨細胞活性を抑制する．閉経に伴うエストロゲンの欠乏は，破骨細胞の活性化を誘導し，骨吸収を亢進させることになる．さらに加齢に伴うカルシウム吸収能の低下も加齢に伴う骨密度の低下の要因となる．これらの結果として，皮質骨では骨の非薄化や骨髄側の海綿骨化が生じ，海綿骨では骨梁幅や骨梁数が減少する．さらに骨リモデリングの亢進によって骨基質のライフスパンが短縮し，二次石灰化を十分に進行させることができないため単位体積当たりの石灰化度が低下する．

　骨質の劣化には，上述した骨リモデリングの亢進によって惹起される構造劣化や第二次石灰化度の低下のみならず，骨基質の性状の変化も関与する．骨の重量当たり約20％，体積当たりでは50％を占めるコラーゲンの異常は，骨リモデリングの亢進とは独立した機序で生じることが明らかにされている．ヒト骨におけるコラーゲンの加齢変化の検討では，コラーゲン含有量は30～40歳代をピークとして増加するが，その後，壮年期以降徐々に減少していく．また加齢とともに隣り合うコラーゲンの分子間に老化型の架橋が増加していくことが示されている．老化架橋の本体は，酸化や糖化といった加齢や生活習慣病により高まる要因によって誘導される終末糖化産物(advanced glycation end products; AGEs)である．老化架橋の増加は，骨の微小骨折の原因となり骨強度低下を招く．また老化架橋の増加は，酸化や糖化，カルボニルストレスの亢進により誘導される．酸化ストレスを高める要因として加齢，閉経，生活習慣病因子(動脈硬化因子，血中ホモシステイン高値，糖尿病，慢性腎臓病)が挙げられる．また，コラーゲンのみならず骨基質の主要な非コ

ラーゲンタンパク質であるオステオカルシンは，基質の石灰化に関与し，コラーゲンの線維形成や架橋形成にも影響を与える。オステオカルシンにはγ-カルボキシグルタミン酸(Gla)残基が存在し，この領域がハイドロキシアパタイトとの結合に重要な役割を果しており，Gla残基がグルタミン酸(Glu)残基のまま gannma carboxylation(Gla化)されないとハイドロキシアパタイトと結合できず，骨質の劣化につながる。このGla化はビタミンKに依存しており，ビタミンK不足によるオステオカルシンの量の減少やGla化の低下は骨の材質特性を変化させる。

（2） 骨粗しょう症の予防と治療

カルシウム，ビタミンD，ビタミンKの摂取量を増やすことは骨粗しょう症の予防，治療に有効である(表10-2)。

表10-2 推奨される各栄養素の摂取量

栄養素	摂取量
カルシウム	食品から700〜800 mg (サプリメント，カルシウム薬を使用する場合には注意が必要である)
ビタミンD	400〜800 IU (10〜20μg)
ビタミンK	250〜300μg

「骨粗鬆症の予防と治療ガイドライン2011」より作成

食事で十分な摂取が望めない場合には薬物としての投与も考慮する必要がある。ビタミンDは特に高齢者で，不足状態にある例が多いことが報告されており，原因として脂質の吸収低下，皮脂でのプロビタミンD生成の減少，日光曝露の減少などが考えられる。血中の25(OH)Dを測定することによりビタミンDの栄養状態を推定できる。食品では魚類(さけ，うなぎ，さんまなど)に多く含まれている(表10-3)。

表10-3 ビタミンDが多く含まれる食品

食品名	1回量	ビタミンD(μg)
さ け	1切れ	25.6
さんま	1尾	11.4
さ ば	1切れ	8.8
うなぎ(蒲焼き)	1/2串	7.6
まぐろ赤身	5切れ	5
か も	2枚	2.1
鶏 卵	1個	1.5
乾しいたけ	2枚	0.7

ビタミンKは緑の葉の野菜，納豆に多く含まれており，これらの摂取頻度を知ることにより摂取水準を推定できる(表10-4)。天然のビタミンKには，ビタミンK$_1$(フィロキノン)とビタミンK$_2$(メナキノン)の2つの型がある。基本的にビタミン

●5 骨粗しょう症 117

表10-4 ビタミンKが多く含まれる食品

食品名	1回に食べる目安量	ビタミンK(μg)
糸引き納豆	1パック	435
ほうれんそう	1鉢	215
しゅんぎく	1鉢	200
こまつな	1鉢	115
ブロッコリー	2房(40g)	65
きゅうり	1本	35
乾燥わかめ	3g	33
がんもどき	1個	25

K_1が緑黄色野菜などの食品から摂取されるのに対し，ビタミンK_2は腸内細菌によって合成されるか，あるいは納豆などの食品から摂取される。食事からのビタミンK摂取不足はビタミンK_2(メナキノン4：MK-4)不足と同義である。メナテトレノンはオステオカルシン(OC)の Gla 化を促進することが明らかにされている。

ビタミンK摂取不足の高齢者では，大腿骨近位部骨折の発生率が高いこと，骨粗しょう症性骨折の既往のある患者や椎体骨折のある女性では血中ビタミンK_1濃度が低いこと，高齢女性においてビタミンK不足の指標である低カルボキシ化オステオカルシン(ucOC)高値は骨密度とは独立した大腿骨近位部骨折の危険因子であること，ビスホスホネート薬服用中の閉経後骨粗しょう症患者において ucOC 高値は骨折の危険因子であることが報告されている。血中の ucOC が，高値を示す場合には，ビタミンKの摂取を勧めるか，ビタミンK_2薬を投与することも考慮する。血中の ucOC 濃度はビタミンKの充足度を直接反映し，骨質の性状を予測しえる間接的な指標となる。

● 6　カルシウムの吸収を阻害する食品

食品中のカルシウムは，小腸において，正電荷を有したカルシウム単体として粘膜上皮に存在するカルシウムトランスポーターにより吸収される。小腸でのカルシウムの吸収は，他の食品成分により阻害される場合がある。

（1）　リン酸やシュウ酸などが多く含まれる食品

カルシウムはヒト腸内の中性では，リン酸またはシュウ酸と結合し，リン酸カルシウム，あるいはシュウ酸カルシウムの沈殿物を形成するため，これらを含む食品を大量に同時に摂取すると，体外に排出されてしまい，カルシウム不足となってしまう。リン酸塩は，スナック菓子，インスタント食品，冷凍食品などの加工食品に含まれているので，大量に摂取すると，カルシウムの吸収阻害を引き起こし，カルシウム不足となる。シュウ酸を多く含む食品は，ほうれんそうなどの野菜である。

これら以外にカルシウムと沈殿を形成する成分として，フィチン酸やタンニンが

ある。これらもカルシウムと結合して，沈殿を形成し生体内でのカルシウム不足を引き起こす。フィチン酸を多く含む食品は，米ぬか，小麦，米などの穀類，いんげんまめ，とうもろこしなどの豆類といった植物性食品である。また，タンニンを多く含む食品には，お茶，コーヒーなどの嗜好品がある。

（2）　食物繊維が多く含まれる食品

　食物繊維は既述したように，ナトリウムや糖の吸収を抑制するため，血圧上昇抑制や糖尿病の予防効果がある（1章参照）。これは食物繊維がナトリウムや糖などの低分子成分を取り込み，吸収を阻害することによる。

　しかし食物繊維はナトリウムや糖だけでなく，重要な栄養素であるカルシウムの吸収も阻害する。穀類や海藻などの食物繊維には，カルシウムの吸収阻害効果があると報告されている。

● 7　骨代謝を改善する食品成分と作用機序

　骨を丈夫にするためには，骨吸収を抑え，骨形成を促進させることが大切である。食品には骨形成を促進させる成分や骨吸収を抑制する成分が含まれることが知られている。また食品由来カルシウムの腸管での吸収率を向上させる食品成分も生体内でのカルシウム不足を予防し，骨代謝を改善することができる。

（1）　骨形成を促進し，骨吸収を抑制する成分

①　ビタミンD

　ビタミンDは脂溶性ビタミンであり，カルシフェロールともよばれている（1章参照）。これまでにD_2〜D_7の6種類が知られているが，食品中のビタミンDは，ほとんどビタミンD_3である（図10-4）。ビタミンD_3は，作用時には1,25位が水酸化された活性型ビタミンD_3に変化する。

　活性型ビタミンD_3は小腸では粘膜上皮細胞に作用して，カルシウム，リン酸の吸収を促進し，腎臓では尿細管上皮細胞に作用して，カルシウムやリン酸の再吸収を促進させる。また骨では骨芽細胞に作用して，オステオカルシンやオステオポン

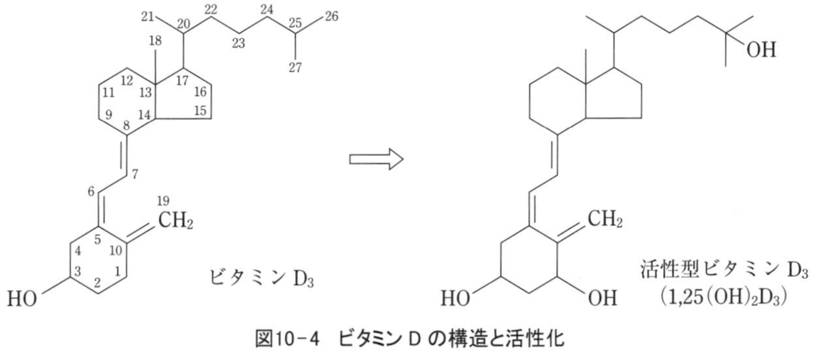

図10-4　ビタミンDの構造と活性化

チンなどの合成を促進させている。

　成人1日当たりのビタミンDの摂取目安量は，男性，女性ともに5.5μgである。また耐容上限量として100μgが設定されている。ビタミンDは脂溶性ビタミンであるため，過剰摂取は副作用を伴う。

　ビタミンDは魚類の肝臓，魚肉，バター，卵黄などに多く含まれるが（表10-5），植物性食品にはほとんど含まれない。きのこ類にはビタミンD_2の前駆体であるエルゴステロールが含まれている。

表10-5　ビタミンDが多く含まれる食品中のビタミンD含量

	食品名	含　量 （μg/100 g 可食部）		食品名	含　量 （μg/100 g 可食部）
魚介類	あんこうきも（生）	110.0	魚介類	ぎんざけ　養殖　焼き	21.0
	いわし　しらす干し（半乾燥品）	61.0		さんま　みりん干し	20.0
	まいわし丸干し	50.0		うなぎ　かば焼	19.0
	しろさけすじこ	47.0		まがれい（焼き）	17.5
	べにざけ（焼き）	38.4		あゆ養殖（焼き）	17.4
	にしん開き干し	36.0		まいわし（焼き）	14.4
	ぼらからすみ	33.0		さんま（皮つき、焼き）	13.0
	かたくちいわし　田作り	30.0		さわら（焼き）	12.1
	いかなご　つくだ煮	23.0		さんま　かば焼（缶詰）	12.0

日本食品成分表2015年版（七訂）より作成

②　ビタミンK

　ビタミンKは脂溶性ビタミンであり，血液凝固に関与している。このビタミンの欠乏は，血液凝固の低下をもたらすことが知られている。ビタミンKは血液凝固に関わっているプロトロンビン，Ⅷ因子，Ⅸ因子，Ⅹ因子の生合成に必要なγ-カルボキシグルタミン酸合成に関わっているため，これが不足すると血液凝固能が低下することになる。

　また骨組織にもγ-カルボキシグルタミン酸を含むオステオカルシンや骨基質タンパク質が存在するので，ビタミンKはこれらの生合成に不可欠で，骨形成を促進し，骨吸収を抑制すると考えられている。

　天然に存在するビタミンKには，緑葉に多いビタミンK_1（フィロキノン）と細菌

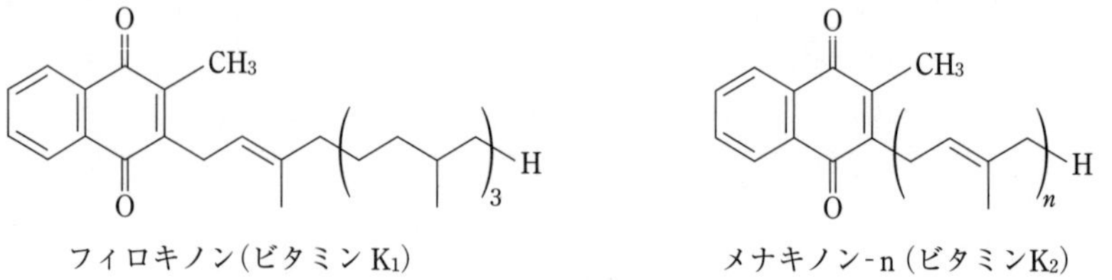

フィロキノン（ビタミンK_1）　　　　　メナキノン-n（ビタミンK_2）

図10-5　ビタミンKの構造

注〕　食品に含まれるビタミンK_2は，n＝4からなるメナキノン-4が多いが，糸ひき納豆にはn＝7からなるメナキノン-7が多い。

120　　10章　骨を丈夫にする機能

の産生するビタミンK_2(メナキノン)が存在する(図10-5)。いずれのビタミンKも同様の機能をもっている。

　成人1日当たり，必要なビタミンKの摂取目安量は，男性と女性ともに150μgである。納豆は，細菌がこれをつくるため，ビタミンK_2が多く含まれている。また，しゅんぎく，こまつな，ほうれんそうなどの緑黄色野菜にはビタミンK_1が多く含まれている(表10-6)。

表10-6　ビタミンKが多く含まれる食品中のビタミンK含量

	食品名	含　量 (μg/100g可食部)		食品名	含　量 (μg/100g可食部)
野菜類	玉露　茶	4000	野菜類	モロヘイヤ　茎葉(ゆで)	450
	抹茶	2900		あまのり　焼きのり	390
	青汁　ケール	1500		あしたば　茎葉(ゆで)	380
	せん茶	1400		つるむらさき　茎葉(ゆで)	350
	挽きわり納豆	930		にら葉(ゆで)	330
	パセリ　葉(生)	850		こまつな　葉(ゆで)	320
	バジル　粉	820		ほうれんそう　葉(通年平均ゆで)	320
	しそ　葉(生)	690		トウミョウ　芽ばえ(油いため)	300
	糸引き納豆	600		和種なばな　花らい・茎(ゆで)	250
	しゅんぎく　葉(ゆで)	460			

日本食品成分表2015年版(七訂)より作成

③　大豆イソフラボン

　イソフラボンはフラボノイドの一種で，芳香環の結合位置が，転移しているものをいう(図10-6)。大豆にはゲニステインとダイゼインとよばれるイソフラボンが含まれている。これらは卵巣から分泌される女性ホルモンのエストロゲンと構造が類似しており，同様の活性を示し骨形成を促進し，骨吸収を抑制する作用がある。

　大豆イソフラボンを摂取することにより，骨粗しょう症が予防できることが知られている。

　大豆イソフラボンの摂取目安量は，1日当たり70〜75mgであり，サプリメントからは，30mgとすることが，食品安全委員会で決められた。この目安量は，納豆60gを食べれば，満たされることになる。

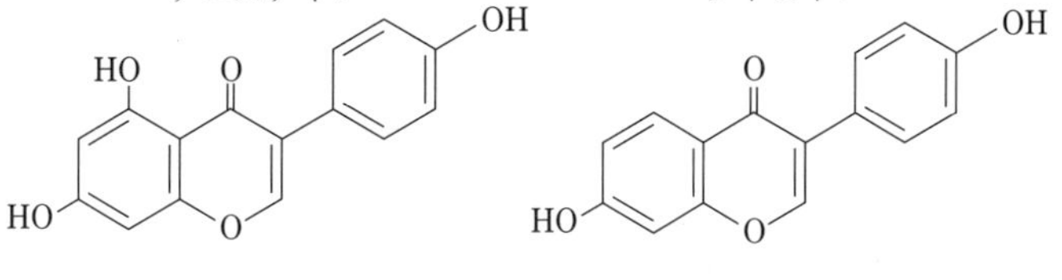

図10-6　イソフラボンの化学構造式

● 7　骨代謝を改善する食品成分と作用機序　　121

④ 乳塩基性タンパク質(milk basic protein; MBP)

牛乳中に微量含まれる塩基性タンパク質で，骨形成を促進することにより骨粗しょう症を予防する働きが知られている。また，破骨細胞の働きを抑制して，骨吸収を抑制する働きもあると考えられている。

ラットを用いた実験であるが，成長期にMBPを投与すると，骨形成の指標となる血中アルカリホスファターゼの活性が上昇し，大腿骨の骨密度と骨強度が上昇することが報告されている。

(2) 腸管でカルシウムの吸収を促進させる成分

カルシウムは生体内のさまざまな機能を調節しているので，不足しないよう，食品から摂取する必要がある。1日当たりの摂取推奨量が，成人男性で800 mg，成人女性で650 mgである。食品のカルシウムは腸管で他の食品成分に含まれるリン酸やシュウ酸と結合・沈殿し，排泄されるため不足がちになる。

カルシウムの腸管での吸収効率を上昇させるための食品成分が知られている。

① カゼインホスホペプチド(CPP)

カゼインホスホペプチドは，カゼインがトリプシンで分解されたときに，生成されるペプチドである(図10-7)。このペプチドは，カゼインに特徴的なリン酸化セリンを多く含む配列を有しているため，カルシウムと弱い結合による複合体を形成し，カルシウムとリン酸やシュウ酸との結合を抑制することができる。これにより，小腸腸管におけるカルシウムの吸収効率を挙げることができる。

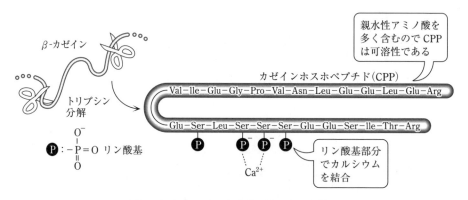

図10-7 カゼインホスホペプチド(CPP)の生成

このペプチドはα-カゼインでは43-79残基に相当するものであり，β-カゼインでは1-25，および1-28残基に相当するもので，いずれも牛乳を飲んだときに消化酵素であるトリプシンの作用で生成される(表10-7)。

牛乳には100 mL当たり，約100 mgのカルシウムが含まれていると同時に，カルシウムの吸収を活性化するビタミンD，並びにカルシウムの吸収効率を上昇させるCPPが含まれていることから，骨粗しょう症予防には最適の食品である。

表10-7 カゼインホスホペプチド（CPP）の一次構造

CPP名	アミノ酸配列	由　来
α-CPP	DIGSESTEDQAMEDIKQMEAESISSSEEIVPNSVEEK	$α_{s1}$-カゼイン
β-CPP	RELEENVPGEIVESLSSSEESITR	β-カゼイン

＊　これらのペプチドのセリン（S）残基に Ca^{2+} が結合する。

「五訂増補食品成分表2012」より作成

乳糖不耐症で牛乳が飲めない場合には，ヨーグルトやチーズなどの乳製品を摂取すれば，体内でCPPが生成され，ミルクと同様の効果が期待される。

② ポリグルタミン酸

グルタミン酸の γ-カルボキシ基が別のグルタミン酸のアミノ基とペプチド結合し，直鎖状の高分子を形成したものである（図10－8）。一般的にはグルタミン酸が数十個から数千個結合しており，納豆の粘性物質を形成している。

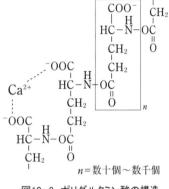

図10-8 ポリグルタミン酸の構造

ポリグルタミン酸は分子に多くのカルボキシ基を有するため，カルシウムと結合しやすく，腸管内で複合体を形成する。これにより腸管でのリン酸やシュウ酸との結合を抑制し，腸管での吸収を促進することができる。

納豆をどれくらい食べれば，ポリグルタミン酸によるカルシウムの吸収率が向上するかについては，調べられていない。

③ CCM（calcium - citric acid - malic acid）

有機酸であるクエン酸（citric acid）とリンゴ酸（malic acid）をある比率で，炭酸カルシウムと反応させてつくられたものである（図10－9）。

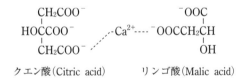

クエン酸（Citric acid）　　　リンゴ酸（Malic acid）

図10-9 CCM（クエン酸リンゴ酸カルシウム）の推定構造

カルシウムはクエン酸やリンゴ酸の有するカルボキシ基とイオン結合するため，腸管でもリン酸やシュウ酸による沈殿を抑制し，吸収率を上げることができる。

●確認問題 ＊ ＊ ＊ ＊ ＊

1. 血中 Ca^{2+} 濃度を上昇させる生体内の因子を2つ挙げなさい。

2. ビタミン D の役割を説明しなさい。

3. 消化管におけるカルシウムの吸収機構を説明しなさい。

4. 腎尿細管におけるカルシウムの再吸収機構を説明しなさい。

5. 骨粗鬆症の予防法を書きなさい。

6. カルシウムの吸収を阻害する食品とその成分が多く含まれる食品を書きなさい。

7. 小腸でカルシウムの吸収を促進する働きをもつ成分を3つ挙げなさい。

8. 骨代謝を改善することができる食品成分を2つ挙げ，その作用メカニズムを説明しなさい。

〈参考文献〉

上西一弘：日本人の食事摂取基準2010年版によるカルシウムの摂取基準．Osteoporosis Japan 18:13-16(2010)

骨粗鬆症の予防と治療ガイドライン作成委員会編：骨粗鬆症の薬物治療 カルシウム薬．72-73，骨粗鬆症の予防と治療ガイドライン2011年度版(2011)

廣田孝子ほか：骨粗鬆症における発症と骨折予防 骨性因子-栄養，Osteoporosis Japan 19:51-56，(2011)

Vergnaud P, *et al.*, Undercarboxylated osteocalcin measured with a specific immunoassay predicts hip fracture in elderly women; the EPIDOS Study. J Clin Endocrinol Metab 82:719-724(1997)

Johnson JA, *et al.*, Renal and intestinal calcium transport: roles of vitamin D and vitamin D-dependent calcium binding proteins. Semin Nephrol 14:119-128(1994)

実験医学増刊 タイトル，32-7羊土社 (2014)

化学と生物 セミナー室，骨粗しょう症の分子機構とその予防と治療，46巻(11)，(12)(2008)，47巻(1)(2009)

11章 筋肉を丈夫にする機能
—筋肉形成と健康

> **概要**：筋肉の収縮のしくみを学び，収縮のために必要なエネルギー産生のしくみを学ぶ。また運動時に必要な栄養素を知り，その理由を理解する。さらに運動と食生活の改善により，ダイエットができることを学ぶ。

到達目標　＊　＊　＊　＊　＊　＊　＊
1. 筋肉の収縮機構を理解し説明できる。
2. 収縮に必要なエネルギーは，どのような基質の分解により供給されるのかを説明できる。
3. 運動するときに必要な栄養素を挙げることができる。
4. 運動の強度と必要な栄養素の関係を説明できる。
5. タンパク質を多く含む食品を挙げることができる。
6. 筋肉の生合成を促進する遊離アミノ酸を挙げることができる。

1　骨格筋の収縮機構

　図11−1に骨格筋の構造を示す。筋肉は生後1年の終わりまでに形成され，それ以降は，筋線維の数を増加させることなく，より多くの筋原線維の形成により筋線維を肥大させることで成長していく。そのため身体の成長とともに筋肉組織は厚くなり，筋肉量（筋の横断面積）に比例して筋力は増強する。筋の長軸方向の成長は，その筋肉が付着する骨の長軸方向の長さに応じて変化し，筋線維の長さと筋緊張の維持が最適化されると考えられている。男子では思春期以降の筋肉の発達が著明であり，これはタンパク同化ステロイドホルモンであるテストステロンの分泌増加による。男性では女性よりも平均して，およそ50％も筋肉量が多い。

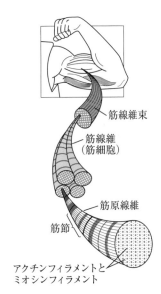

図11-1　骨格筋の構造
Walter F. Boron: Medical Physiology より改変

　大部分の筋線維（筋細胞）の長さは，その筋肉の全長にほぼ等しく，各々の筋線維は，そのほぼ中央に接合した1本の運動神経終末により支配される。筋線維内には数百〜数千の筋原線維があり，筋原線維を形成するアクチンフィラメントとミオシンフィラメントが規則正

しく整列し縞模様に見えることから，横紋筋とよばれる．実際の筋収縮は，分子レベルにおいて，規則正しく配列したアクチンフィラメントとミオシン頭部との結合・解離が繰り返されることで生じる．ミオシン頭部はアデノシン三リン酸(ATP)分解酵素活性を有し，アクチンフィラメントと結合すると，ATPを分解することにより生じた高エネルギーリン酸結合のエネルギーを利用して頭部の角度を変化させる(立ち上がった状態)．ミオシン頭部はお辞儀をするように傾いた後，新たなATPの結合により，アクチンフィラメントから解離し，次の部位に結合するというサイクル(傾き運動)が繰り返される．この結果，ミオシンがアクチンフィラメント上を滑走して筋節が短縮し，筋肉が収縮することになる．筋肉の仕事量(運動量)が大きいほど，多くのエネルギーが必要となり，多くのATPが分解されることになる．

● 2　骨格筋のエネルギー代謝

　上述のように，筋収縮には多量のATPが必要となるにも関わらず，筋線維内のATP量は限られており，最大収縮で1〜2秒間継続できる程度である．筋収縮を継続するためには，速やかにアデノシン二リン酸(ADP)をリン酸化してATPを再生成する必要がある．図11-2に3つの主要なATP供給経路を示す．

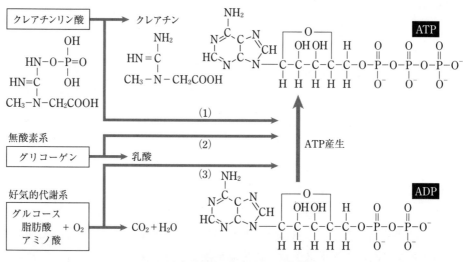

図11-2　筋収縮とエネルギー供給機構

　(1)はクレアチンリン酸によるATP再合成経路であり，ATPが分解されると即座にクレアチンリン酸は分解され，放出された高エネルギーリン酸結合によるエネルギーを利用してリン酸を供給し，ATPを再合成する．クリアチンリン酸は，エネルギーの倉庫ともよばれるが，細胞内クレアチンリン酸量はATPの5倍程度と限られており，瞬発力はあるが，持続性に欠け10秒程度で枯渇する．

(2)は筋細胞内に貯蔵されているグリコーゲン分解による(無酸素性)ATP供給経路である。生成されたATPはクレアチンの再リン酸化にも使用される。解糖反応は無酸素下で比較的速く進行するが，無気的過程では，ピルビン酸から乳酸が生成されるため，その蓄積による代謝反応の阻害が生じ最大筋収縮が得られるのは1分間程度である。

(3)は酸化的リン酸化反応(好気的代謝系)によるATP供給経路である。この系では，解糖反応により生じたピルビン酸はアセチルCoAへ変換され，ミトコンドリアにおける酸化的代謝を経て，多量のエネルギーが生成される。グルコース1分子が完全に酸化されると36分子のATPが生成され，無酸素性での2分子のATP生成と比較すると，より多くのエネルギーが得られることがわかる。また中性脂肪(1分子のグリセロールに3分子の脂肪酸がエステル結合したもので，生体の貯蔵型脂質)の分解による脂肪酸が，β酸化にはじまる酸化的代謝を受けると，結果的には1分子の中性脂肪からさらに多量のエネルギー(炭素数18の脂肪酸の場合，460分子のATP)が生成されることになる。エネルギー生成効率がよい，エネルギー基質があれば無制限にATPを生成し続けられるなどの利点があるが，その反面，代謝反応に必要な酸素が十分に供給されることが前提であり，またATP生成速度の点では前2者の系には劣ることが特徴である。

図11-3では，軽〜中等度の運動をしたときの，各エネルギー供給経路による相対的エネルギー供給比率の経時的変化を表す。

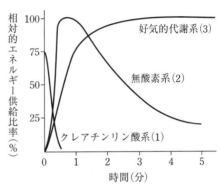

図11-3 各エネルギー供給経路によるエネルギー供給比率の経時変化

注〕(1)，(2)，(3)は図11-2のATP供給経路を示す。
Walter F. Boron: Medical Physiology より改変

● 3 骨格筋の種類

筋線維はその性質の違いにより2種類に大別される。収縮スピード，代謝酵素活性，酸素結合タンパクであるミオグロビンや毛細血管の量の違いでも分類されるが，基本的にはミオシンが有するATP分解酵素活性の性質の違いによりタイプⅠとタイプⅡに分類される(表11-1)。タイプⅠは，アルカリ性ではその活性が弱く，酸に対しては強い活性を維持するのに対し，タイプⅡはその逆である。

タイプⅠ線維は，比較的ゆっくり収縮・弛緩する遅筋に該当し，細胞内ミトコンドリアとミオグロビンの含有量が多く赤色調を呈する。毛細血管に富み，血液(酸素)が十分に供給され，収縮エネルギーは主に脂質の酸化的リン酸化反応により生

成される。この系によるエネルギー供給は長時間持続可能であり，筋疲労を生じにくいため，日常生活での姿勢保持のほか，長時間の競技活動に適している。マラソン選手など持久性スポーツ選手では，遅筋線維の割合が多い。

タイプⅡ線維は速筋であり，代謝活性の違いによりさらにタイプⅡAとⅡBに分類される。タイプⅡA線維は，タイプⅠに比し高いミオシンATP分解酵素活性をもつが，細胞の性質や代謝活性はタイプⅠ線維に類似する。収縮のエネルギー源として糖質または脂質が利用され，解糖ならびに酸化的リン酸化反応によりエネルギーが生成される。対照的に，タイプⅡB線維は，前2者に比べて太く，細胞内には多量のグリコーゲンを有し，解糖系酵素に富む。またミトコンドリアは少なくミオグロビンはほとんどないため，白色調を呈する。これらの特徴は，酸素供給が不十分であっても無酸素性エネルギー供給に優れ，短時間に大きな収縮張力を発生

表11-1 骨格筋線維の特徴

筋線維の種類		タイプⅠ	タイプⅡA	タイプⅡB
		遅筋，SO[注1]線維	速筋，FOG[注2]線維	速筋，FG[注3]線維
特性	ATP分解酵素活性	酸性＞アルカリ性	酸性＜アルカリ性	酸性＜アルカリ性
	収縮速度	遅い	速い	速い
	筋疲労	遅い	中間	速い
	ミトコンドリア	大，多い	多い	小，少ない
	ミオグロビン	多い（赤色調）	中間	少ない（白色調）
	グリコーゲン	少ない	中間	多い
	中性脂肪	多い	中間	少ない
	毛細血管	密	密	粗
	酸化酵素活性	高い	中間	低い
	解糖活性	低い	中間	高い

注1 slow twitch oxidative, 注2 fast twitch oxidative glycolytic, 注3 fast twitch glycolytic

させ得ることを示している。短距離走やウエイトリフティングなどパワー系スポーツにおいて重要な役割を果たす。代謝酵素活性レベルは，筋のトレーニング状況に応じて変化するため，タイプⅡA線維とタイプⅡB線維は相互に変化し得るが，速筋・遅筋線維の割合そのものは，遺伝的要因により決定されており，ミオシンの特性などは変化しない。

骨格筋は，それぞれの筋線維の特性に応じて，収縮エネルギーであるATP

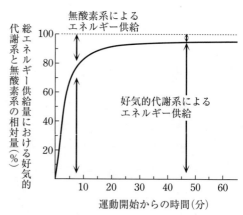

図11-4 運動時間によるエネルギー供給方法と持続時間

岡野栄之監訳：「オックスフォード生理学」原著3版，丸善（2009）より改変

を産生し，それを消費して収縮する。実際には運動持続時間によって，エネルギー代謝経路は変化する（図11-4）。運動強度の強い（エネルギー需要の多い）短時間の運動におけるエネルギー供給は，無酸素性代謝に依存する。運動強度が弱いときは，無酸素性エネルギー供給はごく短時間で，速やかに好気的代謝系供給に移行する。この好気的代謝系供給は，主に糖質の酸化で賄われる。運動継続時間が長くなると脂質酸化もこれに加わるが，タンパク質は，ほとんどエネルギー源とはならない。運動時に消費されるグルコースは，骨格筋や肝臓に蓄えられているグリコーゲンの分解により供給されるため，最大強度の50％程度の運動を3時間継続した後でも，血中グルコース濃度の減少は10％未満にとどまる。さらに長時間の運動になると，貯蔵グリコーゲンは枯渇し，肝臓における糖新生が促進される。また脂質分解によるエネルギー基質の供給が促進され，遊離脂肪酸の酸化によりATPが産生される。運動により分泌が増加するアドレナリン，コルチゾール（副腎皮質ホルモン），グルカゴンならびに成長ホルモンは，これらの代謝を促進する。

　長時間の運動により枯渇した筋グリコーゲンの回復には，クレアチンリン酸系や乳酸代謝系の回復に比べ長時間を要する。日単位の時間を必要とし，この回復過程は食事の影響を大きく受ける。高炭水化物食の場合は約2日で完全回復するが，高脂肪高タンパク食の場合では回復が遅く，約5日後でも筋グリコーゲン量は運動前の3割程度にしか回復しない。これらのことから，運動選手には，競技前に高炭水化物食を摂取することにより筋グリコーゲン量を増加させること（グルコースローディング）とともに，競技前48時間は，それを維持するため激しい運動を避けることが勧められる。

● 4　運動時の呼吸循環調節とトレーニング

　運動に伴うエネルギー需要の増大に応じて活動筋に十分に酸素が供給されることは，より高い持久性運動パフォーマンスの発揮に必須である。呼吸循環系は，酸素消費量の増大に応じた活動筋への速やかな酸素運搬と供給を担っており，激しい運動時には，骨格筋への血流量を安静時の40〜50倍にも増加させる。

（1）　運動による循環系の変化

①　心拍数の変化

　運動開始により交感神経活動が亢進する。心臓交感神経活動亢進の結果，正の変時作用により，運動強度に比例して心拍数は増加する。

②　1回拍出量の変化

　心臓交感神経活動の亢進による正の変力作用，また筋収縮による筋ポンプ作用ならびに血管収縮線維による静脈緊張作用を介した静脈還流量の増加により，1回拍出量は増大する。

③ 心拍出量と筋血流量の変化

1回拍出量と心拍数の積である心拍出量（1分間当たりの心拍出量）も，同様に増加する。心拍出量は，安静時の約5L/分から激しい運動時には約25L/分とおよそ5倍増加する。さらに運動時には血流の再分配が生じ，腹部内臓等の血流量が減少する一方で，活動筋血流量は安静時の20倍と大きく増大する。

④ トレーニング効果

持久力型トレーニングにより，心筋の肥大，心重量の増加，左心室の拡大（約40％）が認められ，1回拍出量，すなわち心臓のポンプ機能が増強する。実際に持久性スポーツ選手では，一般人に比べ運動時最大心拍出量は約40％多い（一般人：20〜25L/分，持久性スポーツ選手：35L/分）。特にマラソン選手の運動パフォーマンスの向上は，心機能に依存するところが大きい。

（2） 活動筋局所での変化

安静時，骨格筋細動脈は血管平滑筋の緊張により収縮状態にある。運動時には，交感神経活動の亢進により副腎髄質から分泌されたアドレナリンのβ_2作用により，血管は拡張する。また活動に伴う代謝産物の生成増加により，筋肉は機能的充血を起こす。これらの結果，活動時の筋血流量は著しく増加することになる。さらに，活動局所でのCO_2分圧の上昇，pHの低下，熱産生に伴う温度上昇などにより，ヘモグロビンの酸素解離曲線は右方移動し（Bohr効果），末梢組織に効率よく酸素が供給され，動静脈酸素較差は大きくなる（6章参照）。これらの活動筋局所での変化は，運動時の酸素供給量の増大に少なからず貢献する。

持久性，スプリント，インターバル，レジスタンスなど，さまざまな形式や様式のトレーニングにより，筋の大きさ，毛細血管量，筋原線維量，ミオグロビン量，細胞内小器官の機能，代謝関連酵素活性，細胞内エネルギー貯蔵量などがそれぞれ変化する。特に高強度レジスタンストレーニングでは筋線維の肥大が，持久性トレーニングではミトコンドリア量の増加，毛細血管密度の増加，酸化酵素活性の増強，筋グリコーゲン含有量の増加が刺激される。

（3） 運動による呼吸調節

① 運動開始後〜定常状態まで

大脳皮質運動野からの直接刺激，あるいは末梢活動筋や腱からの固有反射により，神経性に呼吸中枢が刺激され，急激に換気が亢進する。その後代謝産物による化学受容器の感受性の変化により，動脈血ガス分圧やpHの変化が認められなくても，分時換気量は指数関数的に増大する。中等度の運動であれば，増大した換気量は運動開始後数分程度で定常状態に至る。

② 運動中〜終了直前（運動強度は漸増，オールアウトの運動時）

漸増運動負荷で運動強度が徐々に強くなり ATP 需要が増大していくと，好気的代謝系主体の ATP 生成だけでは不十分となり，より迅速な解糖系をさらに動員して ATP 生成を増加させる。その結果，解糖系により生じたピルビン酸から乳酸の生成が増加する。酸性物質である乳酸は重炭酸緩衝機構により中和され，その結果生じた二酸化炭素は，呼吸中枢を刺激し換気を促進する(このポイントを無酸素性作業域値，または換気閾値という)。

$$乳酸 ＋ 重炭酸ナトリウム(NaHCO_3) \longrightarrow 乳酸ナトリウム ＋ 炭酸(H_2CO_3)$$
$$\Updownarrow$$
$$H_2O ＋ CO_2$$

疲労困憊直前には，血中乳酸濃度が極度に増加し動脈血 pH が低下するため，より一層呼吸中枢が刺激されることにより過換気となる。この時点では，すでに最大酸素摂取量に到達しているため，換気亢進による酸素摂取の増加は認められず，二酸化炭素の排泄促進に伴う動脈血二酸化炭素分圧の低下が認められる。

③ 運動終了後

酸素需要の急激な減少に伴い，酸素摂取量ならびに1分間の換気量も減少する。しかし運動強度が強い場合は，60分以上経過しても安静時のレベルまで回復しないこともある。回復期の酸素摂取は2相から成り立っている。運動終了直後の相は，摂取された酸素による筋肉内 ATP およびクレアチニンリン酸の再補充を反映する。それに続く緩徐な回復相は，運動中に発生した乳酸の処理，およびグリコーゲンの再合成過程を反映する。また，運動により発生した熱は代謝を亢進させるため，これも酸素需要の増加に関与する。

④ トレーニング効果

持久性運動パフォーマンスと相関関係にあるとされる最大酸素摂取量は，呼吸器系の影響よりも，むしろ心血管系の機能によるところが大きい。無酸素性作業域値前後の運動強度で持続的にトレーニングすると，心機能を増強させて最大酸素摂取量を高めることが可能である。

● 5 運動パフォーマンスとエネルギー基質

（1） 持久性運動

持久性運動パフォーマンスと筋グリコーゲン量には有意な相関がある。長時間におよぶ運動の結果，グリコーゲンが枯渇し血中グルコース濃度が低下(低血糖症)して疲労困憊となる。あらかじめ筋グリコーゲン量を高めておくこと，あるいはグリコーゲン分解速度を低下させることにより，これらを軽減することが可能である。

筋グリコーゲン量を高めるためには，運動前数日間の高糖質摂取(グリコーゲンローディング)が有効とされる。しかし高糖質摂取を長期間続けた場合の運動パ

フォーマンスへの影響は，はっきりしていない。2時間以上にわたる長時間の運動では運動中にも糖質を摂取することにより，疲労困憊を遅らせることができる。

　グリコーゲン分解速度の低下はエネルギー源として，糖質ではなく脂質を多く利用することで可能となる。持久性トレーニング前後で同一運動強度によるエネルギー供給における基質貢献度を比較すると，トレーニング後では筋肉中の中性脂肪の分解によるエネルギー供給割合が増大していることが明らかになっている。これは持久性トレーニングにより脂質消費を高め，糖質の消費を節約できることを示している。トレーニングに加えて高脂肪食を負荷すると筋肉中の中性脂肪含量も増加する。これらの相乗効果により脂肪酸化能力は増強する。

　したがってグリコーゲンローディングに先立ち，高脂肪食を摂取して脂肪酸化能力と筋肉中性脂肪含量を高めておくと，運動中のエネルギー供給源としての脂質利用が増大することになる。この方法では，高糖質食のみの摂取に比し筋グリコーゲン量の蓄積も多くなり，かつ高い脂肪酸化能力が維持されるため，より高い持久性運動パフォーマンスが期待できる。

（2）　瞬発性運動

　短時間の強い運動である瞬発性運動は，筋グリコーゲンをエネルギー源とする運動であり，運動前の極端な筋グリコーゲン量の減少はパフォーマンスを低下させる。しかしながら貯蔵グリコーゲンを増加させてもグリコーゲン分解速度には，ほとんど影響しないため，グリコーゲン量のわずかな増減は，パワー系運動のパフォーマンスには影響しない。

● 6　筋肉量の維持

　タンパク質代謝に関しては，運動中および運動直後は，エネルギー供給の必要性からも，タンパク質分解は増大し，タンパク質合成は一過性に低下する。回復期には逆転してタンパク質の合成が促進し，運動強度が強いと筋収縮関連タンパク質量は増大する。この時期に高タンパク食を摂取すると筋肉量が増加するといわれている。しかしながら実際にどの程度の摂取が望ましいかは明確でない。

● 7　食事と筋肉

（1）　栄養状態と筋肉

　毎日の食生活で，栄養素をバランスよく摂取することは大切である。ある栄養素が不足すると，生体は，それを補うために組織の一部を分解し，必要な栄養素を供給することになる。生体の組織のなかで，約40％を占める筋肉は，生体の一部の

栄養素が不足したときに，異化が起こり，不足した栄養素の供給に貢献している。例えばタンパク質や炭水化物の摂取量が不足すると，生体内でどのような変化が生じるのであろうか。

　タンパク質の摂取量が不足すると，筋線維に存在している筋原線維の構成成分であるミオシンやアクチンなどの筋肉タンパク質の分解が促進され，体内でアミノ酸を必要としている組織に，遊離アミノ酸が運ばれる。またエネルギー源である炭水化物や脂質が不足すると，筋肉タンパク質が分解されて，エネルギーの供給源として利用される。特に筋肉タンパク質の構成アミノ酸として多くを占めるロイシン，イソロイシン，バリンといった分岐鎖アミノ酸，アスパラギン酸，グルタミン酸ならびにアラニンが筋肉中で酸化分解されるアミノ酸である。筋肉タンパク質を分解から守るために，エネルギー源である炭水化物や脂質の適量摂取は大切である。

　鉄の摂取量が不足していると，運動のパフォーマンスが落ちる。鉄はヘモグロビンの構成因子であることから，鉄の摂取不足は，ヘモグロビン合成ならびに赤血球の産生が低下する原因となる。ヘモグロビン含量が低下すると，筋肉への酸素運搬能力が低下するため，運動のパフォーマンスの低下に繋がる。また鉄は，電子伝達系においてシトクロムオキシダーゼをはじめとする鉄含有酵素の構成要素であることから，鉄不足は好気条件下で行われるエネルギー ATP 生産能力を低下させることになる。特に持久力を必要とする有酸素運動では，運動能力の低下に繋がる。このように鉄の摂取不足は，貧血だけでなく，運動能力の低下の原因にもなる。

（2）　運動時の栄養補給

　運動時には，筋肉におけるエネルギー需要と産生が高まり，この状態が長く続くため，適切な栄養素を速やかに補給する必要がある。糖質はスポーツや運動に不可欠なエネルギー源であり，運動強度が高くなればなるほど，糖質の使用される比率は高くなる。エネルギーに使用される糖が十分に摂取されないと，血中の糖濃度が低下し，筋肉タンパク質の異化（分解）が生じる。これは筋肉タンパク質をはじめとする体内の種々のタンパク質減少に繋がる。運動時の筋肉タンパク質分解をできる限り抑制するためにも，運動前と運動時の糖質の供給は重要である。

　また血糖値が低下すると，脳でのグルコース濃度が低下するため，疲労感を感じる。生体には血糖値を一定に保つ機構があるが，多くの糖質がエネルギー源として利用される運動時には，血糖値が下がらないように，糖質を供給することも大切である。

　さらに運動時には，糖質を使用したエネルギー代謝が円滑に行われることが大切である。これに必要なビタミンとして，ビタミン B 群がある。ビタミン B 群のうち，ビタミン B_1，B_2，B_6 は，糖質のエネルギー代謝に関わる酵素の補酵素として働いているため，これらが不足すると，運動能力が低下することにつながる。

運動時には，酸素を使用して大量のエネルギーATPを生産しているので，活性酸素種である酸化物質が大量に生成されている。これらの酸化物質を除去するためには，ビタミンCの補給も大切である。各食品メーカーは，運動時の適切な栄養素補給のために，スポーツドリンクを開発しているので，運動時に利用することは重要である。

（3） 運動後の栄養補給

　運動後の糖質とタンパク質の摂取も，筋肉を丈夫にするうえで大切である。特に運動後には，運動時に壊れたタンパク質の修復が行われるために，それに必要な栄養素の補給が大切となる。この栄養素として，タンパク質と糖質が挙げられているが，これらの効果を最大限に発揮するために，運動直後に摂取することが重要であることも明らかとなっている。

　運動後に糖質とアミノ酸の混合液を飲ませた場合，運動直後に摂取すると，運動後2～4時間後に摂取するより，タンパク質の分解速度が抑制され，タンパク質合成が促進されることが報告されている（図11-5）。また筋肉量が多くなると，基礎代謝エネルギーの消費が増大するため，体脂肪量の蓄積を抑制できることも明らかとなっている。

　このように運動時ならびに運動直後の糖質の摂取は，エネルギー生産のためのタンパク質分解を抑制するだけでなく，エネルギーの貯蔵庫である筋肉内グリコーゲンの回復を促進させるために必要である。

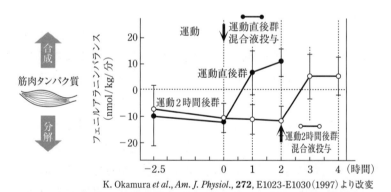

K. Okamura *et al.*, *Am. J. Physiol.*, **272**, E1023-E1030（1997）より改変

図11-5　糖質およびアミノ酸混合液の投与タイミングとタンパク質の動態

[注]　必須アミノ酸であるフェニルアラニンは筋肉において代謝されないため，その放出がタンパク質の分解を，取り込みが合成量を表す。イヌを用いた実験で運動直後からアミノ酸とグルコースの混合液を投与すると筋肉タンパク質は合成に転じたが，投与しない場合は筋肉タンパク質の分解が持続し，運動終了2時間後に投与しても運動直後に投与した場合のレベルまで達しなかった。

（4）　ダイエットと筋肉

　現代人のなかには，生活習慣病の予防，体形の改善等のさまざまな理由でやせたいと思っている人が多い。そのため，雑誌等でダイエットに関する情報が氾濫して

いるが，誤った情報も多く見受けられる。やせることは悪いことではないが，誤った方法で過度なダイエットを行うと，健康を害することになるので，注意する。

やせるためのダイエット方法で最も重要なことは，摂取エネルギーと消費エネルギーのバランスを考えることである。下の式のように，食事による摂取エネルギーより，運動による消費エネルギーを大きくすれば，体重を減らすことができる。食べ物をまったく食べられないときに，体重が減少するのは，摂取エネルギーが0であり，からだがエネルギーを消費しているからである。

> 摂取エネルギー ＞ 消費エネルギー ⇨ 体重の増加
> 摂取エネルギー ＜ 消費エネルギー ⇨ 体重の減少

摂取エネルギーは，食品中の栄養素に由来するエネルギーである。一方消費エネルギーは，からだが消費するエネルギーであり，基礎代謝エネルギーと活動エネルギーに分けられる。これらは個人の体重，代謝状態，運動等の活動状況によって異なっている。

基礎代謝エネルギーは，安静にしている状態で，消費されるエネルギーのことである。人のからだには，多くの組織・臓器があり，それぞれの機能維持のための代謝にエネルギーを使用している。組織のなかでは消化器系で約30％，骨格筋で約25％，脳で約20％であり，単一組織では骨格筋で最も多くの基礎代謝エネルギーが消費されている。骨格筋での消費エネルギーは，からだを動かすことにより，数倍以上に，消費エネルギーを高めることができる。

基礎代謝エネルギー量は，年齢や性別により差がある（1章，4章参照）。加齢による基礎代謝エネルギー量が低下するのは，筋肉量の減少によるところが大きい。また一般に，女性の基礎代謝エネルギー量が男性より低いのは，女性の筋肉量が男性より低いことによる。

基礎代謝エネルギー量ならびに運動等の活動によるエネルギー消費量を上げるための最もよい方法は，筋肉を大きくすることである（図11-6）。

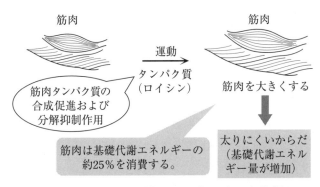

図11-6　運動とタンパク質摂取による太りにくいからだづくり

また，運動により筋肉を大きくすることが，ダイエットに最も有効な方法であり，太りにくいからだつくりにもつながる。

生活習慣病の予防にも筋肉を強化することは大切である。筋肉は何歳になっても鍛えることで，太く強くすることができる。ウォーキングやジョギングだけでなく，筋肉に負荷をかけて鍛える「レジスタンス運動(スクワット，腕立て伏せ，腹筋運動など，標的とする筋肉に負荷をかけた動作を繰り返し行う運動)」を行うことも筋肉を強化するために効果的である。

（5） 運動の種類とエネルギー消費

骨格筋を大きくすることによる太りにくいからだづくりには，運動が不可欠である。運動の種類とエネルギー消費に関して解説する。

安静時にはエネルギー消費量は少ないが，エネルギー消費に使用されるエネルギー源として脂肪の割合が高い。運動強度が，大きくなるにつれて，エネルギー消費量が増大する。このときに使用されるエネルギー源は，脂肪と糖質のそれぞれが約50％となる。運動強度がさらに大きくなると，速筋の使用が多くなるため，酸素供給が十分でなくてもエネルギー生産ができる糖質の利用割合が高くなる。

ダイエットでは，食事の内容に気をつけると同時に，運動が必要である。特に脂肪を消費させたい場合には，個人にとっての運動強度が60％程度に相当する中程度の運動を継続することが大切である。また継続的な運動を通して筋肉を大きくすれば，基礎代謝エネルギーの消費量を高めることができ，太りにくいからだになる。

● 8　筋肉を丈夫にする食品

筋肉を丈夫にするためには，まず運動が必須であるが，そのときに食べる食品によって筋肉への影響が変わってくる。上記には運動時に摂取すべき栄養素を解説してきたが，これらの栄養素がどのような食品に含まれているかを知ることは大切である。

① タンパク質

運動後には，筋肉タンパク質の合成が盛んになるので，その合成に使用されるアミノ酸を供給することが大切である。第1章でも述べたが，生体内では合成できない必須アミノ酸がバランスよく含まれている牛肉，豚肉，鶏肉，魚肉，卵，牛乳などの動物性タンパク質の摂取が有効である。

1日当たりのタンパク質の摂取量に関して，厚生労働省による「日本人の食事摂取基準」に書かれており，18歳以上では，約0.90 g/kg 体重/日を摂取推奨量としている。運動する場合には，タンパク質摂取の推奨量は多くなり，持久的運動選手で1.2〜1.4 g/kg 体重/日，瞬発的運動選手では，1.6〜1.7 g/kg 体重/日と報告されて

いる（表11-2）。

表11-2　運動強度の異なるヒトのタンパク質の推定平均必要量

運動の内容	タンパク質推定平均必要量(g/kg 体重/日)
積極的に運動をしていない人	0.8〜1.0
一流の持久的運動選手	1.6
中強度の持久的運動選手注1	1.2
余暇としての持久的運動選手注2	0.8〜1.0
フットボール選手	1.4〜1.7
瞬発的運動（トレーニング初期）	1.5〜1.7
瞬発的運動（安定期）	1.0〜1.2
女性選手	男性よりも15％少ない

注1　45〜60分の運動を1週間に4〜5日
注2　最大酸素摂取量の55％以下の運動を30分間，1週間に4〜5日

②　分岐鎖アミノ酸（BCAA）

　分岐鎖アミノ酸は，ロイシン，イソロイシン，バリンである。いずれも必須アミノ酸であり，運動時の筋肉タンパク質分解抑制ならびに合成促進作用が認められている。分岐鎖アミノ酸は食肉タンパク質に多く含まれている。またサプリメントとして，飲料や粉末状のものが販売されているので，運動前後にそれらを摂取すると効果的である。

③　糖　質

　糖質は単糖，二糖類，多糖類などに分類されるが，小腸で，単糖まで分解されて吸収される。運動前に摂取する場合，糖質の消化の時間を考慮し，少し早い時間に摂取することが効果を発揮するうえで重要である。運動時にはスポーツドリンクなどを用意して，必要に応じて摂取することが大切である。

④　その他の栄養素

　タンパク質，BCAA，糖質のほかに，ビタミン B_1, B_2, B_6, C の摂取も重要である。これらの栄養素が多く含まれる食品は1章を参照してほしい。

●確認問題　　＊　　＊　　＊　　＊　　＊

1. 筋収縮時の3つの主要なエネルギー供給機構を書きなさい。

2. 持久性運動パフォーマンスを高めるためには，どのような食事が望ましいか書きなさい。

3. 運動前後で，食べ物やサプリメントから摂取すべき栄養素を書きなさい。

4. 筋肉を丈夫にする効果のあるアミノ酸を挙げ，その作用を書きなさい。

〈参考文献〉

瀬口春道訳：「ムーア人体発生学」原著第8版，医師薬出版(2011)

宮永豊総監訳：「スポーツ運動科学－バイオメカニクスと生理学－」，西村書店(2010)

岡野栄之監訳：「オックスフォード生理学」原著3版，丸善(2009)

御手洗玄洋総監訳：「ガイトン生理学」原著第11版，エルゼビアジャパン(2010)

葛谷雅文：「サルコペニアと栄養」，化学と生物52 (5)，328-330(2014)

加藤秀夫・中坊幸弘・中村亜紀編：「スポーツ・運動栄養学」第2版，講談社サイエンティフィック
(2012)

12章 食物アレルギーを予防する機能
―身体の防御機構である免疫と健康

> **概要**：病原体の侵入を防ぐ免疫のしくみを学び，そのしくみが過剰に反応した際に起こるアレルギーの病態を学ぶ。特に食物アレルギーの発症機序について，詳しく学ぶ。また食物アレルギーに対する対応策を学ぶ。

到達目標　＊　＊　＊　＊　＊　＊　＊

1. 全身の免疫システムの概略を理解し説明できる。
2. 消化管の粘膜免疫システムの特徴，経口免疫寛容とその意義を理解し，説明できる。
3. 食物アレルギーの原因となる食品を挙げることができる。
4. 食物アレルギーの特徴を理解し，それに対する対応策を説明できる。
5. 食物アレルギーの予防に効果のある食品成分を挙げ，その機序を説明できる。
6. 食物アレルギーの予防に効果のある食品成分を多く含む食品を挙げることができる。

● 1　感染と免疫

（1）　はじめに

　　生体は常に外界のさまざまな微生物の侵入に脅かされている。微生物のうち，病気を引き起こす病原性微生物の侵入を許すと，種々の感染症を引き起こすことにな

表12-1　主な消化器感染病原体

細　菌	疾　病
黄色ブドウ球菌	毒素型食中毒
腸炎サルモネラ	感染型食中毒
腸管出血性大腸菌	胃腸炎
コレラ菌	コレラ
ピロリ菌	胃潰瘍
ウイルス	疾　病
ノロウイルス	嘔吐下痢症
ロタウイルス	小児白色下痢症
原　虫	疾　病
赤痢アメーバ	アメーバ赤痢，肝膿瘍
ランブル鞭毛虫	胃腸炎
クリプトスポリジウム・パルバム	胃腸炎
蠕　虫	疾　病
回　虫	回虫症
アニサキス	アニサキス症

● 1　感染と免疫　　139

る。消化管は病原性微生物の主要な侵入門戸である。消化管を侵入門戸にする病原体には表12-1に挙げたものがある。これらの病原体は腸管内で症状を引き起こすものであるが，これ以外に腸管から侵入した後，腸管以外の臓器で症状を引き起こすもの（中枢神経系に症状が現れるポリオウイルスや日本脳炎ウイルスなど）もある。これら病原性微生物が生体に侵入すると免疫応答が開始される。免疫反応は，本来病原体の侵入を防ぎ生体を守るために起こるものである。

　以下に，生体の免疫システムを概略し，その後で消化管に備わった特別な免疫システムについて記述する。

　生体の免疫応答を引き起こすものを総称して抗原という。病原性微生物は代表的な抗原といえるが，通常，抗原は免疫応答を引き起こす分子を指す。病原性微生物の場合は，微生物を構成する成分分子が抗原である。抗原分子の大部分はタンパク質であるが，多糖や脂質も抗原となり得る。また抗原を最終的に処理するために働く免疫システムの分子や細胞のことをエフェクターといい，抗体，補体，インターフェロンなどのタンパク質分子やT細胞，マクロファージなどの細胞がある。

（2）　免疫担当細胞

　免疫に関わる細胞を免疫担当細胞（免疫細胞）という。免疫担当細胞はすべて，骨髄にある造血幹細胞から分化する。いわゆる白血球とよばれる細胞群が免疫担当細胞である。そのなかには，以下のようなものがある。

①　樹状細胞

　樹状突起をもつことからこのようによばれているが，生体のなかで最も強い抗原提示機能をもつ細胞である。抗原提示とは，適応免疫（獲得免疫）の最初の免疫反応であり，外来からきた病原性微生物などの抗原の情報を免疫システム（具体的にはT細胞）に伝える重要な反応のことである。抗原提示を主な働きとしている細胞を抗原提示細胞といい，主な抗原提示細胞には樹状細胞，マクロファージ，B細胞がある。これらをプロフェッショナル抗原提示細胞ともいう。

②　マクロファージ

　大食細胞ともいわれ，病原性微生物を含めた抗原の貪食・殺菌を行う細胞である。末梢血中では単球といわれ，各組織のなかでマクロファージといわれる。肝臓のクッパー細胞や骨組織の破骨細胞もマクロファージの仲間である。

　上記のようにマクロファージは，樹状細胞やB細胞と同様，主要な抗原提示細胞としても機能する。

③　好中球

　末梢血中の白血球のうち細胞質に顆粒をもつものを顆粒球というが，その大部分を占めるのが，好中球である。この名称は細胞質顆粒の染色性の違いからつけられたもので，顆粒球には好中球の他，好塩基球，好酸球がある。好中球は，いびつな

形状(分葉状)の核をもつため，多形核白血球ともよばれ，感染初期の細菌等の貪食に関わる。化膿性疾患でみられる膿は，好中球が細菌を食べて死んだものである。好中球は寿命が短いため(数日)，マクロファージのような抗原提示能はもたない。

④ **好塩基球，肥満細胞(マスト細胞)**

好塩基球は主に末梢血中に存在し，肥満細胞(マスト細胞)は組織に存在するが，両者は類似の細胞である。肥満細胞は，細胞の形状が丸いためそうよばれているだけで，肥満とは関係しない。これらの細胞の細胞質の顆粒には，ヒスタミンやヘパリンが含まれ，花粉症，アレルギー性鼻炎，食物アレルギーを含むⅠ型アレルギーを引き起こす細胞である。

⑤ **好酸球**

酸性色素で赤く染まる性質をもつ好酸球の顆粒には，寄生虫に対して直接傷害作用をする複数のタンパク質をもち，それらは寄生虫感染により細胞外に放出されるため，寄生虫に対する感染防御において重要な役割を果たす。

⑥ **T 細胞**

白血球中の小型の丸い細胞であるリンパ球の仲間である。主要なリンパ球には T 細胞と B 細胞があり，ともに適応免疫(獲得免疫)において重要な役割を果たす。T 細胞は表面に T 細胞受容体(T cell receptor; TCR)というタンパク質をもつ細胞で，樹状細胞等の抗原提示細胞表面に提示された抗原を，TCR を介して認識するという機能をもつ。それによって活性化された T 細胞は種々のサイトカインを分泌することによって，例えば B 細胞を分化・活性化させ，抗体を産生するように誘導する。サイトカインというのは，免疫システムで働くホルモンのような低分子の分泌タンパク質の総称である。なお T 細胞のもつ TCR 分子には，$\alpha\beta$(アルファ・ベータ)型と$\gamma\delta$(ガンマ・デルタ)型とがあるが，多くの T 細胞は$\alpha\beta$型 TCR をもつ。腸管に存在する T 細胞には$\gamma\delta$型の TCR をもつものも多い。

⑦ **B 細胞**

T 細胞から産生されるサイトカインの作用等により，抗体産生細胞である形質細胞に分化する。B 細胞は抗原提示の機能ももつ。

⑧ **ナチュラルキラー(NK)細胞**

ナチュラルキラー(natural killer; NK)細胞も T 細胞や B 細胞と同様，リンパ球の一種であるが，T 細胞や B 細胞に比べると大型で細胞質に顆粒を有しているので大型顆粒リンパ球ともよばれる。T 細胞と B 細胞が適応免疫において重要な役割を果たすのに対し，NK 細胞は自然免疫において重要な役割を果たす。主にウイルス感染細胞やがん細胞などの標的細胞を直接破壊する作用がある。NK 細胞は，標的細胞を細胞表面分子を介して認識すると，パーフォリンというタンパク質を放出し標的細胞の細胞膜に穴をあけ，さらにそこからグランザイムなどのタンパク質を標的細胞の細胞質内に入れることにより標的細胞に細胞死(アポトーシス)を誘導す

●1 感染と免疫 **141**

る。また標的細胞表面の Fas 分子と NK 細胞表面の Fas リガンド分子の接触を介した標的細胞破壊のメカニズムもある。これらの標的細胞破壊のメカニズムは，後述の細胞傷害性 T 細胞のものと同じである。なお，末梢血中の NK 細胞の数は，個人の免疫能力の指標として用いられることも多い。

（3）　免疫システムに関わる器官

　生体のなかで，免疫システムにおいて重要な器官(臓器)には，次のようなものがある。一次リンパ組織(中枢リンパ組織ともよばれる)とは，上記の免疫担当細胞がつくられる組織である。先に述べたように，骨髄幹細胞から各種免疫担当細胞をつくる骨髄は，一次リンパ組織である。骨髄以外に大部分の T 細胞は，胸腺という臓器を通過してはじめて機能をもつ T 細胞となるので，胸腺も一次リンパ組織である。次に二次リンパ組織(末梢リンパ組織ともよばれる)とは，T 細胞や B 細胞が抗原を認識する場所である。それには全身に散らばって存在するリンパ節や脾臓がある。喉の奥の扁桃腺も二次リンパ組織である。なお脾臓は，免疫組織であると同時に古くなった赤血球を破壊するといった別の機能ももっている臓器である。なお腸管は，特有の二次リンパ組織を有し，独特の腸管免疫システムを備えている。

（4）　免疫応答（自然免疫と適応免疫）

　免疫システムは，大きく自然免疫システムと適応免疫(獲得免疫)システムに分けられる。これらは，完全に2分されるものではなく，自然免疫システムが機能してはじめて適応免疫システムが効率的に働くことができ，連続して働くものである。

①　自然免疫システム

　広い意味で自然免疫とは，表皮や粘膜などの生体を覆う膜，それから唾液・消化液などの分泌液も含めて，最初に病原体の侵入を防ぐような生体のしくみを指す。自然免疫の役割は，異物が体内に侵入するのを阻止したり，体内に入ってきても速やかに排除することである。適応免疫機構のように細かく抗原分子の特徴を見分けられないが，抗原のパターンを認識し，微生物などの抗原が自分の成分ではなく異物であると認識することはできる。自然免疫システムで働くエフェクターには，リゾチーム，補体，インターフェロンのようなタンパク質とマクロファージ，好中球，NK 細胞などの細胞がある。これらエフェクターは，病原性微生物が侵入すると集まってきてそれらを処理する。リゾチームや補体は，細菌の細胞膜や細胞壁を破壊する作用を有し，インターフェロンは，主にウイルス感染細胞に作用しウイルスを不活化する働きがある。またマクロファージや好中球などの食細胞は，微生物を貪食し分解する働きがあり，NK 細胞はウイルス感染細胞・がん細胞を破壊する作用をもつ。

　先に述べたように，自然免疫システムは，最初に機能する免疫応答システムであ

るが，次の適応免疫システムが機能するための準備をするという意味ももつ。自然免疫システムから適応免疫システムへの橋渡しをするためにトル様受容体(toll-like receptor; TLR)のような分子が重要な機能をもっている。トル様受容体は，腸管上皮細胞などの細胞に発現している分子で，微生物の構成成分特有のパターン(細菌細胞壁成分，鞭毛，細菌やウイルス特有の遺伝子配列など)を認識し，細胞にそれら抗原に対する適切な対応をとるように働く。腸管の種々の細胞で，複数種のTLRが発現し，細胞はそれに応じて種々の反応を起こし，抗原の侵入に対処する。例えば，さまざまなサイトカインの分泌を介して種々の免疫担当細胞に作用し，それらの細胞を活性化する。またケモカインとよばれる一群のサイトカインは，好中球やマクロファージなどを抗原侵入局所の粘膜組織に集める働きがあり，侵入してきた病原性微生物などの処理を行う。

② **適応免疫(獲得免疫)システム**

　適応免疫(獲得免疫)システムは，個々の抗原を個別に認識し(抗原特異性)，一度侵入した異物を記憶する(免疫記憶)という特徴をもつ。一般に「あるものに免疫がある」という言い方をすることがあるが，それはあるものを記憶していてその対処方法をわきまえているということを意味しており，適応免疫システムの特徴といえる。したがって，この適応免疫システムを狭義の免疫システムと捉えることもできる。最終的なエフェクターの違いにより，適応免疫システムには，大きく体液性免疫と細胞性免疫に分けることができる。体液性免疫では，抗体がエフェクターとなり，細胞性免疫では，T細胞がエフェクターとなる。

a) **体液性免疫**

　体液性免疫のエフェクターとなるのは抗体というタンパク質である。抗体というのは，そのタンパク質の機能上の命名であって，タンパク質の種類からいうとグロブリンというタンパク質である。このため抗体のことを免疫グロブリン(immunoglobulin; Ig)，省略してIgとよぶことも多い。抗体はB細胞が分化した形質細胞(プラズマ細胞)が分泌する。抗体の基本構造を図12-1A: Ig抗体(免疫グロブリン)の基本構造に示す。抗体は2つの重鎖タンパク質と2つの軽鎖タンパク質からできており，Y字型の構造をしている。Y字型の2つの先端部分に抗原が直接結合する(抗原結合部位)。この2つの先端部分に結合できる抗原は，まったく同一のものである。また，一つの形質細胞の分泌する抗体分子も，まったく同一であり，特定の抗原部位にしか結合できない。抗体の抗原結合部位は，いわゆる遺伝子再構成(gene rearrangement)により莫大な数の多様性(形の違い)が生まれ，莫大な数の抗原分子に対応できるようになっている。抗体は，そのY字型の根元部分(Fc部分)の形によりIgG・IgA・IgM・IgD・IgEの5つのクラス(種類)が存在する。抗原結合部位が同じでFc部分の形の違う別のクラスの抗体は，同一の抗原と結合するが，異なった免疫的役割を果たす。血清中に最も多いのはIgGであり，母親から子宮内

● 1　感染と免疫　143

の胎児に移行する性質（胎盤通過性）をもつ。病原性微生物などの抗原が侵入した当初は，B細胞から分化した形質細胞はIgMを産生するが，その後，主にT細胞の産生するサイトカインの刺激によりIgG・IgE・IgAを産生する形質細胞に変化する。これを抗体のクラススイッチという。IgMはY字型の分子が5つ集まって5量体を形成するため，抗原を捕捉する能力が高い。食物アレルギーのようなI型アレルギーを引き起こすのはIgEであり，これは体内

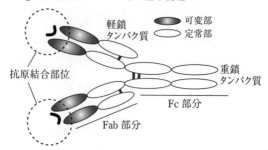

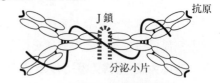

図12-1 抗体の構造

で最も量の少ない抗体のクラスである。汗を除いた，消化液，唾液，母乳などの体液中に最も多いのはIgAでありY字型の分子が2つ集まって2量体を形成する性質がある。小腸で産生されるIgAは全身の抗体の約60％を占めるといわれている。IgAの構造を図12-1B: IgA抗体の基本構造に示す。2量体として産生され，消化管では腸管上皮細胞の基底膜側にある多量体免疫グロブリン受容体（polymeric Ig receptor; pIgR）に結合した状態で細胞内を通って腸管の管腔側に移動する。管腔内へはpIgRの一部が切断された分泌小片とよばれる糖タンパク質と結合した分泌型IgA（secretory IgA; S-IgA）という形で放出される。管腔側のS-IgAは腸管内の病原性微生物等の抗原と結合し，その侵入を防ぐ。

b) 細胞性免疫

細胞性免疫は，主に自分の細胞内に侵入してくるウイルスや細菌などの病原性微生物を排除するためのシステムである。主なエフェクターはT細胞であるが，そのなかでも細胞傷害性T細胞（cyotoxic T-lymphocytes; CTL）（キラーT細胞ともよばれる）や1型ヘルパーT細胞（type 1-helper T-lymphocytes; Th1）とよばれるT細胞である。細胞傷害性T細胞は，主にウイルスなどが細胞質内に感染した細胞を見分け，その細胞ごと殺傷する働きをもち，後者はマクロファージを活性化し，マクロファージが取り込んだ細菌等を殺傷する働きをもつ。

c) 抗原提示

T細胞が種々の免疫機能をもつようになることを，T細胞の活性化という。T細胞の活性化は，細胞性免疫システムを発動するためには必須の現象であるが，体液性免疫の発動，すなわち抗体の産生にとっても必須の現象である。B細胞が抗体産生細胞である形質細胞に変化するためには，活性化T細胞が分泌するサイトカインが作用する必要があるためである。このT細胞の活性化は，抗原提示細胞によ

るT細胞への抗原提示が行われた結果，生ずる現象である。したがって抗原提示は適応免疫機構の発動にとって必須のステップといえる。抗原提示は樹状細胞，マクロファージ，B細胞などの抗原提示細胞が抗原を取り込み，その抗原の一部（抗原ペプチド；8〜20程度のアミノ酸からなるペプチド）を細胞表面に提示し，それをT細胞表面のT細胞受容体（TCR）が認識するという若干複雑な方法で行われる。TCRの抗原認識部位も抗体の抗原結合部位と同様，遺伝子再構成により，個々のT細胞はそれぞれ異なった形の可変部のTCRをもち，多様な抗原に対応できるようになっている。なお抗原ペプチドは，単独で抗原提示細胞表面上に存在するのではなく，主要組織適合遺伝子複合体（major histocompatibility complex; MHC）という分子の上にあるペプチドが入る溝状の部分（ペプチド収容溝）にはまった形で細胞表面上に提示される。小さなペプチドだとMHC分子の上にのることができない。したがって，アレルギーも含めて，適応免疫が発動するためには，抗原がある程度以上の大きさ，すなわち少なくとも8アミノ酸以上からなるペプチドである必要がある。それより小さく分解された抗原は，もはや免疫誘導する能力が消失する。

d）　MHC分子と抗原提示

　抗原提示細胞は，抗原を細胞内で抗原ペプチドに分解し，それをMHC分子上に載せる巧妙なしくみが存在する。MHC分子は，基本的にヒトによって異なるタイプ（形）をしており，したがって抗原提示できる抗原ペプチドの種類も個人差がある。これをMHCの多型性という。これがヒトによって個々の抗原に対する適応免疫の起こりやすさが異なる理由の一つである。MHC分子のタイプの違いは，臓器移植のときに問題となる。骨髄移植も含めた臓器移植の際に，臓器提供側と受領側で，MHC分子のタイプが合っている必要がある。なおヒトのMHC分子を，HLA（human leukocyte antigen）とよぶ。いわゆる白血球の血液型である。MHC分子は大きく分けて，クラスⅠ分子とクラスⅡ分子が存在する。ヒトでいうと，HLA-A，B, Cの3種の分子がクラスⅠ分子であり，HLA-DP, DQ, DRの3種の分子がクラスⅡ分子である。クラスⅠ分子は，ほとんどの体細胞表面に発現しているが，クラスⅡ分子は，樹状細胞・マクロファージ・B細胞等の抗原提示細胞表面にだけ発現する。またMHCクラスⅠ分子とクラスⅡ分子は抗原提示において役割分担している。多くの抗原では，上記の抗原提示細胞は細胞外にある抗原（外来抗原とよぶ）を取り込むが，その場合，抗原は食胞内で分解（プロセシング）され，その結果生じた抗原ペプチドはMHCクラスⅡ分子上のペプチド収容溝にはまり，CD4分子をもつヘルパーT細胞（CD4＋T細胞）に抗原提示される。また抗原が抗原提示細胞の細胞質内に存在する場合（内在性抗原とよぶ；ウイルス抗原やがん抗原など）は，抗原は細胞質内で分解され，その結果生じた抗原ペプチドはMHCクラスⅠ分子上のペプチド収容溝にはまり，CD8分子をもつキラーT細胞（CD8＋T細胞）に抗原提示される。なお，CD4分子をもつヘルパーT細胞は，その機能から大きく1型と2型

●1　感染と免疫　　145

の細胞に分けられる(それぞれTh1とTh2とよぶ)。Th1はインターフェロン-γ (interferon-γ; IFN-γ)・TNF-α(腫瘍壊死因子 ; tumor necrosis factor-α)などのサイトカインを産生し，マクロファージを活性化し，マクロファージが取り込んだ細菌等を殺傷する働きをもち細胞性免疫に寄与する。一方Th2はインターロイキン-4 (interleukin-4: IL-4)・IL-5・IL-6などのサイトカインを分泌し，B細胞を，抗体を分泌する形質細胞に分化させるため，体液性免疫に寄与する(図12-2)。またこれ以外に17型ヘルパーT細胞(Th17)というIL-17を産生するT細胞も報告されており，これは好中球などの細胞を局所に集め，細胞外細菌の排除等に関与している。

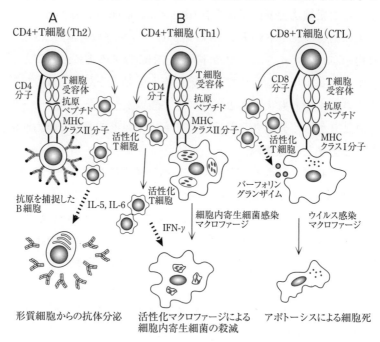

図12-2 抗原提示と適応免疫のパターン

(5) 腸管免疫システム

消化管は，口から肛門にいたる1本の管である。口から入った飲食物は，食道を通過した後，胃，十二指腸で消化され，主に小腸(空腸，回腸)で，その栄養分が吸収される。吸収されなかった残りは大腸を通り，肛門から糞便として排出される。腸管は全長7~9mにも達するがその大部分は空腸と回腸からなる小腸である。小腸の内壁は単層円柱上皮からなり，その表面はムチンという，粘性をもつ糖を多量に含む糖タンパク質で覆われ細胞を保護している。また腸上皮の管腔側は長さ1mmほどの絨毛でおおわれており，その表面積は約200m^2，テニスコート一面分になるといわれている。全身のリンパ球の60％は腸管に存在し，また抗体の60％は腸管でつくられているIgAであり，腸管は身体の最大の免疫器官といわれている。免疫システムでは，リンパ系や血管系などの循環系を流れる免疫担当細胞が主体となり働いているが，それとは別に，腸管系に特別な免疫システムが存在する。これを腸

管関連リンパ組織(gut-associated lymphoid tissue; GALT)とよぶ。GALT は生体の粘膜関連リンパ組織(mucosal-associated lymphoide tissue; MALT)の一つで、MALT には GALT のほかに、鼻咽頭関連リンパ組織、気管支関連リンパ組織がある。腸管内には大量の食品成分(外来抗原)が存在し、また多数の細菌類(腸内細菌)が生息している。腸管免疫システム(GALT)は、腸管粘膜層を覆っている腸管上皮細胞に囲まれて存在するリンパ組織であるパイエル板、粘膜固有層、孤立リンパ小節などからなっている(図12-3)。

　パイエル板はドーム状をしており小腸、特に大腸に近い回腸に、ヒトでは200個程度存在する。パイエル板は、リンパ球が密集するリンパ小節がいくつか集まった集合リンパ小節といえる。小腸には単一のリンパ小節である孤立リンパ小節も存在する(図12-3)。パイエル板は1層の円柱上皮層に覆われ、入り口にはM細胞(microfold 細胞、微小襞(ひだ)細胞)といわれる高分子を盛んに取り込む上皮細胞が存在する。またM細胞の体内側には多数の免疫細胞が蓄積している。M細胞を介して取り込まれた抗原が樹状細胞に取り込まれ、T細胞に提示され一連の免疫反応が誘導される。腸管の表面は、腸管上皮細胞に覆われているが、さらに腸管上皮の直下の粘膜固有層には、多数の IgA 産生細胞が存在している。

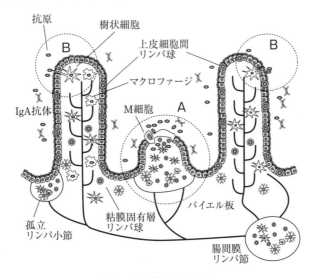

図12-3　腸管免疫システム

　粘膜の上皮細胞間には、多数の上皮細胞間リンパ球(interepithelial lymphocytes; IEL)が介在している。IEL は形態的には大顆粒リンパ球に類似しており、その多くは、CD8+T細胞である。また IEL では $\gamma\delta$ 型のT細胞受容体(TCR)をもつ $\gamma\delta$ T細胞が $\alpha\beta$ 鎖をもつ $\alpha\beta$ T細胞とほぼ同程度で存在している。$\gamma\delta$ T細胞は、IgA抗体の産生を誘導したり、腸管上皮の発達・分化に関わっていると考えられている。

　多くの抗原は、パイエル板のM細胞から取り込まれる(図12-3A部分)。M細胞の直下に存在する樹状細胞は TLR を介してそれらを認識し、それに応じてサイト

カインを分泌する。また樹状細胞は，腸管上皮細胞間のタイトジャンクションから突起を伸ばして，直接抗原を捕捉することも報告されている（図12−3B部分）。樹状細胞などの抗原提示細胞は抗原を取り込んだ後，パイエル板などの腸管リンパ小節ないし腸管膜リンパ節で，MHCクラスⅡ分子を介して，T細胞に抗原を提示する。その結果，T細胞はTh2型優位の方向に分化し，IL-5・IL-6・形質転換増殖因子（transforming growth factor-β; TGF-β）などを分泌してB細胞のIgA産生細胞への分化を促進する。なお腸管で分化した抗体産生細胞（形質細胞）は，腸管のみならず，口腔，鼻，気道等の全身の粘膜組織に移動し，そこでIgAを産生する。このIgAが病原体の体内への侵入を防いでいる。なおアミノ酸の一つであるグルタミンは，免疫担当細胞を含めた腸管の細胞の栄養源として重要であり，グルタミンの摂取が腸管免疫増強に有効であることが報告されている。

（6）　経口免疫寛容

　病原体も含めて外から生体に物質が入ってくる経路として最も多いのが，経口の経路である。この経路は生きていくための食物摂取のためのものでもある。病原体を排除するために免疫反応は必要であるが，食物や腸管内に存在する多くの常在細菌に対して免疫反応が起こってしまっては都合が悪い。そこで生体では，経口で入ってきた異物に対しては，過剰な免疫反応が生じない経口免疫寛容（oral tolerance）というしくみが存在する。

　経口抗原に対して免疫反応を起こさない理由の一つは，腸管の消化作用が挙げられる。食品タンパク質は，腸管のなかで種々の消化酵素の働きで消化・分解を受ける。免疫反応を引き起こすためには，前述のように，タンパク質はある程度のサイズ以上で抗原提示細胞に取り込まれ細胞内で，プロセシング（タンパク分解過程のこと）が行われる必要がある。すなわちタンパク質が分解された後でも8〜20アミノ酸程度以上の大きさのペプチドでないと，抗原提示細胞上のMHC分子上にのせることができないのである。十分に小さいサイズまで分解されたタンパク質（ペプチド）は，免疫反応を誘導することはできない。

　経口免疫寛容の機構は，明確に解明されているわけではないが，以下の種々のしくみが考えられている。

①　制御性T細胞

　食物などの経口抗原は，免疫反応を抑制するようなサイトカイン（IL-10・TGF-βなど）を産生する制御性T細胞（regulatory T cells; Treg）を誘導する傾向があり，過剰な免疫反応が起こらないようにしている。特に経口抗原を取り込んだ樹状細胞が，腸間膜リンパ節でT細胞に抗原提示されると，Tregが誘導されやすいといわれている。なお食物中のビタミンAから体内でつくられるレチノイン酸が，Tregの産生に重要な役割を果たすことが明らかになっている。すなわち，ビタミンA

が不足すると正常な経口免疫寛容に支障をきたす可能性がある。

② 経口抗原に反応するT細胞の麻痺（アネルギー）や除去

　経口摂取によって抗原が入ってくると，それを認識するT細胞の抗原応答性が消失しやすい。これをT細胞の麻痺（アネルギー）という。抗原提示細胞により抗原がT細胞に抗原提示されるときには，抗原提示細胞上のMHC分子とT細胞上のTCR分子の間の相互作用が必要であるが，これ以外に双方の細胞表面間で，副刺激分子と総称される分子間での接触が必要である。この副刺激分子がないとT細胞の麻痺を起こしやすい。経口抗原ではそのような状況が起こりやすいといわれている。また大量の抗原が口から入ってくると，はじめその抗原に反応するT細胞は増えるがその後，細胞死（アポトーシス）が誘導されて死滅する（T細胞の除去）。

③ Th1型免疫応答への偏り

　前述のように，多くの場合CD4＋ヘルパーT細胞は，産生するサイトカインの種類により大きくTh1とTh2に分けることができる。適度にTh1優位になると，抗体産生を抑制することから，経口免疫寛容につながると考えられる。逆にTh2優位になると，IgE抗体の産生などを介して食物アレルギーを含めた免疫応答を高める可能性がある。

　これらのしくみにより，食物などの経口抗原に対して過剰な免疫反応が起こらないようになっている。このような腸管の免疫寛容機構が破綻し過剰な免疫反応が消化管で起こると，潰瘍性大腸炎やクローン病といった消化器疾患を引き起こすと考えられている。

● 2　アレルギー

（1）　はじめに

　免疫システムは，基本的には生体を守るシステムとして機能するが，ときに生体にとって好ましくない方向で働くことがある。アレルギーや自己免疫疾患といったものがそれにあたる。アレルギーという言葉は，特に外部からの抗原に対して症状が一時的に出現したり，急激に起こるような場合に使われることが多く，自分自身の体内にある物質に対して免疫反応が起こり，症状が慢性的に出る場合には，自己免疫疾患という言葉が使われることが多い。アレルギーのことを過敏症とよぶこともある。厳密にいえば過敏症には，化学物質過敏症のように免疫反応以外の原因で起こる過敏症も含まれるが，免疫反応が引き起こす過敏症がアレルギーである。またアレルギーを起こす抗原をアレルゲンとよび，それは主にタンパク質である。

　アレルギーの発症には，遺伝的な要因が強く関係している。しかし遺伝的要因以外の多くの要因，例えば食生活の変化，大気汚染物質の増加，ストレスなどもアレ

ルギーの発症に関与していると考えられている。また細菌や寄生虫の感染とアレルギーとの関連も指摘されている。結核菌の感染では，免疫応答がTh1型に偏りやすいため，Ⅰ型アレルギーを引き起こすIgE抗体の産生が低下する可能性がある。また種々の寄生虫感染では，寄生虫特異的IgE抗体が産生されるため，アレルゲンに対するIgE抗体は，逆に産生されにくくなると考えられている。結核や種々の寄生虫感染症は，以前は日本に蔓延していたが現在は少なくなっている。このことが，アレルゲン特異的IgE抗体の産生，およびアレルギーの増加と関連があると考えられている。

（2）　アレルギー反応

アレルギー反応は，その発生機構の違いから大きくⅠ型からⅣ型に分類されている（ゲルGellとクームスCoombsのアレルギー分類）。

①　Ⅰ型アレルギー（即時型過敏症）

IgE抗体によって引き起こされるアレルギーである。花粉，アレルギー性鼻炎，気管支喘息，じん麻疹，アトピー性皮膚炎や，全身性の循環不全を起こすアナフィラキシーショックもⅠ型アレルギーである。そのメカニズムは，後の食物アレルギーの項で述べる。

②　Ⅱ型アレルギー

IgG抗体・IgM抗体によって引き起こされるアレルギーであるが，これらの抗体の結合する標的抗原が，傷害を受ける組織や細胞の表面上に存在する場合，これをⅡ型アレルギーとよぶ。別名，細胞傷害型過敏症ともよぶ。代表的なものは，母子間における赤血球のRh血液型の不適合による胎児溶血性貧血等がある。IgG抗体が細胞表面の抗原と結合して現れる組織障害の特殊型として，抗原がホルモンなどの受容体である場合があり，これをⅤ型アレルギーとして分類することがある。この場合，抗体はホルモン受容体を刺激して特定の細胞を活性化したり，逆にホルモン受容体の働きを阻害することもある。自己抗体によって神経筋接合部のアセチルコリン受容体が障害されて発症する重症筋無力症や甲状腺刺激ホルモン受容体が刺激されて発症する甲状腺機能亢進症（バセドウ病）はその例である。

③　Ⅲ型アレルギー

この型のアレルギーもIgG抗体によるが，標的抗原が，病原微生物などのような小さい場合である。このような小さい抗原は水溶液に懸濁されるので可溶性抗原とよばれる。可溶性抗原は，IgG抗体と結合して抗原抗体複合体（免疫複合体）を形成し，これが組織に沈着して傷害を引き起こす。

④　Ⅳ型アレルギー（遅延型過敏症）

抗体ではなく，T細胞によるアレルギー反応である。T細胞によるアレルギー反応は，抗体による速やかな反応と異なり，反応が開始されるのに数日以上かかるこ

とから遅延型過敏症ともよばれる。Ⅳ型アレルギーを起こすT細胞には，CD8陽性の細胞傷害性T細胞（CTL）や1型ヘルパーT細胞（Th1）がある。代表的なⅣ型アレルギーには，結核の診断に使われるツベルクリン反応や臓器移植の際の臓器拒絶反応がある。

（3）　食物アレルギー

①　食物アレルギーとは

　アレルギーのなかで，食物に起因するものが食物アレルギーである。食物アレルギーは，特に3歳までに非常に多いが，成人で発症することもある。乳幼児に食物アレルギーが多いのは消化能力が未熟であり，アレルゲンが消化しきれず残りやすいことによる。乳児期発症の食物アレルギーでは，年齢が進むにつれて症状が改善することが多い。主な食物アレルギーを起こす食品は，乳児期では乳製品，鶏卵，小麦が多く，年齢が進むにつれて甲殻類，らっかせい，そばなどの頻度が高くなる。わが国では，現在，食物アレルギーを引き起こしやすい食品原材料（特定原材料）として，乳，卵，えび，かに，らっかせい，小麦，そばを含む食品には，表示が義務づけられている。主な抗原（アレルゲン）を表12-2に示した。アレルゲンの名称は，アレルゲンが由来する生物の学名の属名の3字，種名の1字に番号をつけて記載することになっている。例えば牛乳のアレルゲンであるβ-ラクトグロブリンは，乳牛の学名の *Bos domesitics* により，Bos d 5と記載する（表12-2）。食物アレルギーは，食物摂取後1～2時間以内に症状が出る即時型と，数時間以上経って症状の出る非即時型（遅発型）がある。即時型食物アレルギーの主な症状は，じん麻疹などの皮膚症状，喘息などの呼吸器症状，下痢・嘔吐などの消化器症状，あるいは全身のアナフィラキシーショックなどがある。

表12-2　主な食品アレルギー抗原（アレルゲン）

食　品	アレルゲン	
牛　乳	β-ラクトグロブリン	（Bos d 5）
	α-ラクトアルブミン	（Bos d 4）
	α_{s2}-カゼイン	（Bos d 10）
鶏　卵	オボムコイド	（Gal d 1）
	オブアルブミン	（Gal d 3）
	リゾチーム	（Gal d 4）
え　び	トロポミオシン	（Pen a 1）
か　に	トロポミオシン	（Cha f 1）
らっかせい	コングルチン	（Ara h 2, 6, 7）
	コンアラチン	（Ara h 1）
	アラチン	（Ara h 3）
大　豆	β-コングリシニン	（Gly m 5）
	グリシニン	（Gly m 6）
小　麦	ω5-グリアジン	（Tri a 19）
	グルテニン	（Tri a 26, 36）
そ　ば	レグミン	（Fag e 1）

②　食物アレルギーの作用機序

　食物アレルギーは，分類上IgE依存性のものとIgE非依存性のものに分けられるが，典型的な食物アレルギーはIgE依存性のものである。IgE非依存性の食物アレルギーの作用機序はよくわかっていない。IgE依存性の食物アレルギー，すなわちⅠ型アレルギーによる食物アレルギーの作用機序は以下の通りである。経口的に摂

取されたアレルギー抗原（アレルゲン；主にタンパク質）が十分にアミノ酸にまで分解されないまま腸管に到達すると，腸管から体内に入って樹状細胞やマクロファージなどの抗原提示細胞に取り込まれる。これらの細胞のなかで，抗原の分解処理（プロセシング）が行われ，タンパク質が10〜30アミノ酸程度からなるペプチド断片となる。そのペプチド断片をMHCクラスⅡ分子上のペプチド収容溝にのせた後，細胞表面上に表出する。それをCD4＋ヘルパーT細胞がT細胞受容体（TCR）を介して認識し，活性化する。活性化T細胞は，IL-4，IL-5，IL-6などのサイトカインを分泌する2型ヘルパーT細胞（Th2）に分化する。アレルゲンを結合できるB細胞受容体（B cell receptor; BCR）をもつB細胞は，IL-4，IL-5などのいわゆる2型サイトカインの作用を受けて抗体を分泌する形質細胞に分化する。IL-5，IL-6の刺激を受けると，抗体のうちでIgEを産生する形質細胞となる。このアレルゲン特異的IgE抗体が，食物アレルギーを引き起こす。すなわち，このアレルゲン特異的IgE抗体は，末梢組織に存在する肥満細胞（マスト細胞）や好塩基球の表面にあるIgE受容体（Fcε（エフ・シー・イプシロン）受容体）に結合する。そこに当該アレルゲン物質があると，それらは肥満細胞表面の受容体に結合しているIgE抗体に結合する。抗体分子には，抗原結合部位が2か所存在するために，同一のアレルゲン物質が2つのIgE抗体に結合し得る。すなわち，2つのIgE抗体が一つのアレルゲンによって架橋されると，肥満細胞内にシグナル（刺激）が入り，それが肥満細胞内の顆粒成分の分泌を促す（脱顆粒）。顆粒成分の中には，ヒスタミンやロイコトリエンのような化学伝達物質がありこれらが組織に作用してアレルギー症状を引き起こす。以上が一般的な即時型の食物アレルギーの機序であり，通常食物抗原摂取後1〜2時間以内に発症する（図12-4）。これ以外に，食物抗原摂取後数時間以上（約6時間）の後に起こる非即時型（遅延型）の食物アレルギーがあり，脱顆粒後に産生

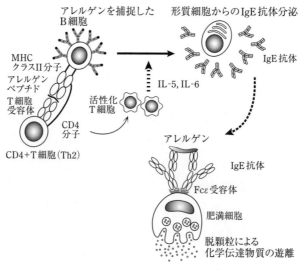

図12-4　Ⅰ型アレルギー

されるロイコトリエンなどが関与している。これらの化学伝達物質は，好酸球や好中球などの炎症細胞を局所に集め，発赤や湿疹の悪化を引き起こす。

③ アレルギーを抑制する治療薬

食物アレルギー治療法は，現在は原因食物の除去が主流となっている。微量でアナフィラキシーショックを起こす可能性のある場合は，厳密な原因食物の除去が必要であるが，そうでない場合は厳密である必要はなく，栄養の摂取も重要なので症状が誘発されない程度の量の原因食物の除去を行う。食物アレルギーも含めてアレルギーでアナフィラキシーショックを認めたら，直ちにエピネフリン（ボスミンや自己注射用のエピペン）の筋肉注射が必要である。症状発現後1時間以内にエピネフリンによる治療を受けた患者の多くは救命できるが，それより遅く治療を開始すると生命に危険を及ぼすといわれている。即時型食物アレルギーの皮膚症状や口腔，鼻，呼吸器等の粘膜症状を抑制する治療薬の代表的なものはステロイド薬である。ステロイド薬とは，一般にコレステロールに特有のステロール環をもつ副腎皮質ホルモンのことを指す。ステロイド薬は，Ⅰ型アレルギーを引き起こすIL-4，IL-5などの2型サイトカインの遺伝子の発現を抑制する。ステロイド薬には，経口薬や喘息用の吸入薬などそれぞれの用途に応じたものがある。また，じん麻疹，発疹などには抗ヒスタミン薬を投与し，肥満細胞（マスト細胞），好塩基球からのヒスタミンの遊離を抑制する。

● 3　食物アレルギーを予防する食品成分と作用機序

(1)　食物アレルギーを引き起こす食品

アレルギー反応を引き起こす食品に関して，その原因となる食品抗原（食物アレルゲン）が知られている（図12-5）。

食物アレルゲンの特徴をもとに分類される方法の一つに，主に鶏卵，牛乳，魚，

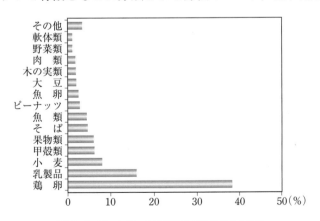

図12-5　アレルギーの原因となる食品のうち分け

今井孝成，海老澤元宏：平成14年・17年度厚生労働科学研究報告書より改変

甲殻類，そばなどに含まれるクラス1食物アレルゲンと，主に果物・野菜などに含まれるクラス2食物アレルゲンなどがある。

クラス1食物アレルゲンは，加熱処理や消化酵素に対して安定な構造をもつという特徴があり，消化管経由での感作により発症する。その代表的なものに，卵白中のオボムコイドやオボアルブミン，牛乳中のカゼインやβ-ラクトグロブリン，らっかせい中のビシリン，コングルチン，グリシニン，甲殻類中に含まれるトロポミオシンなどがある（表12−2参照）。

一方，クラス2食物アレルゲンは，熱や消化酵素に対して不安定で気道による感作によって口腔粘膜に発症するのが特徴である。バナナ，キウイフルーツ，アボカド，りんご，にんじん，セロリなどの果物や野菜に含まれているアレルゲンが知られている。これらは花粉によって感作され，花粉抗原と交さ反応性もみられる。

わが国においては，厚生労働省による食物アレルギーの原因となる食品の調査等により，その発症件数の多いものや発症した際の症状が重いものについて，25品目を食品に使用した場合の表示を食品衛生法上義務づけている（平成21年より食品表示に関する業務は厚生労働省から消費者庁へ移管）。そこでは，「卵，乳，小麦，えび，かに，そば，らっかせい」の7品目には表示義務を，「あわび，いか，イクラ，オレンジ，キウイフルーツ，牛肉，くるみ，さけ，さば，大豆，鶏肉，バナナ，豚肉，まつたけ，もも，やまいも，りんご，ゼラチン」の18品目には表示を奨励することを定めている（表12−3）。

表12-3　食品のアレルギー表示について

規　定	アレルギーの原因となる食品の名称	表示をさせる理由	表示の義務
省　令	卵，乳，小麦，えび，かに	発症件数が多いため	表示義務
	そば，らっかせい	症状が重くなることが多く，生命に関わるため	
通　知	あわび，いか，いくら，オレンジ，キウイフルーツ，牛肉，くるみ，さけ，さば，大豆，鶏肉，バナナ，豚肉，まつたけ，もも，やまいも，りんご，ゼラチン	過去に一定の頻度で発症が報告されたもの	表示を奨励（任意表示）

厚生労働省ホームページより抜粋

（2）　アレルゲン除去食品

食物アレルギーの患者にとって，その問題を解決する食生活には，アレルギー除去食品によってアレルギーの原因となる食物アレルゲンを摂取しない対策が最も重要である。ここでいう「アレルゲン除去食品」とは，①特定の食品アレルギーの原因物質である特定のアレルゲンを不使用又は除去した（検出限界以下に低減した場合を含む）ものであること。②除去したアレルゲン以外の栄養成分の含量は，同種の食品の含量とほぼ同程度であること。③アレルギー物質を含む食品の検査方法により，特定のアレルゲンが検出限界以下であること。④同種の食品の喫食形態と著

しく異なったものでないこととして「特別用途食品の表示許可等について（消食表277号）」に規定されている。

その代表例を以下に挙げる。

① 調製粉乳

加熱処理や酵素処理などによるタンパク質抗原の低アレルゲン化が図られている。加熱処理では乳清タンパク質中のウシ血清アルブミンと免疫グロブリンに対して一定の低アレルゲン化が期待できるが，実際には加熱時に生じるメイラード反応によって，あらたな抗原性物質の生成を招く恐れがあり，加熱処理単独での低アレルゲン化は技術的に難しいとされている。一方，酵素分解によって免疫系に認識されないペプチドやアミノ酸レベルまで低分子化する方法により調製された「アレルギー疾患乳児用の完全分解乳やアミノ酸乳」がある。しかし，カゼインの酵素分解物には酵素によって生成された苦味ペプチドが風味を損なう問題がある。また，乳タンパク質として精製原材料から調製されるため，微量栄養素（ビオチン，セレン，カルニチンなど）の損失が起きやすく，乳幼児の栄養素欠乏症をまねく恐れがある。

② 小 麦

食品加工用酵素である *Tricoderma viride* 由来のセルラーゼとプロテアーゼを作用させることにより低アレルゲン化した小麦粉が開発されている。この調製法では小麦中のグルテンが分解されるためにバッター状になってしまう特徴があるが，低アレルゲン化小麦に残存するデンプンの糊化特性を利用して，さまざまな小麦加工食品の製造に応用されている。

③ 米

酵素処理によって製造された乾燥米粒を，低アレルゲン化米（ファインライス，資生堂）として，わが国初の「特定保健用食品」として当時の厚生省より許可されている（1993年）。これは米をタンパク質分解酵素で処理した後に塩，水可溶性のグロブリンアルブミン画分をできる限り除去することによって，製造されたものである。この酵素処理米は，米アレルギーのあるアトピー性皮膚炎患者の血清中の米特異的IgE抗体との反応性を指標に開発が進められたものである。さらに，この酵素処理米のほか，アルカリ処理法によってタンパク質の低減化を行ったアルカリ処理米も，低アレルゲン化米として開発されている。

④ 大 豆

現在までのところ有効な低アレルゲン化大豆加工食品がみられない。しかし，みそや納豆などの発酵食品において，原材料の大豆から発酵過程でアレルゲンタンパク質の分解がみられることから低アレルゲン化大豆加工食品として利用が期待されている。また遺伝子組換えを含む育種レベルでの低アレルゲン化品種の創出の試みや酵素処理による低分子化，さらに高圧・加熱・混捏処理やガラクトマンナンを利用したメイラード反応によるアレルゲンの低減化なども試みられている。

⑤ 食 肉

アレルゲンとして同定されているタンパク質が上記の食品タンパク質に比べて少ないが，他のアレルゲンタンパク質を食肉の加工工程で加えることが多いため，低アレルゲン化への取り組みが行われている。特にソーセージなどの食肉加工品において「つなぎ」として使用される乳，卵，大豆などがアレルゲンとして作用することから，これらの「つなぎ」を添加しない食肉加工製品がアレルゲン除去食品として開発されている。

（3） アレルギー反応を制御する成分

アレルギー反応の制御に応用しうる食品成分の存在について多くの研究がなされている。

① 茶の成分（カテキン）

茶（*Camellia sinensis*）は，単なる嗜好品としてだけでなく，茶に含まれるポリフェノールがもつ多くの生理作用が注目されている。特に近年において，緑茶中のカテキンに存在する抗アレルギー作用が大きな注目を集めている。立花らは，茶カテキン中のエピカテキンガレートやエピガロカテキンガレートがアレルギー反応の主要なエフェクター細胞であるマスト細胞や好塩基球に作用して，ミオシンのリン酸化抑制やIgE受容体FcεRIの発現抑制により炎症性化学物質ヒスタミンを放出する（脱顆粒）反応を抑制することを明らかにしている。さらに「べにふうき」などの茶葉の熱水抽出物より見いだされたメチル化カテキンにも同様の抗アレルギー作用があることが明らかになっている。

② プロバイオティクス（乳酸菌）

乳酸菌やビフィズス菌などは，生体内におけるT細胞応答（Th1/Th2バランスの調節，制御性T細胞の誘導）やI型アレルギー反応であるIgE抗体産生，炎症反応を制御してアレルギー反応を抑制する。

臨床試験においては，アトピー性皮膚炎の罹患履歴をもつ妊産婦に乳酸菌（*Lactobacillus rhamnosus* GG）を経口投与して乳幼児の皮膚炎症状が改善された報告がある。また，近年では乳酸菌の菌体成分を認識するパターン認識受容体（pattern-recognition receptors; PRRs）を介した自然免疫系応答による信号がマスト細胞などの炎症性細胞に作用して，脱顆粒反応抑制効果を示すことが明らかにされている。これらのプロバイオティクスによる抗アレルギー作用の特徴は菌株特異的な作用であり，必ずしもすべての乳酸菌やビフィズス菌に対してみられる作用ではない。

③ プレバイオティクス（オリゴ糖）

ラフィノースは，アトピー性皮膚炎の患者に対して投与すると，皮膚炎症状の改善や炎症性細胞である末梢血中の好酸球数の減少がみられる。また，食餌性の抗原タンパク質によって誘導される血中抗体価IgEの上昇抑制や経口免疫寛容の効果的

な誘導による腸管免疫系での Th2型サイトカイン産生の低応答化など, 抗アレルギー作用が報告されている。

フラクトオリゴ糖も抗アレルギー作用があることが知られている。両親にアトピー性皮膚炎やアレルギー鼻炎などのアレルギー性疾患を既往症としてもつ乳児に対して, フラクトオリゴ糖をガラクトオリゴ糖とともに摂取させた場合, アトピー性皮膚炎の累積発症率, および血中の抗体価が対照群に比べて有意に低下することが報告されている。腸内細菌叢の改善によって, 腸管粘膜におけるムチン層が厚くなることや分泌型免疫グロブリンA (IgA) 産生の亢進など, 粘膜バリアへのポジティブな影響がアレルゲンタンパク質の腸管腔からの侵入を抑えることなどがその作用機序として考えられている。

④　ヌクレオチド

ヌクレオチドは妊婦や新生児にとって特に重要であると考えられている栄養素でもあるが, アレルギー発症の頻度が高い乳幼児では, 生体のT細胞応答においてTh1/Th2バランスがTh2型に傾きやすい傾向がこれまでに示唆されている。現在, ヌクレオチドの臨床試験においても Th1型サイトカインの IL-2および IL-12産生を活性化することから, その抗アレルギー作用についての応用の可能性が期待されている。

⑤　その他の食品成分

上述した食品成分のほかにも, トマト (*lycopersicon esculentum*) に含まれるポリフェノールであるナリンゲニンカルコンや, リンゴ (*rosaceae malus*) 中のポリフェノールであるプロシアニジンなどに抗アレルギー作用についての研究報告があり, 抗アレルギー食品素材としての応用展開が期待されている。

（4）　免疫力を高める成分

食品中には, 炎症反応を制御することによってアレルギー症状を抑制する抗アレルギー作用ばかりでなく, 宿主の免疫応答を賦活化することにより, 免疫応答のバランスを維持する成分もある。次に挙げる食品成分は, 免疫調節作用のある食品素材として, 比較的多くの研究報告がある。

①　プロバイオティクス：乳酸菌による予防効果（免疫力の活性化）

乳酸菌やビフィズス菌は腸内細菌叢を改善して腸内腐敗菌を減少させるばかりでなく, 免疫系に直接作用して抗感染・抗がん作用を示すと報告されている。腸管免疫系細胞に作用して, 感染防御に重要な免疫グロブリンA (IgA) 産生を活性化する働きが知られており, その活性の強さは菌株特異的であるのが特徴である。

②　プレバイオティクス：オリゴ糖による腸内細菌叢の改善

プロバイオティクスによる腸管免疫系への作用は, 経口摂取によって腸管腔内で取り込まれる小腸部位の腸管免疫系に特徴的であるのに対し, プレバイオティクス

の主な作用部位は，腸内細菌の大部分が存在する大腸部位であることが想定されている。しかし大腸部位における免疫応答については小腸部位の免疫系に比べて研究報告が少なく，詳細は不明な点が多い。

　以上，述べてきたように，機能性食品成分によってアレルギーの発症を制御するには，宿主の免疫反応の適正化が重要なポイントとなる。すなわち抗原提示能の制御や食物アレルギーの発症に重要なⅠ型アレルギー反応が関与しているT細胞応答ではTh2型反応が過剰に活性化しないように制御すること，それに伴い血中の抗体価(特にIgEなど)の上昇を抑制すること，摂取する食品抗原に対しては，経口免疫寛容を効率的に誘導できるようにすること，抗原特異的なT細胞応答を制御して過敏な免疫反応が起こらないように制御性T細胞応答を効果的に誘導すること，炎症反応におけるエフェクター細胞であるマスト細胞，好中球などの活性化を抑制し，特に炎症性化学物質(ヒスタミンなど)の脱顆粒反応を制御することなどである(図12-6)。これらは機能性食品成分が腸管免疫系などをはじめとする免疫組織内の標的細胞に直接作用することによって誘導されること，さらに摂取した機能性食品分子は腸管内の微生物学的な環境変化を誘導し，腸内細菌による代謝産物などによって免疫反応がさらに修飾されることが考えられている。食品成分は医薬品と比べると免疫系に作用する効果は顕著ではないが，生体に対する安全性を担保しながら，さらなる臨床応用研究とともに，アレルギーの予防へ向けた大きな進展が大いに期待されている。

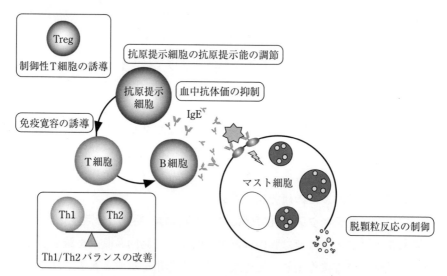

図12-6　食品成分によって期待されるアレルギー制御機構

●確認問題 ＊ ＊ ＊ ＊ ＊

1. 自然免疫と適応免疫の違いを説明しなさい。

2. 適応免疫のエフェクターには，どのようなものがあるか書きなさい。

3. 抗原提示について説明しなさい。

4. 経口免疫寛容とその意義について説明しなさい。

5. 食物アレルギーを起こす食品には，どのようなものがあるかを挙げなさい。

6. 食物アレルギーに関する表示義務が必要な食品を挙げなさい。

7. 食物アレルギーを抑制できる食品成分を挙げ，その機序を説明しなさい。

〈参考文献〉

入村達郎訳，Playfair J 著：「感染と免疫」，東京化学同人（1997）

清野宏編集：「臨床粘膜免疫学」，シナジー（2012）

笹月健彦監訳，Murphy K, Travers P, Walport M 著：「Janeway's 免疫生物学 原著第7版」，南江堂（2010）

日本食品免疫学会編：「食品免疫・アレルギーの事典」，朝倉書店（2011）

立花宏文：「生化学」，81, 290（2009）

Kalliomaki M, *et al.*, Lancet, 357, 1076（2001）

藤原茂：食品免疫・アレルギーの事典，323, 朝倉書店（2011）

Sudo N, *et al.*, J Immunol, 159, 1739（1997）

Tsuda M, *et al.*, Cytotechnology, 55, 89（2007）

Kasakura K, *et al.*, Int Arch Allergy Immunol, 150, 359（2009）

Kaneko I, *et al.*, J Appl Glycosci, 51, 123（2004）

Nagura T, *et al.*, Br J Nutr, 88, 421（2002）

van Hoffen E, *et al.*, Allergy, 64, 484（2009）

永渕真也：食品免疫・アレルギーの事典 , 349, 朝倉書店（2011）

Hiramatsu Y, *et al.*, Cytotechnology, 63, 307（2011）

Fukasawa T, *et al.*, J Agric Food Chem, 55, 3174（2007）

13章　生体の酸化を防止する機能
一活性酸素・フリーラジカルの消去と健康

> **概要**：エネルギー産生のために摂取する酸素は，酸化という化学反応を通じて生体を傷害する作用も
> 有する。活性酸素・フリーラジカルという酸化物質の産生過程および性質を学び，その影響を
> 軽減する食品中の抗酸化物質について学ぶ。

到達目標　　＊　　＊　　＊　　＊　　＊　　＊　　＊

1. 活性酸素・フリーラジカルとは何かを理解し説明できる。
2. それらの生体内での発生，生体に傷害をもたらす機序について説明できる。
3. 活性酸素・フリーラジカルを消去するための酵素，抗酸化物質を例示しその必要性を説明できる。
4. 活性酸素の種類とそれぞれを消去する機能をもった食品成分を挙げて，それらの反応機構を理解し説明できる。
5. 抗酸化物質であるカロテノイド，ポリフェノール，クエン酸を多く含む食品を挙げることができる。

● 1　はじめに

　私たちは空気中の酸素を吸い二酸化炭素を出すことで呼吸し生命を維持している。一方酸素は「酸化」という化学反応を引き起こす反応性に富んだ気体でもある。タンパク質や糖質，脂質などの成分が酸化され食品が劣化するように，われわれのからだのなかでも場合によっては酸化が起こり，さまざまな病気の原因となることが明らかになってきた。

● 2　酸化と還元

　酸化(oxidation)とは対象とする物質が「電子を失う(相手に渡す)反応」と定義され，具体的には物質が酸素と化合することを意味する。その反対に還元(reduction)とは対象とする物質が「電子を得る(相手から受け取る)反応」で，具体的には物質から酸素が奪われる反応を意味する。酸化と還元は2つの物質間で同時に起こり，相手を酸化した物質は相手から電子を得て還元されることになるので，酸化還元反応とよばれている。例えば，身近な反応として，鉄が錆びて酸化鉄になる場合，鉄の電子は酸素に移動しており，鉄は酸化され，酸素は鉄から電子を奪っているため還元されていることになる。同様に，生体の酸化ストレス，あるいは食品の変質を

抑える抗酸化物質は，その反応においてそれ自体は酸化されるため，抗酸化物質であるチオール，アスコルビン酸またはポリフェノール類は還元剤として作用する。

3 活性酸素とフリーラジカル

活性酸素(reactive oxygen species)とは，酸素分子(O_2)がより反応性の高い化合物に変化した状態であり強い酸化力を有する。スーパーオキシドアニオン($\cdot O_2^-$)，ヒドロキシルラジカル($\cdot OH$)，過酸化水素(H_2O_2)，一重項酸素($^1O_2$)の4種類をいう(図13-1)。酸素原子は最外側の軌道に2個の不対電子(ペアになっていない電子)をもっており，そのうちの一つの電子が酸素分子では結合に用いられるため，酸素分子においては合計2個の不対電子をもつ構造になっている。この2個の電子が同じ方向にスピンしているときの酸素分子は，三重項酸素とよばれ比較的安定している。酸素分子から生成される最初の還元体，すなわち電子を一つ受け取った状態がスーパーオキシドアニオンであり，他の活性酸素の前駆体として重要である。ヒドロキシルラジカルは最も反応性が高く，活性酸素による生体障害の主要な原因物質と考えられている。過酸化水素は，それほど反応性は高くなく，生体温度では安定しているが，鉄などの遷移金属イオンによって還元され(フェントン反応)容易に分解してヒドロキシルラジカルを生成する。酸素分子が電子1個ずつ捕獲する(還元される)につれてスーパーオキシドアニオン，ヒドロキシルラジカル，過酸化水素という順に変化する。一重項酸素は，分子構造は普通の酸素分子とそれほど大

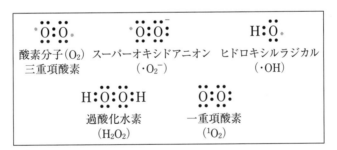

図13-1 酸素分子と活性酸素の電子状態

＊図は最外側の軌道上の電子を点で表し，● 点は不対電子(ペアになっていない電子)を示す。

きく違わないが電子配置が異なる。一つの電子軌道が空となっているため電子を求める性質が非常に強く，強力な酸化力を有する。

活性酸素の中で，スーパーオキシドアニオンとヒドロキシルラジカルは，「フリーラジカル(free radical)」とよば

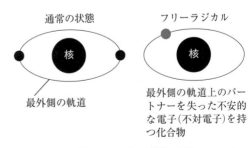

図13-2 フリーラジカルとは

れ，通常は2個の電子が対になって存在する原子核を中心とした電子軌道に，対になっていない「不対電子」という電子をもつ（図13-2）。不対電子は対になろうとするため他から電子を奪い取りやすく，すなわち自分は還元されやすく相手を酸化しやすい性質を持ち，一般に不安定で反応性が大きい。過酸化水素と一重項酸素は活性酸素ではあっても，不対電子をもたないためフリーラジカルではない。しかし，環境によりすばやくフリーラジカルが生じるので，反応性に富んだ重要な活性酸素として位置づけられている。

一酸化窒素（NO）は，生体内で一酸化窒素合成酵素（NO Synthase; NOS）により，アミノ酸であるL-アルギニンからL-シトルリンとともに合成される。一酸化窒素は常温で気体の状態で存在し，生体膜を自由に通り抜けて細胞情報伝達因子として機能し，アポトーシスや血管拡張などの過程に関与する。一酸化窒素はスーパーオキシドアニオンと反応してペルオキシナイトライト（$ONOO^-$）を生成する。これは強力な酸化力をもっており，タンパク質中のチロシン残基や核酸中のグアニン残基をニトロ化することにより，組織を傷害することが知られている。

生体の細胞膜などに存在する脂質（LH）は，ヒドロキシルラジカルにより電子を奪われて（酸化されて）不対電子をもつようになり，水素原子を引き抜かれると脂質ラジカル（・L; アルコキシルラジカル）になる。生成された脂質ラジカルは，酸素分子と反応して脂質ペルオキシルラジカル（・LOO）となり，他の脂質（LH）と反応して，過酸化脂質（LOOH）と新たな脂質ラジカル（・L）を生成する。このような反応が連鎖的に繰り返されることから，連鎖的脂質過酸化反応とよばれる。このようにラジカルに1電子を奪われた分子が他の分子から電子を引き抜くと，その分子がさらにラジカルを形成するため反応は連鎖的に進行する。反応はラジカル同士が反応して共有結合を生成するまで続くことになる。生体内では，これら活性酸素に端を発したラジカル同士の反応が連鎖的に起こるので，どこまでが活性酸素かを論じることが困難な場合も多く活性酸素・フリーラジカルによる反応として一括して論じることが多い。

● 4　活性酸素・フリーラジカルの生体内での産生とその消去系

呼吸によって取り入れた酸素は，細胞内のミトコンドリア電子伝達系（図13-3）により「還元」され，生存に必要なエネルギーをATP（アデノシン三リン酸）という形で効率的に産生している。しかし2％程度の酸素はエネルギー産生過程で漏れ出て，電子伝達系の副生成物としてスーパーオキシドアニオンを生成する。更に複合体Ⅲでは，不安定な中間体であるユビセミキノンの電子が直接酸素に転移し，スーパーオキシドアニオンが形成される。

生体内では，これらの反応性の高い活性酸素を消去することが生命を維持するた

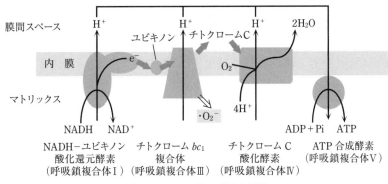

図13-3 ミトコンドリア電子伝達系

ミトコンドリア電子伝達系によるATP産生

注〕 ミトコンドリア内では，TCA回路により高エネルギー物質であるATPを産生するとともに，高エネルギー電子を有するNADHを産生する。ミトコンドリア電子伝達系は，生物が好気呼吸（酸素を用いる呼吸）を行うときに起こす最終段階の反応系である。NADHはミトコンドリア内膜でNAD$^+$に酸化され，その際生じたプロトン（H$^+$）は膜間スペースに輸送されて膜の内と外にプロトン濃度の差を生じさせる。生じた濃度勾配によりプロトンがプロトン輸送体（呼吸鎖複合体V：ATP合成酵素）をマトリックス側に向かって通過する際にATPが合成される。この過程で副生成物として・O$_2^-$が生成される。特に，複合体IIIではユビキノンの電子が直接酸素に転移して・O$_2^-$が生成される。

めに不可欠であり，そのため活性酸素・フリーラジカルに対する防御システムが生体に備わっている。これには活性酸素を反応性のないものに変化させる酵素と，自分が標的となり酸化されてフリーラジカルの酸化作用を消去する抗酸化物質に分けられる。

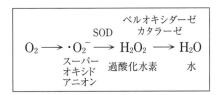

図13-4 活性酸素の消去酵素による解毒化

酵素としては，スーパーオキシドディスムターゼ（SOD），ペルオキシダーゼ，カタラーゼがある（図13-4）。SODは，スーパーオキシドアニオンを酸素と過酸化水素に分解する酵素群で，ヒトでは銅，亜鉛，マンガン，鉄を補因子として含んだアイソザイムがある。銅/亜鉛SODはあらゆる細胞の細胞質に，マンガンSODはミトコンドリアに存在している。銅/亜鉛を含む細胞外型SODも肺・膵臓などの細胞外に存在する。これら3種のSODのうち，ミトコンドリアに局在するマンガンSODは最も重要で，この酵素が欠損した遺伝子改変（ノックアウト）マウスは生後まもなく死亡する。カタラーゼは鉄とマンガンを補因子とし過酸化水素を水と酸素へと変換する酵素である。グルタチオンペルオキシダーゼは，補因子として4つのセレン原子を含み，過酸化水素と有機ヒドロペルオキシドの分解を触媒する。動物では少なくとも4種のグルタチオンペルオキシダーゼアイソザイムがある。グルタチオンペルオキシダーゼ1が最も豊富で，効率的に過酸化水素を除去する。一方，グルタチオンペルオキシダーゼ4は脂質ヒドロペルオキシドに作用する。

● 5　活性酸素・フリーラジカルによる傷害

　私たちは生体内で，活性酸素・フリーラジカルの高い反応性をうまく利用して生体防御に役立ててきた。好中球など白血球の生成するスーパーオキシドアニオンとそれから産生される種々の活性酸素・フリーラジカルは，殺菌作用や抗腫瘍効果に主な役割を果たしている。一方ではまた，これら反応性の高い活性酸素を消去することが生命を維持するためには不可欠であり，さまざまな「抗酸化」機構を獲得し生体を防御してきた。これら防御機構が働かないと，活性酸素・フリーラジカルは生体内のタンパク質や脂質，核酸を酸化し，細胞膜，DNA，酵素などを傷害して，生活習慣病や老化の原因となるさまざまな障害を引き起こすと考えられている。また肥満，高血糖，炎症などさまざまな内的要因や，紫外線，放射線，喫煙などの外的要因により，通常より多くの活性酸素・フリーラジカルが体内で発生してしまう場合も酸化による障害が問題となる。すなわち，活性酸素・フリーラジカルの生成と消去のバランスが崩れ「生体の酸化反応と抗酸化反応のバランスが崩れ酸化反応が優位になった状態」を「酸化ストレス」とよび，このような状態が病気の発症や進展に関与していると考えられている。

　活性酸素・フリーラジカルは生体内の脂質，核酸，アミノ酸，炭水化物，種々の生理的活性物質など多様な分子を標的としているために多くの病気と関連している。特にすべての細胞膜の脂質中に局在する高度不飽和脂肪酸は，活性酸素・フリーラジカルにより攻撃され連鎖的な脂質過酸化反応を介して過酸化脂質を生成する。脂質やタンパク質で構成される生体膜は，細胞や細胞内小器官を区切るだけでなく膜表面の受容体としても多様な機能をもっているので，連鎖的な脂質過酸化反応は，膜構造の破壊による細胞死だけでなく，細胞を維持するための酵素作用や受容体機能を大きく障害することになる。

● 6　抗酸化物質と食品

　酸化ストレスに対応するために，日常生活においても抗酸化物質を多く含む食品を積極的に摂取することが望ましい。抗酸化物質は水溶性と脂溶性の2つに大別される。水溶性抗酸化物質は細胞質基質と血漿中の酸化物質と反応し，脂溶性抗酸化物質は細胞膜の脂質過酸化反応を防止している。これらの化合物は体内で生合成するか，食物からの摂取によって得られる。水溶性抗酸化物質では，アスコルビン酸（ビタミンC），還元型グルタチオン，ビリルビン，尿酸が挙げられ，脂溶性では，ビタミンE（トコフェロール），カロテノイド（リコペン，カロテン，ルテイン）が挙げられ，水溶性と脂溶性の両方で抗酸化効果を発揮するポリフェノールが挙げられる（1章参照）。

アスコルビン酸(ビタミンC)は，霊長類の進化の過程で合成酵素を喪失したため，果物，野菜など食事での摂取を必要とする。最も重要な細胞性抗酸化物質であるグルタチオンはシステイン含有ペプチドであり，細胞内でアミノ酸から合成され，摂取により補給する必要は無い。細胞内ではグルタチオンは，グルタチオンレダクターゼにより還元型で維持され，直接酸化物質と反応するだけではなく，グルタチオン-アスコルビン酸回路やグルタチオンペルオキシダーゼ，グルタレドキシンなどの酵素系によって他の有機物の還元を行っている。ビタミンE(トコフェロール)は植物油に多く含まれ，特にα-トコフェロールは，脂質過酸化連鎖反応で生成する脂質ラジカルによる酸化から細胞膜を保護するため，最も重要な脂溶性抗酸化物質である。カロテノイド(リコペン，カロテン，ルテイン)は果物，野菜，卵に含有される。ポリフェノール(レスベラトロール，フラボノイド)は，茶，コーヒー，豆，果物，オリーブオイル，チョコレート，赤ワインなどに含まれる重要な抗酸化物質である。

● 7 抗酸化作用を有する食品成分と作用機序

　本項では，活性酸素の種類別，あるいはこれらの活性酸素種の反応にきわめて大きな影響を有する遷移金属について，どのような消去化合物が知られているか，またそれがどのような機構によるのかを概説する。

(1)　一重項酸素($^1O_2$)の消去活性

　$^1O_2$については，これを効率的に消去する脂溶性化合物が良く知られている。特に自然界に広く分布する黄色～赤色の色素であるカロテノイド類は，活性酸素種のうち$^1O_2$を選択的に消去することが報告されており，共役二重結合数の大きいものほどこの作用が強いことが知られている。具体的には，β-カロテン((かぼちゃ(100 g 当たり4 mg)，にんじん(100 g 当たり9 mg))，リコペン(トマト(100 g 当たり3 mg))，アスタキサンチン(さけ，イクラ(100 g 当たり3 mg))などである(図13-5)。この

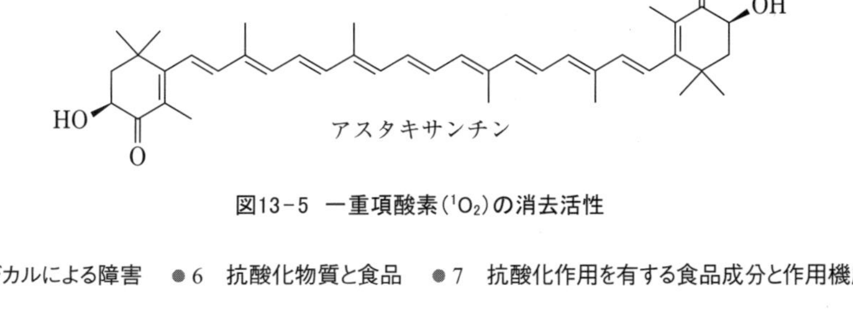

リコペン

β-カロテン

アスタキサンチン

図13-5　一重項酸素($^1O_2$)の消去活性

なかでは，共役系の長いアスタキサンチンが最も強い$^1O_2$消去活性をもつ。このほかビタミンE，Cにも$^1O_2$消去作用が報告されているが，脂溶性ビタミンであるビタミンEが，主に生体内で$^1O_2$消去に関わっていると考えられている。

これらの化合物の$^1O_2$消去の機構は，化合物への$^1O_2$の付加（化学的消去：ビタミンC），あるいはこれらの化合物が触媒として働き，$^1O_2 \rightarrow {}^3O_2$へと戻す機構（物理的消去：カロテノイド，ビタミンE）が報告されている（図13-6）。

$$A(消去物質) + {}^1O_2 \longrightarrow AO_2 （化学的消去）$$
$$A(消去物質) + {}^1O_2 \longrightarrow A + {}^3O_2 （物理的消去）$$

図13-6 $^1O_2$の消去機構

カロテノイドは自然界に広く分布する黄色〜橙色の色素である。したがってこのような色を呈する野菜や果物（にんじん，かぼちゃ，みかん，トマト），また緑黄色野菜にも多く含まれている。動物性食品としては，さけ，イクラ，えびなどにアスタキサンチンが含有されている。

β-カロテンの1日の摂取目安は6mg程度であり，にんじん1/2個程度となる。リコペンの1日の摂取目安は15〜20mg程度とされており，これはトマトにすると2個，トマトジュースではコップ1杯程度である。アスタキサンチンの1日の摂取目安は1〜2mg程度で，これは，さけの切り身1〜2切れ程度となる。

（2） ラジカルの消去活性

多くのラジカル種の起点となるO_2^-の消去には，SOD以外ではいわゆるポリフェノール類（フラボノイド，可溶性タンニン）やビタミンEが有効といわれているが，その詳細な作用機構は不明である。HO・や脂質ラジカル（LOO・）もポリフェノール類やビタミンEによって消去されるが，図13-7のような機構が報告されている。

ポリフェノールが多く含まれる食品としては，ベリー類の果物（100g当たり250mg），コーヒー（1杯当たり200mg）や赤ワイン（100mL当たり300mg）などの飲み物が知られている。ポリフェノールの1日の摂取目安は1500mg程度とされており，これはコーヒー7, 8杯分に相当する。

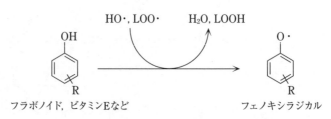

図13-7 フラボノイド，ビタミンEのラジカル消去機構

（3） 金属イオンの消去

　Fe^{3+}，Cu^{2+}等の金属イオンは，各種ラジカル種の発生や，活性酸素の脂質等への反応に際し，重要な役割を果たしていることが多い。したがって，これら金属イオンの消去は酸化反応の抑制に有効である。具体的には，分子内に複数のN, Oを有する化合物（N, Oは配位結合に関与する孤立電子対を有する）であるクエン酸，フィチン酸，ペプチド類（図13-8）などは，これら金属イオンと配位結合し，金属イオンの酸化反応への寄与を抑制することが報告されている。

　クエン酸は柑橘類などの果物（100 m当たり1 g），フィチン酸は玄米（100 g当たり1 g）に多く含まれることが知られている。金属イオンは酸化反応にのみ関与しているわけではなく，生体にとって必要な成分でもある。したがってクエン酸やフィチン酸には摂取目安は示されていない。

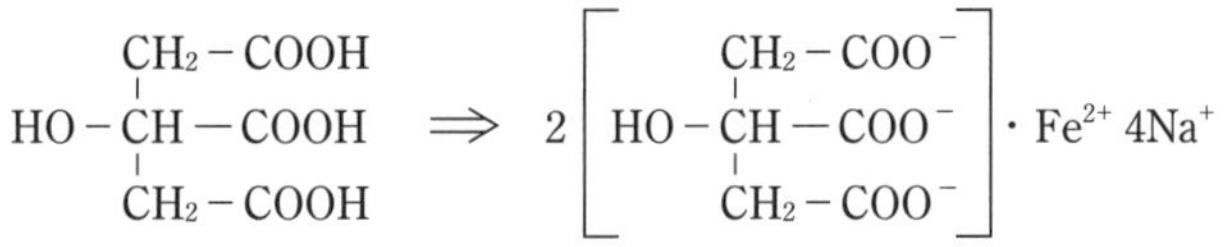

$$\begin{array}{c} CH_2-COOH \\ | \\ HO-CH-COOH \\ | \\ CH_2-COOH \end{array} \Rightarrow 2\left[\begin{array}{c} CH_2-COO^- \\ | \\ HO-CH-COO^- \\ | \\ CH_2-COO^- \end{array}\right]\cdot Fe^{2+}\ 4Na^+$$

　　　　クエン酸　　　　　　　　　　クエン酸とFe^{2+}との配位化合物

図13-8　クエン酸の金属イオン消去作用

●確認問題 ＊ ＊ ＊ ＊ ＊

1. 活性酸素とは何かを説明しなさい。

2. フリーラジカルとは何かを説明しなさい。

3. ミトコンドリアでの活性酸素の発生について説明しなさい。

4. 連鎖的な脂質過酸化反応が生体に傷害をもたらす理由について説明しなさい。

5. 活性酸素・フリーラジカルを消去するための酵素と抗酸化物質について説明しなさい。

6. 一重項酸素($^1O_2$)を効率的に消去する食品成分を一つ挙げ，その消去機構を説明しなさい。

7. ポリフェノール類が効率的に消去する活性酸素種は何か。またその機構を説明しなさい。

〈参考文献〉

Wang Y, Yamamoto S, Miyakawa A, et al. Intravitaloxygen radical imaging in normal and ischemic rat cortex. Neurosurgery 67:118-128(2010) 5の項

水上茂樹，五十嵐脩：「活性酸素と栄養」，光生館(1995) 7-(1)の項

Superoxide Anion Generation via Electron-Transfer Oxidation of Catechin Dianion by Molecular Oxygen in an Aprotic Medium

Ikuo Nakanishi, Kiyoshi Fukuhara, Kei Ohkubo, Tomokazu Shimada, Hisao Kansui, Masaaki Kurihara, Shiro Urano, Shunichi Fukuzumi, Naoki Miyata

Chem. Lett., 30(11), 1152-1153(2001). DOI: 10.1246/cl.2001.1152 7-(2)の項

Laura Bravo, Polyphenols: Chemistry, Dietary Sources, Metabolism, and Nutritional Significance, Nutrition Reviews, 56(11), 317-333(1998) 7-(2)の項

14章　機能性食品（保健機能食品）
―生体の保健機能を積極的に高めるために

概要：機能性食品の分類，それぞれの特徴を学ぶ。また，特定保健用食品の有する病気の予防効果を知り，その利用法を学ぶ。

到達目標　　＊　　＊　　＊　　＊　　＊　　＊　　＊

① 食品と医薬品の違いを説明できる。
② 特定保健用食品，栄養機能食品並びに機能性表示食品の違いを説明できる。
③ 特定保健用食品に表示できるヘルスクレームを挙げられる。
④ 栄養機能食品に用いられる栄養成分をすべて挙げられる。
⑤ 日本と外国のサプリメントの違いを説明できる。
⑥ 機能性食品の上手な利用法を理解し，説明できる。

● 1　機能性食品とは

　これまでの内容から，毎日の食生活で食べている食品には，栄養素を供給する働きだけではなく，病気を予防する働きがあることも理解できたと思う。われわれの健康を維持し，病気を予防するためには，さまざまな食べ物の働きを知り，食べ物をバランスよく食べることが大切である。しかし，毎日の生活のなかでは，多忙やストレスなどの原因により，体調が優れないこともある。このようなときには，生体の保健機能をより高めるために，健康維持に必要な機能性成分を積極的に摂ることも必要である。

　日本では2001年に保健機能食品制度がスタートし，さまざまな機能性成分を強化した機能性食品が考案され，開発されている。また2015年には，新たに機能性表示制度が導入された。本項では，日本における機能性食品の現状を解説する。

（1）　食品と医薬品の違い

　私たちが通常，口のなかに入れる食品や医薬品などの飲食物は，すべて食品衛生法や薬事法（2015年11月より医療機器等の品質，有効性及び安全性の確保等に関する法律（薬機法）」に名称変更）により明確に区別されている。

　食品は，医薬品および医薬部外品以外のすべての飲食物を指している。食品衛生法には，食品や食品添加物の飲食による危害の発生を防止するために，それらの基準，表示，検査等に関するさまざまな事項が定められている。食器，割ぽう具，容

● 1　機能性食品とは　　169

器，包装，乳児用おもちゃも食品衛生法の規制対象となっている。

　一方，薬事法（薬機法）は，昭和35年8月に施行された法律であり，医薬品と医薬部外品にあたる飲食物の品質，有効性および安全性を確保するために必要な事項が定められている。薬事法（薬機法）には，化粧品や医療機器に関する決まりも含まれている。ヒトまたは動物の疾病の診断，治療または予防を目的とする物を医薬品と定めており，それには治療を目的とした効能を表示することが認められている。

　医薬部外品は，医薬品の効能をもたず，口臭，体臭の防止，脱毛の防止などのように，人体に対する作用が緩和なものを指している。また染毛剤，浴用剤などもこれに分類されている。これらは，医薬品のように販売業の許可を必要とせず，一般の小売店において販売することができる。

　これまでの説明からわかるように，食品は，医薬品や医薬部外品と違って，ヒトの疾病を治療することを目的としていないことから，治療に関わる効能を表示できないことが医薬品や医薬部外品と大きく異なる点である。

（2）　食品表示において規制の対象となる健康に関する表現例

　近年，食品メーカーは，消費者の健康志向に伴い，健康維持を目的とした多くの食品を開発し，販売している。その際，食品の表示や広告に対して，薬事法（薬機法）による規制があることに注意しなければならない。以下に食品の規制対象となる制限に関して，例を挙げる。

＜規制の対象となる表現例＞

① 　疾病の治療または予防を目的とした効果・効能

　「糖尿病，高血圧，動脈硬化のヒトに」

　「がんがよくなる」

　「便秘がなおる」

② 　身体の組織機能の一般的増強，増進を主たる目的とする効能・効果

　「疲労回復」，「体力増強」

　「老化防止」，「若返り」

　「血液を浄化する」，「美肌・美白」

③ 　医薬品的な効能・効果の暗示

　「体質改善，健胃整腸で知られる○○○○を原料とし……」

　「体がだるく，疲れのとれない方に」

　「副作用はありませんので，安心してお召し上がりいただけます」

以上の表現例は，食品には不適切な表現として，薬事法（薬機法）で規制されているので，修正が求められる。

（3）　保健機能食品制度と機能性表示食品制度

①　保健機能食品制度

　日本国民の健康への関心が高くなってきたことを受けて，厚生労働省は，2001年4月より，食品の病気を予防する働きを強化した保健機能食品を作り，消費者に提供する保健機能食品制度をスタートさせた。保健機能食品は，食品衛生法に基づいた加工食品であり，近年明らかとなってきた食品素材の病気を予防する機能性成分を強化したもので，国民の健康増進を目的に作られている。

　保健機能食品は，機能性食品（Functional food）と同義語で使用されている。これは，生体調節機能を有し，病気を予防する効果を示す機能成分を食品に適切に配合し，より効率的にその機能を発揮するように設計された食品で，その効果が，科学的に立証されたもののことである。保健機能食品のうち，ヒトで効果が立証されたものは，特定保健用食品として，食品でも病気の予防効果の表示が許可されている。この許可制度は，最初，厚生労働省が行っていたが，2009年からは，消費者庁が行っている。

②　機能性表示食品制度

　平成27年4月からは，機能性表示食品制度ができ，これまでの保健機能食品に加えて，新しく分類される「機能性表示食品」が，機能性食品として認められることとなった。

a）　機能性表示食品ができた背景

　機能性表示食品が新しくできた背景には，いくつかの理由がある。一つは，日本社会の超高齢化に伴い，税金による医療費補助の負担が益々増大すると同時に，国民の医療費負担そのものも増えることにより，国民の健康維持が難しくなることが予想されることにある。そこで，国民自身が，健康を意識した食生活を送り，病気を予防するために，食品に健康食品の機能性表示をできるようにしたのである。特に，新しい制度では，サプリメントだけでなく，一般の生鮮食品や加工食品にも機能性表示ができる。これにより，世界に先駆けて，「健康長寿社会」の実現を目指している。

　また，これまでの制度では，栄養機能食品と特定保健用食品（トクホ）だけに機能性表示が許可されていた。トクホの認可には，莫大な費用と長い期間を要するため，中小企業や小規模事業者にとっては，トクホの開発は事実上難しかった。しかし，今回の制度では，米国のダイエタリーサプリメントの表示制度を参考にしながら，論文等による科学的な根拠があれば，企業等が自らの責任により，国への届け出のみで，食品への機能性表示を可能とした。これにより，中小企業や小規模事業者にも機能性食品の開発への積極的な参入を促し，これら企業の活性化に繋がる安倍内閣の成長戦略第3弾としての経済的効果への期待も理由の一つである。

b) 機能性表示食品とは

　平成25年の12月に上記の理由から，消費者庁に「食品の新たな機能性表示制度に関する検討会」が設置され，「企業等が，加工食品及び農林水産物について，食品の安全性が確保できることを踏まえて，自ら，食品の機能性に関する科学的な根拠を評価することにより，それを表示できる」という新たな制度の検討に入った。検討会で合計8回の検討を行い，平成27年度4月から，これまでの栄養機能食品制度と特定保健用食品制度に加えて，新たな機能性表示食品制度が導入された。

(4) 保健機能食品の分類

　保健機能食品は，栄養機能食品，特定保健用食品並びに機能性表示食品に分類されている。栄養機能食品は規格基準型とよばれ，定められた基準に合致していれば，国への許可申請を出さなくても販売することができる。また，特定保健用食品（トクホ）は，消費者庁の許可または承認を必要とする個別許可型であり，そのなかには従来型の「特定保健用食品」，「疾病リスク低減表示型特定保健用食品」，「規格基準型特定保健用食品」，および「条件付特定保健用食品」の4種類がある。さらに，機能性表示食品は，企業自らが安全性と機能性について実証すると共に，臨床試験もしくはシステマティック・レビュー（SR）を用いた科学的根拠により実証された機能性表示ができるものである。（図14-1）

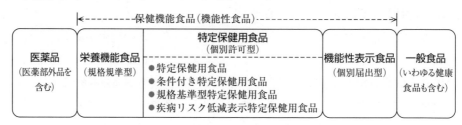

図14-1　新たな制度による機能性食品（保健機能食品）の分類

2　栄養機能食品（規格基準型）

　平成13年にスタートした保健機能食品制度では，保健機能食品の形状が食品の形ではなく，錠剤やカプセルでも良いことが認められ，ビタミンやミネラルからなる栄養機能食品が，保健機能食品に加わった。平成27年4月から導入された新制度により，対象成分が増えた。

(1) 対象成分

　栄養機能食品は，規格基準型の保健機能食品で，13種類のビタミン（新制度でビタミンKが加わる）と6種類のミネラル（新制度でカリウムが加わる），並びにn-3系脂肪酸（α-リノレン酸，EPA，DHA）（新制度で加わる）に関して，設定された1日摂取量の上限値と下限値の基準を満たしたものである。（表14-1）。この基準を

表14-1　栄養機能食品の規格基準

栄養成分	下限値	栄養成分の機能	上限値	摂取をする上での注意事項
n-3系脂肪酸	0.6 g	n-3系脂肪酸は，皮膚の健康維持を助ける栄養素です。	2.0 g	本品は，多量摂取により疾病が治癒したり，より健康が増進するものではありません。1日の摂取目安量を守ってください。
亜　鉛	2.64 mg	亜鉛は，味覚を正常に保つのに必要な栄養素です。 亜鉛は，皮膚や粘膜の健康維持を助ける栄養素です。 亜鉛は，たんぱく質・核酸の代謝に関与して，健康の維持に役立つ栄養素です。	15 mg	本品は，多量摂取によ疾病が指癒したり，より健康が増進するものではありません。亜鉛の摂り過ぎは，銅の吸収を阻害するおそれがありますので，過剰摂取にならないよう注意してください。一日の摂取目安量を守ってください。乳幼児・小児は本品の摂取を避けてください。
カリウム	840 mg	カリウムは正常な血圧を保つのに必要な栄養素です。	2800 mg	本品は，多量摂取により疾病が治癒したり，健康が増進するものではありません。一日の摂取目安量を守ってください。 腎機能が低下している方は本品の摂取を避けてください。
カルシウム	204 mg	カルシウムは，骨や歯の形成に必要な栄泰素です。	600 mg	本品は，多量摂取により疾病が治癒したり，健康が増進するものではありません。一日の摂取目安量を守ってください。
鉄	2.04 mg	鉄は，赤血球を作るのに必要な栄養素です。	10 mg	本品は，多量摂取により疾病が治癒したり，より健康が増進するものではありません。一日の摂取目安量を守ってください。
銅	0.27 mg	銅は，赤血球の形成を助ける栄養素です。 銅は，多くの体内酵素の正常な働きと骨の形成を助ける栄養素です。	6.0 mg	本品は，多量摂取により疾病が治癒したり，より健康が増進するものではありません。一日の摂取目安量を守ってください。乳幼児・小児は本品の摂取を避けてくだい。
マグネシウム	96 mg	マグネシウムは，骨や歯の形成に必要な栄養素です。 マグネシウムは，多くの体内酵素の正常な働きとエネルギー産生を助けるとともに，血液循環を正常に保つのに必要な栄養素です。	300 mg	本品は，多量摂取により疾病が治癒したり，より健康が増進するものではありません。多量に摂取すると軟便（下痢）になることがあります。一日の摂取目安量を守ってください。乳幼児・小児は本品の摂取を避けてください。
ナイアシン	3.9 mg	ナイアシンは，皮膚や粘膜の健康維持を助ける栄養素です。	60 mg	本品は，多量摂取により疾病が治癒したり，より健康が増進するものではありません。一日の摂取目安量を守ってください。
パントテン酸	1.44 mg	パントテン酸は，皮膚や粘膜の健康維持を助ける栄養素です。	30 mg	本品は，多量摂取により疾病が治癒したり，より健康が増進するものではありません。一日の摂取目安量を守ってください。
ビオチン	15 μg	ビオチンは，皮膚や粘膜の健康維持を助ける栄養素です。	500 μg	本品は，重量摂取により疾病が治癒したり，より健康が増進するものではありません。一日の摂取目安量を守ってください。

● 2　栄養機能食品（規格基準型）　　173

ビタミンA	231µg	ビタミンAは，夜間の視力の維持を助ける栄養素です。 ビタミンAは，皮膚や粘膜の健康維持を助ける栄養素です。	600µg	本品は，多量摂取により疾病が治癒したり，より健康が増進するものではありません。一日の摂取目安量を守ってください。 妊娠三か月以内又は妊娠を希望する女性は過剰摂取にならないよう注意してください。
ビタミンB_1	0.36mg	ビタミンB_1は，炭水化物からのエネルギー産生と皮膚や粘膜の健康維持を助ける栄養素です。	25mg	本品は，多量摂取により疾病が治癒したり，より健康が増進するものではありません。一日の摂取目安量を守ってください。
ビタミンB_2	0.42mg	ビタミンB_2は，皮膚や粘膜の健康維持を助ける栄養素です。	12mg	本品は，多量摂取により疾病が治癒したり，より健康が増進するものではありません。一日の摂取目安量を守ってください。
ビタミンB_6	0.39mg	ビタミンB_6は，たんぱく質からのエネルギーの産生と皮膚や粘膜の健康維持を助ける栄養素です。	10mg	本品は，多量摂取により疾病が治癒したり，より健康が増進するものではありません。一日の摂取目安量を守ってください。
ビタミンB_{12}	0.72µg	ビタミンB_{12}は，赤血球の形成を助ける栄養素です。	60µg	本品は，多量摂取により疾病が治癒したり，より健康が増進するものではありません。一日の摂取目安量を守ってください。
ビタミンC	30mg	ビタミンCは，皮膚や粘膜の健康維持を助けるとともに，抗酸化作用を持つ栄養素です。	1000mg	本品は，多量摂取により疾病が治癒したり，より健康が増進するものではありません。一日の摂取目安量を守ってください。
ビタミンD	1.65µg	ビタミンDは，腸管でのカルシウムの吸収を促進し，骨の形成を助ける栄養素です。	5.0µg	本品は，多量摂取により疾病が治癒したり，より健康が増進するものではありません。一日の摂取目安量を守ってください。
ビタミンE	1.89mg	ビタミンEは，抗酸化作用により，体内の脂質を酸化から守り，細胞の健康維持を助ける栄養素です。	150mg	本品は，多量摂取により疾病が治癒したり，より健康が増進するものではありません。一日の摂取目安量を守ってください。
ビタミンK	45µg	ビタミンKは，正常な血液凝固能を維持する栄養素です。	150µg	本品は，多量摂取により疾病が治癒したり，より健康が増進するものではありません。一日の摂取目安量を守ってください。 血液凝固阻止薬を服用している方は本品の摂取を避けて下さい。
葉　酸	72µg	葉酸は，赤血球の形成を助ける栄養素です。 葉酸は，胎児の正常な発育に寄与する栄養素です。	200µg	本品は，多量摂取により疾病が治癒したり，より健康が増進するものではありません。一日の摂取目安量を守ってください。 葉酸は，胎児の正常な発育に寄与する栄養素ですが，多量摂取により胎児の発育がよくなるものではありません。

満たしていれば，製品開発・販売に際して，許認可，登録等の手続きを必要としないものである。

　例えば，ビタミンCに関する栄養機能食品では，以下の商品とその表示がみられる。

例1　飲料タイプ

　「ビタミンCの栄養機能食品です。ビタミンCは，皮膚や粘膜の健康維持を助けるとともに，抗酸化作用をもつ栄養素です。」

＊　本品は，特定保健用食品とは異なり，消費者庁の個別審査を受けたものではありません。

＊　多量摂取により疾病が治癒したり，より健康が増進するものではありません。1日の摂取目安量を守ってください。

＊　食生活は，主食，主菜，副菜を基本に食事のバランスを。

例2　錠剤タイプ

　「ビタミンCの栄養機能食品です。ビタミンCは，皮膚や粘膜の健康維持を助けるとともに，抗酸化作用をもつ栄養素です。1日の目安量である2粒に，ビタミンC 34 mg，アントシアニジン23.9 mg，ビルベリーエキス 100 mg，イチョウ葉エキス 60 mg が含まれています。」

　このような栄養機能食品は，食生活において，1日に必要な栄養成分を摂れない場合など，栄養成分の補給や補完のために利用すると便利である。

（2）　対象食品：新制度で新たに加わった条件

　平成27年から，加工食品の形態に加えて，生鮮食品も対象となった。例えば，イチゴは，可食部100 gに含まれるビタミンC含量は62 mgである。100 g入ったイチゴのパックは，下限値30 mgを超えており，栄養機能食品を表示できる対象品となった。

（3）　表示事項：新制度で見直された内容

　見直された表示事項は，以下の4つである。

①　栄養表示基準値の対象年齢(18歳以上)及び基準熱量(2200 kcal)に関する文言を表示する事

②　特定の対象者(疾病に罹患している人，妊産婦等)に対し，定型文以外の注意を必要とする場合には，当該注意事項を表示する事

③　栄養成分の量および熱量を表示する際の食品単位は，1日当りの摂取目安量とする事

④　生鮮食品に栄養成分の機能を表示する場合，保存方法を表示する事

これらの点を考慮して栄養機能食品が，販売されることになる。

消費者は，これらの食品に記載されている内容をきちんと理解し，摂取していくことが大切である。そのためには，消費者への栄養教育や啓発活動も重要となってくる。

● 3　特定保健用食品

一般的には，食品には病気を予防する保健機能の効果や病気の症状を改善する効果を表示することができないが，ヒトで該当する機能の有効性や安全性が科学的に立証されたものは，国が認めた場合に特定保健用食品として，食品でも健康強調表示(ヘルスクレーム)の表示ができるようになった。

（1）　特定保健用食品の種類

特定保健用食品は，条件により，以下の4種類に分類される。

①　個別許可型特定保健用食品

従来型の個別許可型の特定保健用食品で，保健機能の有効性や安全性について，科学的根拠(有意水準が5％以下)をつけて申請し，許可が得られたものである。

②　条件付特定保健用食品

保健機能の有効性や安全性について，科学的根拠のレベルが低い(有意水準が5％以上10％以下)が，一定の有効性が確認されたものを条件つき特定保健用食品として，平成17年2月より認可することとなった。限定的な科学的根拠である旨の表示を条件としており，個別許可型①とは認可マークも異なっている。

③　規格基準型特定保健用食品

平成17年2月より，特定保健用食品のうち，これまでの許可件数が多く，科学的根拠が蓄積されたものについては，下記の条件を満たしていれば，事務局での書類審査で，認可されるようになった。これを，規格基準型特定保健用食品としている。

条件1　同一保健用途で，許可件数が100件を超えているもの

条件2　関与成分の最初の許可から6年を経過しているもの

条件3　複数の企業が許可を取得しているもの

以上の条件を満たしていれば，規格基準型特定保健用食品に申請できる。

④　疾病リスク低減表示型特定保健用食品

特定保健用食品のうち，疾病リスクを低減することに効果が期待される旨の表示ができるものを，疾病リスク低減表示型特定保健用食品とよぶ。この食品において許可される内容は，関与成分の摂取による疾病リスクの低減が医学的・栄養学的に認められ確立されているものである。現在では，葉酸とカルシウムが許可されている。

表14-2 特定保健用食品(トクホ)に用いられている成分

トクホの種類	成　分	
(1)おなかの調子を整える食品	①オリゴ糖	キシロオリゴ糖, 大豆オリゴ糖, フラクトオリゴ糖, イソマルトオリゴ糖, 乳果オリゴ糖, ラクチュロース, ガラクトオリゴ糖, ラフィノース, コーヒー豆マンノオリゴ糖
	②乳酸菌類	ラクトバチルスGG株, ビフィドバクテリウム・ロンガムBB536, ヤクルト菌(L.カゼイシロタ株)
	③食物繊維	難消化デキストリン, ポリデキストロース, グアーガム分解物, サイリウム種皮由来の食物繊維, 小麦ふすま, 低分子アルギン酸ナトリウム, ビール酵母由来の食物繊維, 寒天由来の食物繊維, 小麦外皮由来の食物繊維, 難消化性デンプン
	④その他の成分	プロピオン酸菌による乳清発酵物
(2)コレステロールが高めの方への食品	①タンパク質類	大豆タンパク質, キトサン, リン脂質結合タンパク質, キャベツ由来の天然アミノ酸
	②食物繊維	低分子アルギン酸ナトリウム, キトサン
	③ステロール	植物ステロール, 植物ステロールエステル
(3)コレステロールが高めの方, おなかの調子を整える食品	食物繊維	低分子アルギン酸ナトリウム, サイリウム種皮由来の食物繊維
(4)血圧が高めの方の食品	①ペプチド	イワシペプチド, ラクトトリペプチド, わかめペプチド, ゴマペプチド, ローヤルゼリーペプチド, カゼインドデカペプチド, カツオ節オリゴペプチド, イソロイシルチロシン, 海苔ペンタペプチド
	②その他の成分	杜仲葉配糖体, 酢酸, γ-アミノ酪酸(GABA), フラボノイド
(5)ミネラルの吸収を高める食品	①カルシウム	CCM(クエン酸リンゴ酸カルシウム), CPP(カゼインホスホペプチド)ポリグルタミン酸, フラクトオリゴ糖
	②鉄	ヘム鉄
(6)ミネラルの吸収を高め, おなかの調子を整える食品	フラクトオリゴ糖, 乳果オリゴ糖	
(7)骨の健康が気になる方の食品	大豆イソフラボン, MBP(乳塩基性タンパク質), ビタミンK_2(メンキノン-4), ビタミンK_2(メナキノン-7)	
(8)虫歯の原因になりにくい食品と歯を丈夫で健康にする食品	①糖類	マルチトール, パラチノース, 還元パラチノース, エリスルトール, キシリトール
	②その他	茶ポリフェノール, カゼインホスホペプチド-非結晶リン酸カルシウム複合体, リン酸1水素カルシウム, 第2リン酸カルシウム, 緑茶フッ素, フクロノリ抽出物(フノラン)
(9)血糖値が気になり始めた方の食品	難消化デキストリン, グアバ葉ポリフェノール, 小麦アルブミン, L-アラビノース, 豆鼓エキス	
(10)血中中性脂肪や体脂肪が気になる方の食品(条件つき特定保健用食品も含む)	グロビン蛋白分解物, 中鎖脂肪酸, 茶カテキン, クロロゲン酸, EPA, DHA, ウーロン茶重合ポリフェノール, コーヒー豆マンノオリゴ糖, βコングリシニン, 難消化デキストリン, モノグリコシルヘスペリジン, ケルセチン配糖体, 豆鼓エキス	
(11)血中中性脂肪と体脂肪が気になる方の食品	ウーロン茶重合ポリフェノール	
(12)血糖値と血中中性脂肪が気になる方の食品	難消化デキストリン	
(13)体脂肪が気になる方, コレステロールが高めの方	茶カテキン	

● 3　特定保健用食品　177

（2）　特定保健用食品の保健機能

　これまでに，13種類の保健機能に関して，1696品目（2017年1月23日現在）の特定保健用食品が認められている。以下に，それぞれの保健機能を紹介する。

① おなかの調子を整える食品

　（オリゴ糖を含む食品，乳酸菌類を含む食品，食物繊維を含む食品）

② コレステロールが高めの方の食品

③ コレステロールが高めの方，おなかの調子を整える食品

④ 血圧が高めの方の食品

⑤ ミネラルの吸収を助ける食品

⑥ ミネラルの吸収を助け，おなかの調子を整える食品

⑦ 骨の健康が気になる方の食品

⑧ 虫歯の原因になりにくい食品と歯を丈夫で健康にする食品

⑨ 血糖値が気になり始めた方の食品

⑩ 血中中性脂肪や体脂肪が気になる方の食品（条件つき特定保健用食品も含む）

⑪ 血中中性脂肪と体脂肪が気になる方の食品

⑫ 血糖値と血中中性脂肪が気になる方の食品

⑬ 体脂肪が気になる方，コレステロールが高めの方の食品

　これらの食品には，それぞれの効果をもつ保健機能が表示されているが，この効果については，それぞれの食品がもつ保健機能の有効性や安全性に関する科学的根拠を国に提出し，審査，許可を受けることが義務づけられている（健康増進法第26条）。

　各食品の保健機能に関与する成分も明らかにされている（表14-2）。

（3）　特定保健用食品が認可されるプロセス（図14-2）

　新しく「トクホ」を開発し，その認可を得るためには，いくつかのプロセスを経なければならない。

① 申請者は，消費者庁食品表示課に必要な書類を提出する。

② 消費者庁食品表示課は，申請された食品の安全性と効果に関して，消費者委員会に諮問する。

③ 消費者委員会は，新開発食品評価調査会でその効果を判断すると同時に，安全性については食品安全委員会に諮問する。

④ 食品安全委員会は，新開発食品評価調査会で新規の関与成分の安全性を審査する。その結果を消費者委員会へ答申する。

⑤ 消費者委員会は，その結果に基づいて，改めて申請された食品の安全性と効果を評価する。問題がなければ，厚生労働省の医薬食品局へ医薬品の表示に抵触しないかの確認をするよう答申する。

⑥ （独）国立健康・栄養研究所または登録機関で関与成分量を分析する。

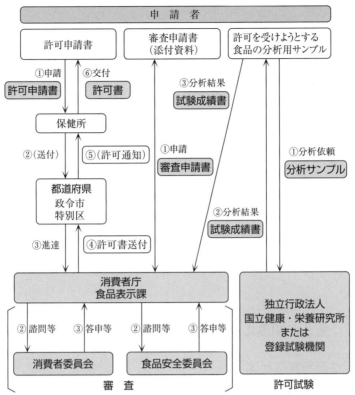

図14-2 特定保健用食品が認可されるプロセス

⑦ 問題がなければ，消費者庁長官が許可をする。

以上のプロセスにより，新しく「トクホ」が認可されると，販売が可能となる。

(4) 特定保健用食品のラベルに表示すべき内容

特定保健用食品として認可され販売する場合に，その容器には以下の内容が表示されていなければならない。

① 特定保健用食品であること。
② 商品名
③ 名　称
④ 原材料名
⑤ 内容量
⑥ 賞味期限
⑦ 調理または保存方法
⑧ 許可表示内容（ヘルスクレームと関与成分）
⑨ 栄養成分量および熱量
⑩ 1日当たりの摂取目安量

⑪ 摂取方法

⑫ 摂取する上での注意事項

⑬ 販売者・製造者の名称と住所

　これらの事項を記載したうえで，消費者庁の許可商標マークを掲載して販売できる。多くの記載事項は，食品衛生法，健康増進法で定められた記載内容であり，特定保健用食品があくまでも食品であることによる表示義務が課せられている。

> **サイドメモ：食品への新しい機能性表示制度（機能性表示食品制度）**
>
> 消費者庁は2013年より食品に対する機能性表示に関する制度を検討した結果，これまでの保健機能食品に加えて生鮮食品や加工食品にも機能性表示を許可する制度を2015年4月からスタートさせた。これらの食品に機能性を表示する場合にはヒトへの保健効果を証明できる科学的根拠が求められる。科学的根拠としては，すでに公表された論文（パブリケーションレビュー）であり消費者庁に提出して許可を得る。また論文がない場合にはヒト試験を実施し，そのデータを消費者庁に提出して許可を得ることになる。新しい制度により，一般の食品の保健機能をみながら，自分の体調に合わせて食品を選択できるようになった。

● 4　新しい制度による機能性表示食品

（1）　機能性表示食品とは

　新たな制度による「機能性表示食品」は，栄養機能食品や特定保健用食品と異なり，企業自らが安全性と機能性について実証すると共に，臨床試験もしくはシステマティック・レビュー（SR）を用いた科学的根拠により実証された機能性表示を含めて必要な書類を消費者庁に届け出ることによって申請するものである。それが認可されれば，製品を販売できるものであり，これまでの栄養機能食品や特定保健用食品と違い，短時間で製品として販売できるメリットがある。また，科学的根拠してSRが利用できることから，高額のヒト試験を実施しなくても申請できるメリットがある。対象となる食品としては，サプリメント形状の加工食品，その他の加工食品，生鮮食品の3種類となる。

　また，本食品は下記の2点を満たしたものであり，これまでの栄養機能食品並びに特定保健用食品とは異なる。

① 疾病に罹患していない者（未成年，妊産婦及び授乳婦を除く）に対し，機能性関与成分によって健康の維持および増進に資する特定の保健目的（疾病リスク低減に関するものは除く）が期待できる旨を科学的根拠に基づいて容器包装に表示できる食品のことである。ただし，特別用途食品，アルコール含有飲料，ナトリウム・糖分等の過剰摂取に繋がる食品は，対象外である。

② 販売日の60日前までに，当該食品に関する「保健機能に関する表示の内容」，「事業者名および連絡先等の事業者に関する基本情報」，「安全性及び機能性の根拠に関する情報」，「生産・製造および品質の管理に関する情報」，「健康被害の情

報収集体制」および「その他必要な事項」を記載した書類を消費者庁長官に届け出たものである。

これまでに認可された機能性表示食品の内，既に発売されている「えんきん」と

表14-3 「えんきん」のラベルに表示されている内容

【届出表示】「えんきん」には，ルテイン・アスタキサンチン・シアニジン-3-グルコシド・DHA が含まれるので，『手元のピント調節機能』を助けると共に，目の使用による肩・首筋への負担を和らげます。
【届出番号】A7
【機能性関与成分】ルテイン10 mg・アスタキサンチン（フリー体として）4 mg・シアニジン-3-グルコシド2.3 mg・DHA 50 mg（1日摂取目安量当たり）
【1日摂取目安量】1日当たり2本（700 mL）
【摂取の方法】1日摂取目安量　2粒（目安量を守り，水などと一緒にお召し上がりください。）
【摂取上の注意】本品は疾病の診断，治療，予防を目的としたものではありません。
※本品は，事業者の責任において特定の保健の目的が期待できる旨を表示するものとして，消費者庁長官に届出されたものです。ただし，特定保健用食品と異なり，消費者庁長官による個別審査を受けたものではありません。
※原材料をご参照の上，食品アレルギー（大豆）のある方は摂取しないでください。
※妊娠・授乳中の方，未成年の方は，摂取しないでください。
※乳幼児の手の届かないところに置いてください。
※疾病に罹患している場合は医師に，医薬品を服用している場合は医師，薬剤師に相談してください。
※体調に異変を感じた際は，速やかに摂取を中止し，医師に相談してください。

表14-4 「めめはな茶」ボトルのラベルに表示されている内容

【届出表示】本品には，メチル化カテキンが含まれるので，ほこりやハウスダストによる目や鼻の不快感を緩和します。
【届出番号】A69
【機能性関与成分】メチル化カテキン〔エピガロカテキン-3-O-(3-O-メチル)ガレートおよびガロカテキン-3-O-(3-O-メチル)ガレート〕34 mg
【1日摂取目安量】1日当たり2本（700 mL）
【摂取の方法】1日摂取目安量をお飲みください。
【摂取上の注意】多量に摂取することにより，疾病が治癒するものではありません。
※本品は，事業者の責任において特定の保健の目的が期待できる旨を表示するものとして，消費者庁長官に届出されたものです。ただし，特定保健用食品と異なり，消費者庁長官による個別審査を受けたものではありません。
※本品は，疾病の診断，治療，予防を目的としたものではありません。
※本品は，疾病に罹患している者，未成年者，妊産婦（妊娠を計画している者を含む。）及び授乳婦を対象に開発された食品ではありません。
※疾病に罹患している場合は医師に，医薬品を服用している場合は医師，薬剤師に相談してください。
※体調に異変を感じた際は，速やかに摂取を中止し，医師に相談してください。

「アサヒめめはな茶」の表示内容，並びに安全性，生産・製造及び品質管理，機能性の根拠に関する情報を例として示す(表14-3, 4)。

(2) 機能性表示食品の販売までのプロセス

機能性表示食品の届け出をしたい食品関連事業者は，安全性並びに機能性関与成分によって健康の維持増進に資する特定の保健の目的が期待できる旨を科学的根拠に基づいて表示する。安全性に関しては，食経験に関する情報を評価し，十分でない場合に安全性試験を実施し，自ら評価する。機能性に関しては，最終製品や関与成分に関する研究レビューで説明する。

機能性関与成分としては，栄養成分ではなく，キシリトール，β-クリプトキサンチン，大豆イソフラボン，ポリフェノール，難消化性デキストリン，食物繊維などの化合物や腸内細菌等が挙げられている。これらの成分に関して，作用機序について既存情報を収集し，評価することが大切であり，必ずしもSRである必要はない。これまでに知見がない場合には，特定保健用食品と同様に，最終製品を用いた臨床試験を実施し，科学的根拠を示す必要がある。このように，これまでの個別審査型「トクホ」と違い，審査が短期間で終了することや長期の臨床試験を実施する必要がなく，開発や販売での金銭的並びに時間的負担が少ないことから，企業にとって，開発が容易となることが期待される。しかし，これまでと異なり，企業自らが，科学的根拠を基に，保健機能の効果を表示することから，その責任は重大となる。図14-3に，機能性表示食品の申請から発売までのプロセスを示す。

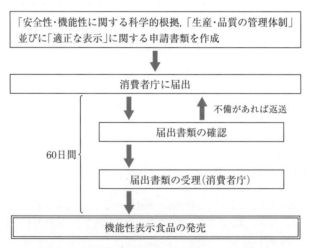

図14-3 機能性表示食品の申請から発売までのプロセス

(3) 科学的根拠となるシステマティック・レビュー(SR)とは

マスコミによる健康情報には，ある健康食品に病気を予防する保健効果が認められたという個人の体験談が掲載されているが，個人の効果だけでは科学的な根拠にはならない。一定数のヒトに同様の効果が出ることを，一定の統計的な有意差を

もって示す必要がある。そのためには，以下のような試験方法で評価された研究結果を科学的根拠とすることができる。

① 科学的根拠となる評価結果を出すための試験方法

食品機能の有効性を科学的根拠で示すための試験方法は，試験対象，試験デザイン，解析方法などの多くの要因を考慮しなければならない。これまでの試験方法としては，*in vitro* 試験，*in vivo* 試験，ヒト試験がある。

a) *in vitro* 試験

in vitro 試験は，食品に含まれる機能性成分を探索したり，その作用メカニズムを解明するための予備的な試験方法として，機能性成分の標的酵素や細胞を試験管やシャーレに取り出して，評価する方法である。

b) *in vivo* 試験

in vivo 試験は，マウスやラットを用いて，病気を予防する効果が期待できる機能性食品成分を投与して，その効果を調べて評価する方法である。候補となる機能性成分の投与群と非投与群で，その効果が評価されると同時に，効果があった場合には，血液検査，組織検査等によりメカニズムを解析する方法である。動物実験による結果を参考にして，ヒトでの効果や有効投与量を推定することになる。

c) ヒト試験

最終的には，ヒトを対象としたヒト試験で効果が認められることが重要である。この試験には，介入試験と観察試験がある。介入試験では，被験者を無作為に2つに分け，機能性候補成分を直接摂取して，有効性を評価する方法である。この方法では，試験群には候補成分を含む食品を，また対照群には候補成分を含まない同一形態の食品を摂取させる方法で，無作為比較試験を実施する。一方，観察試験では，食事内容に直接介入せず，対象者の食事内容を観察あるいは調査して，機能性候補成分を多く摂取している群とそうでない群に分けて，各群の健康状態を比較して，成分の有効性を評価する方法であり，コホート研究とよばれるものである。

② システマティック・レビュー（**SR**）

SRとは，食品に含まれる機能性成分に関して，無作為比較試験を用いた研究成果を中心にして，過去の研究結果を網羅的に収集して，食品に含まれる機能性成分の有効性に科学的根拠があることを示すことを指している。

SRは，下記のような手順を用いて実施される。

a) 機能性成分と有効性を決定する。

b) a) に関する研究成果に関する論文を，データベースを用いて検索し，無作為比較試験等の臨床試験を実施した研究結果を網羅的に収集する。

c) 既述した①試験方法を参考にして，試験研究のレベルを評価する。選抜した質の高い論文だけを選び，客観的な最新の最終結果を導き出す。

d)　機能性表示食品で表示されている内容

　機能性表示食品を販売するためには，下記の項目を表示することが義務づけられている。

＜機能性表示食品の義務表示事項＞

1．機能性表示食品である旨
2．科学的根拠を有する機能性関与成分およびそれを含む食品の機能性
3．栄養成分の量および熱量
4．一日に摂取する目安量当たりの機能性関与成分の含有量
5．一日当たりの摂取目安量
6．届出番号
7．食品関連事業者の連絡先
8．機能性および安全性に関して，国の評価を受けていない旨
9．摂取方法
10．摂取する上での注意事項
11．バランスのとれた食生活の普及啓発を図る文言
12．調理または保存の方法に関して，注意が必要な場合には，その注意事項
13．疾病の診断，治療，予防を目的としたものではない旨
14．疾病に罹患している者，未成年，妊産婦（妊娠を計画しているものを含む。）および授乳婦に対し訴求したものではない旨（生鮮食品を除く）
15．疾病に罹患している者は医師，医薬品を服用している者は，医師や薬剤師に相談したうえで，摂取すべき旨
16．体調に異変を感じた際は速やかに摂取を中止し医師に相談すべき旨

　また，表示の中には，「疾病の治療効果または，予防効果を標榜する用語」，「消費者庁長官に届け出た機能性関与成分以外の成分を強調する用語」，「消費者庁長官の許可または承認を受けたものと誤認させるような用語」の使用が禁止されている。

e)　これまでに認可された機能性表示食品（一覧）

　消費者庁のホームページ（http://www.caa.go.jp/foods/index23.html）を見ると，機能性表示食品を申請する方法や必要な書類が掲載されている。また，届けられている機能性表示食品に関する一覧表（http://www.caa.go.jp/foods/docs/ichiran.xls）並びに詳細な情報（届出番号，商品名，一般向け公開情報，有識者向け公開情報（基本情報，機能性情報，安全性情報）が掲載されている。平成29年2月9日現在の届出件数は，306であり，今後益々増えることが予想される。

　右記（表14−5）に，届出された10件の機能性表示食品の情報を記載する。詳細な情報は，上記の URL からアクセスすれば，得ることができる。

表14-5 消費者庁に届けられた機能性表示食品(A1～10)

届出番号	届出日	商品名	届出者	食品の区分 1 サプリ 2 その他加工 3 生鮮	機能性関与成分名	表示しようとする機能性
A1	H27.4.13	ナイスリムエッセンスラクトフェリン	ライオン株式会社	1	ラクトフェリン	内臓脂肪を減らすのを助け, 高めのBMIの改善に役立ちます。
A2	H27.4.13	食事の生茶	キリンビバレッジ株式会社	2	難消化性デキストリン	脂肪の多い食事を摂りがちな方, 食後の血糖値が気になる方, おなかの調子をすっきり整えたい方に適した飲料です。
A3	H27.4.13	パーフェクトフリー	麒麟麦酒株式会社	2	難消化性デキストリン	脂肪の多い食事を摂りがちな方や食後の血糖値が気になる方に適しています。
A4	H27.4.13	ヒアロモイスチャー240	キユーピー株式会社	1	ヒアルロン酸Na	肌の水分保持に役立ち, 乾燥を緩和する機能があることが報告されています。
A5	H27.4.15	ディアナチュラゴールドヒアルロン酸	アサヒフードアンドヘルスケア株式会社	1	ヒアルロン酸Na	ヒアルロン酸Naは肌の潤いに役立つことが報告されています。
A6	H27.4.15	健脂サポート	株式会社ファンケル	1	モノグルコシルヘスペリジン	中性脂肪を減らす作用のあるモノグルコシルヘスペリジンが, 中性脂肪が高めの方の健康に役立つことが報告されています。
A7	H27.4.15	えんきん	株式会社ファンケル	1	ルテインアスタキサンチンシアニジン-3-グルコシドDHA	手元のピント調節機能を助けると共に, 目の使用による肩・首筋への負担を和らげます。
A8	H27.4.15	蹴脂粒	株式会社リコム	1	キトグルカン(エノキタケ抽出物):エノキタケ由来遊離脂肪酸混合物	脂肪が気になる方, 肥満気味の方に適しています。
A9	H27.4.16	メディスリム(12粒)	株式会社東洋新薬	1	葛の花由来イソフラボン	内臓脂肪(おなかの脂肪)を減らすのを助ける機能があります。
A10	H27.4.16	メディスキン	株式会社東洋新薬	1	米由来グルコシルセラミド	肌の保湿力(バリア機能)を高める機能があるため, 肌の調子を整える機能があることが報告されています。

● 4 新しい制度による機能性表示食品　185

● 5 サプリメント

　日本におけるサプリメントとは，機能性食品と同様に機能性成分を含む食品の総称であり，明確な定義はなされていない。一般的に「サプリメント」は，機能性成分と賦形剤（あるいは，機能性成分を溶解させる基材）の単純な組成で成り立っているものを指すことが多いため，外見は粉末や錠剤，カプセル錠，あるいは液状などになっており，医薬品と類似した形態をとる。しかし，サプリメントは食品であるため，消費者庁の認可を受けない限り，特定保健用食品や他の機能性食品と同様に，治療を目的とした効能は表示できないので注意が必要となる。

　欧米での機能性食品は，上述の「サプリメント」の形態で販売されることが圧倒的に多い。各国におけるサプリメント（ダイエタリーサプリメントやフードサプリメントとよばれる）に関する定義を表14-6にまとめた。消費者の健康の保護，食品の公正な貿易の確保等を目的として国際食品規格の策定などを行っているコーデックス委員会は，サプリメントを「カプセル，錠剤等少量単位で摂取するようデザインされたもの」と定義しており，「食品の形態をとらない」と言及している。アメリカでは，1994年に可決された Dietary Supplement Health and Education 法 に基づいて FDA（Food and Drug Administration）がサプリメントの規制を行っている。日本と同様に，各種疾病の治療や診断に役立つ旨の表示（健康強調表示：ヘルスクレーム）を禁止しており，サプリメントの種類によっては過剰摂取や組み合わせによって人体にリスクを及ぼす場合があることを公表している。形状も「通常の食品

表14-6　各国におけるサプリメント（ダイエタリー / フードサプリメント）の定義と関連法規

コーデックス委員会*1	カプセル，錠剤等少量単位で摂取するようデザインされ，通常の食品の形態ではなく，食餌の補充に役立つもの（CAC/GL55-2005）
アメリカ	食品を補完する事を目的とし，カプセル，錠剤等通常の食事としての摂取を想定しない食品（DSHEA, 1994）
Ｅ　Ｕ	食事を補完する目的で，カプセル，錠剤等少量で摂取できるもの（2002/46/EC）。
オーストラリア*2	ハーブ，ビタミン，ミネラル，栄養補助食品等は補完医薬品（complementary medicine）として医薬品法で規制されているものの，形状についての言及はない（The therapeutic goods act 1989）
ニュージーランド*2	アミノ酸，可食物質，ハーブ，ミネラル，合成栄養素あるいはビタミンからなり，液体，パウダーあるいはタブレットなど少量を経口で摂取できるもの（The dietary supplement regulations 1984）
日　　本	明確な定義はない。「錠剤，カプセル状等の形状の食品」との記載あり（薬食発第0201001号）
中　　国	「健康食品」としての定義はある。特定の健康機能をもつもの，あるいはビタミンやミネラルを補完するものであり，病気の治療を目的とせず，急性，亜急性または慢性の危険性を生じないもの（国家薬品食品監督管理局）

*1　1963年に FAO（Food and Agriculture Organization of the United Nations：国際連合食糧農業機関）及び WHO（World Health Organization：世界保健機関）により設置された国際的な政府間組織
*2　オーストラリアとニュージーランドは，タスマニア相互承認条約に基づいて双方の国で生産・輸入されたサプリメントが販売できる。両国の制度を統一して規制できるように2003年に Food Standards Austria New Zealand（FSANZ）を設置し，食品の健康表示に関するガイドラインを制定している。

としての摂取を想定しないもの」と定義している。また，EUでは，2002年に設立されたEFSA（The European Food Safety Authority）がサプリメントに関する規制を行っており，個々のサプリメントに対し，ヘルスクレームの審査や承認を行っている。こちらも形状を「少量で食事の補完ができるもの」としており，日本で認められるような菓子や清涼飲料水の形状を取らない。ニュージーランドも欧米とほぼ同様の定義を行っている。しかし，オーストラリアにおいては，サプリメントの形状についての具体的な言及はなく，補完医薬品（complementary medicine）として扱われている。

一方，中国や韓国などでは，日本の特定保健用食品と同様の制度を導入しており（中国では「保健食品」，韓国では「健康機能食品」とよばれる），その形態は食品に準ずるため，多種多様であり，欧米同様にサプリメント形状の食品も存在する。

表14-7　サプリメントに含まれる成分の例

ビタミン類	ビタミンA，ビタミンB群（B$_1$，B$_2$，ナイアシン，パントテン酸，ビタミンB$_6$，ビタミンB$_{12}$，葉酸，ビオチン），ビタミンC，ビタミンD，ビタミンE，ビタミンK
ミネラル類	亜鉛，カルシウム，銅，セレン，鉄，マグネシウム，マンガン，ヨウ素
アミノ酸類（誘導体やペプチド，タンパク質も含む）	構成アミノ酸（アスパラギン，アスパラギン酸，アラニン，アルギニン，イソロイシン，グリシン，グルタミン，グルタミン酸，スレオニン，システイン，セリン，チロシン，トリプトファン，リジン，ロイシン，バリン，フェニルアラニン，プロリン，ヒスチジン，メチオニン）
	その他のアミノ酸（D体の各種アミノ酸）
	アミノ酸誘導体（カルニチン）
	ペプチド（グルタチオン，カルノシン，アンセリン）
	タンパク質（コラーゲン）
脂質	長鎖脂肪酸（αリノレン酸，アラキドン酸，DHA（ドコサヘキサエン酸），EPA（エイコサペンタエン酸））
	リン脂質（ホスファチジルコリン，ホスファチジルセリン）
	ステロール（植物性ステロール）
	動植物抽出物（肝油，亜麻仁油）
糖類	オリゴ糖（イソマルトオリゴ糖，ガラクトオリゴ糖，キシロオリゴ糖，乳化オリゴ糖，大豆オリゴ糖，フラクトオリゴ糖，ラクチュロース）
	多糖類（フコイダン，ヒアルロン酸，βグルカン）
食物繊維	植物由来（リグニン，小麦ふすま，アルギン酸，グアーガム，ペクチン，グルコマンナン，ポリデキストロース，アガロース等）
	動物由来（キチン，キトサン，コンドロイチン硫酸）
	微生物由来（キサンタンガム，カードラン）
	デンプン誘導体（難消化性デキストリン）
フィトケミカル	イソフラボン，カテキン，テアニン，リコピン，各種ポリフェノール
微生物	乳酸菌，ビフィズス菌，ケフィア，納豆菌，酵母
生薬抽出物	朝鮮人参，霊芝，ウコン，生姜，甘草，肉桂
その他	ローヤルゼリー，プロポリス，メラトニン，CoQ10，αリポ酸

サプリメントに含まれる機能性成分には，栄養素の補給を補助するためのビタミン類や，ミネラル類，アミノ酸類，糖質類，脂質類がある。また，ポリフェノール類や食物繊維，植物抽出液，微生物など，栄養素の補給以外を目的としたものがある。（表14-7）

● 6　機能性食品の活用法

（1）　機能性食品の安全性

　機能性食品は，上手に使えば，健康維持に効果を発揮できるが，使い方によっては害になることもある。

　機能性食品の安全性に関しては，科学的根拠に基づいて，それぞれに使用基準が定められているので，それに従い，使用することが重要である。保健機能を有しているからといって，機能性食品をたくさん摂れば，より効果が高くなるわけではない。それぞれの食品が，効果を発揮できる量が決まっているので，薬と同様に使用量を守ることが大切である。

　また，個人によって効果の現れ方も異なるので，からだに合わなければ，医師に相談することも有効である。

（2）　医薬品との相互作用をチェック

　機能性食品には，医薬品の効果を過剰に促進したり，逆に，効果を阻害するものも知られている。

①　特定保健用食品と医薬品との相互作用

　グァバ葉ポリフェノールは，トクホに使用されているが，医薬品のグルコバイなどのα-グルコシダーゼ阻害薬と同時に摂取されると，その効果が増強される。

　血圧が高めの方に利用されるトクホのペプチドは，アンギオテンシン変換酵素を阻害することから，医薬品で同様のメカニズムで血圧を下げるものと同時に摂取すると，降圧効果が増強される可能性があるので，注意が必要である。

　食物繊維は，強心薬のジゴキシンや貧血治療薬の吸収を阻害することが知られている。したがって，医薬品を飲んでいる人が，機能性食品を摂取する場合は，かかりつけの医師に相談してから摂取したほうが安全である。効果があるからといって，たくさん摂ることは，副作用を引き起こすことがあるので，注意が必要である。

②　サプリメントと医薬品との相互作用

　サプリメントとして利用されているビタミンやミネラルは，医薬品の効果に影響を及ぼすものもある。

　血液の凝固を抑え，血栓の形成を抑える医薬品であるワルファリンは，血液凝固因子産生に必須のビタミンKの拮抗薬である。したがってビタミンKと併用して

188　　14章　機能性食品（保健機能食品）

はいけない。またビタミンEは，抗酸化作用をもつと同時に，血液の凝固を阻止する効果をもっている。したがってワルファリンと併用すると，血液が固まりにくくなり出血しやすくなる可能性がある。

　ビタミンDは小腸でのカルシウム吸収促進作用を有するため，骨粗しょう症の予防に利用される可能性がある。骨粗しょう症の治療薬であるアルファカルシドールを服用している人が，ビタミンDのサプリメントを摂取すると，カルシウムの吸収量が増えるため，高カルシウム血症を引き起こす可能性がある。

　ミネラルを強化した機能性食品にも，医薬品の吸収を抑制するものがある。カルシウムを豊富に含んだ乳や乳製品，Ca含有ミネラルウォーター，Ca補給健康食品は，ビスホスホネート剤と結合して不溶性の塩を形成して，薬の吸収率が低下している。鉄のサプリメントや貧血治療薬は，骨粗しょう症治療薬として使われているビスホスホネート剤，テトラサイクリン系抗菌薬，ニューキノロン系抗菌薬と結合し，不溶性の塩を作成するため，腸管からの吸収が抑制される。いずれの場合も，2～4時間の間隔をあけて服用すれば，お互いの影響は生じないため，問題はない。

（3）　機能性食品の上手な活用法

　機能性食品は薬と違って，生活習慣病の原因となる要因に対して保健機能を示す食品であることから，その予防に繋がることが期待できる食品である。そのためには普段の食生活において，どのような栄養素が足りないかをきちんと調べておく必要がある。まずは，その日に食べた食事の内容を分析することが大切である。大まかでよいので食事内容からそのなかに含まれる栄養素を計算し，一覧表に記入してみる。そして，それぞれの摂取推奨量を満たしているか否かをチェックし，足りない場合には，それを補える機能性食品の摂取を考えればよい。特にビタミンやミネラルの不足に関しては，栄養機能食品が有効である。

　また毎年受診している健康診断の結果をチェックし，自分の体の状態を知ることも大切である。健康診断での各測定項目において，正常値でない場合に，それらを改善できる特定保健用食品があれば，それを利用することで，生活習慣病の予防が可能となる。

　このように普段から自分の体の調子をきちんと把握し，機能性食品を有効に利用することで，健康維持が可能となる。

●確認問題　　＊　　＊　　＊　　＊　　＊

1. 食品と医薬品の違いを説明しなさい。

2. 特定保健用食品，栄養機能食品並びに機能性表示食品の違いを説明しなさい。

3. 特定保健用食品に表示できるヘルスクレームとその寄与成分をすべて書きなさい。

4. 機能性食品の上手な利用法を説明しなさい。

〈参考文献〉

健康食品学(第4版)，一般社団法人　日本食品安全協会(2012)

「[トクホ]のごあんない2013年版-消費者庁許可　特定保健用食品-」，公益財団法人　日本健康・栄養食品協会(2013)

吉川敏一，桜井弘共編：サプリメントデータブック，オーム社(2005)

章末「確認問題」―解答例・解説

1章　食品に含まれる栄養素と必要量　本文 p.28

1. 生体内には，各器官の構造や機能調節など，健康維持に関わるタンパク質は1万種類以上存在する。これらのタンパク質は，代謝されており，一定の周期で新しいものにつくりかえられている。代謝時に分解されたタンパク質を新しく生合成するためには，食品由来のタンパク質が消化されて，吸収されたアミノ酸が必要となる。そのために，毎日のタンパク質代謝に利用されるアミノ酸を，食事から摂取しなければならない。もしタンパク質の摂取量が不足すると，分解された生体内タンパク質が新しく生合成されないため，生体の機能が低下し，疾病や老化の原因となる。これがタンパク質を毎日摂取しなければならない理由である。

2. まず表1-5で自分の年齢に該当する基礎代謝量を求める。次に活動レベルから1日に必要な消費エネルギー(E)を計算する。Eの60％を炭水化物(C)から摂るとしたら，E(kcal)×0.6/4(kcal/g) = C(g)摂取が推奨される炭水化物量(g)となる。また，Eの20％を脂質(F)から摂るとしたら，E(kcal)×0.2/9(kcal/g) = F(g)摂取が推奨される脂質量(g)となる。

3. ビタミンのなかで，ビタミンA，D，E，ナイアシン，ビタミンB₆，葉酸に耐容上限量がある。それぞれの耐容上限量は男性で2,700 μgRE/日，100 μg/日，800mg/日，250mgNE/日，55mg/日および900 μg/日である。

4. 以下のなかから4つを書く。
① 食物繊維：便秘の予防，糖尿病の予防，高血圧の予防など。
② 茶カテキン：脂肪酸代謝促進作用，抗酸化作用，抗アレルギー作用など。
③ 植物ステロール：コレステロールの吸収抑制による血中コレステロール上昇抑制作用
④ オリゴ糖：おなかの調子を整える作用
⑤ 大豆イソフラボン：骨吸収を抑制し，骨形成を促進する作用をもち，骨粗鬆症の予防効果がある。

3章　おなかの調子を整える機能　本文 p.52

1. 食事をしたときの流れを考えてみる。
貯留……食べたものを一度胃内に貯める。
分泌……ガストリンが分泌され，胃酸，ペプシンなどが分泌され，後の消化に備える。
殺菌……胃酸が食物を酸性に保つことにより殺菌し腐敗を防ぐ。
撹拌・消化……蠕動運動により食物は撹拌され，胃液とよく混和されペースト状になる。
排出……ペースト状なった食物は，幽門部の蠕動により少量ずつ幽門部より十二指腸に送られる。

2. 小腸は，小腸に到達した消化内容物を酵素でさらに小さな単位に分解し，吸収する働きがある。大腸は水分と電解質の吸収を行っており，消化物を固形化し，排便する。

3. 食事により急速に胃が膨らむと，胃から大腸(特にS状結腸)に信号が送られ，反射的に収縮し便が直腸に送り込まれる。このとき，直腸内圧が高まり便意をもよおす。

4. 炭水化物の消化には，アミラーゼ(特に唾液腺アミラーゼ)が働く。その後，分解物はさまざまな酵素処理を受け，グルコース(ブドウ糖)，ガラクトース，フルクトース(果糖)にまで分解され吸収される。

5. タンパク質は，20種類のアミノ酸がいくつも結合したポリペプチドである。胃のペプシンによりポリペプチドであるペプトンに分解される。その後小腸内腔で膵のエンドペプチダーゼ(ペプチド鎖内部で切断する酵素：トリプシン，キモトリプシン，エラスターゼ)により分解されペプチドになる。さらに，エキソペプチダーゼ(ペプチド末端のアミノ酸を除去する酵素：カルボキシペプチダーゼA, B)により遊離アミノ酸，ジペプチド，トリペプチドまで分解されて，腸管粘膜から吸収される。
吸収形態：遊離アミノ酸，ジペプチド，トリペプチド

6. 食物繊維には，不溶性食物繊維と水溶性食物繊維がある。不溶性食物繊維は吸水性があるため，消化内容物の水分を吸水し，結腸での体内への水分吸収を抑制する。よって，便が軟らかくなると同時に，便量も増える。このため腸管

章末「確認問題」―― 解答・解説　　191

の内側への刺激が大きくなり，腸管の通過速度も速く，便秘を防ぐ効果がある。一方，水溶性食物繊維は吸水性はあるが，不溶性線維と違って，水分を吸収することにより，粘性が増し，水分含量の多いゲル状態となる。このため腸管を通過する速度は，遅くなるが，便は軟らかく，便秘の予防効果がある。

両食物繊維は，腸内細菌により分解，発酵され，酢酸や酪酸などの有機酸が生成される。これらの酸が，大腸壁に作用すると，蠕動運動が大きくなり，便の移動速度を速くするため，便秘の予防効果がある。

7．水溶性食物繊維：寒天，ペクチン，グアガム，グルコマンナン，アルギン酸ナトリウム，難消化デキストリン，ポリデキストロースから3つを選んで書く。

不溶性食物繊維：セルロース，ヘミセルロース，リグニン，キチン，キトサンから3つを選んで書く。

8．プロバイオティクス：腸内細菌のバランスを改善し，宿主に有益な作用をもたらす微生物のこと。

プレバイオティクス：乳酸菌やビフィズス菌などの特定の細菌を増殖させることにより，宿主であるヒトの健康に有益な効果をもたらす食品成分のこと。

9．キシロオリゴ糖，大豆オリゴ糖，フラクトオリゴ糖，イソマルトオリゴ糖，乳果オリゴ糖，ラクチュロース，ガラクトオリゴ糖，ラフィノース，コーヒー豆マンノオリゴ糖から3つを選んで書く。

4章　血糖値の上昇を抑制する機能　本文 p.65

1．グルコースは三大栄養素の共通代謝物質であるアセチル CoA に変換され，クエン酸回路に入り生成された H^+ がミトコンドリアの電子伝達系へ受け渡され ATP 合成を行うための駆動力となる。

2．インスリンが肝臓，脳，筋肉，脂肪組織などでの細胞に血中のグルコースを取り込むことで，血糖値を低下させる。一方，血糖値が下がると，アドレナリンやグルカゴンなどのホルモンがインスリンの拮抗ホルモンとして血糖を上昇させる方向に働き，血糖を一定範囲内に調節している。

3．膵 β 細胞が破壊されて，インスリン分泌量の絶対的な低下を伴う1型糖尿病（インスリン依存性糖尿病）とインスリン分泌と感受性の両者の低下が混在する2型糖尿病（インスリン非依存性糖尿病）がある。

4．1型糖尿病は自己免疫機序が関係するといわれ，基本の治療法はインスリン投与であり，2型糖尿病は遺伝的要因が関連し治療の基本は食事と運動である。ただ，1型糖尿病であっても良好な血糖コントロールを得るためには食事・運動療法は必須である。

5．①グァバ葉ポリフェノール：グァバ葉の熱水抽出物は，α-アミラーゼ，マルターゼ，スクラーゼの活性を阻害する。

②小麦アルブミン：小麦アルブミン1分子が α-アミラーゼ1分子と結合して，ヒト唾液および膵臓 α-アミラーゼ両者に対して阻害活性を示す。小麦由来のアミラーゼ阻害タンパク質は熱安定性が高く，小麦粉の調理によっても完全には失活しない。

③豆鼓エキス：豆鼓エキスはマルターゼを阻害するが，スクラーゼに対する阻害作用は弱く，アミラーゼに対しては阻害作用を示さない。

④アラビノース：五炭糖のアルドースである。他の単糖とは異なり，自然界に D 体よりも L 体のほうが多い。L-アラビノースは，小腸のスクラーゼを特異的，濃度依存的に阻害する。この阻害活性は非天然型の D-アラビノースには認められず，阻害活性はいずれも天然型にのみ観察される。

6．とうもろこしや馬鈴薯デンプンに微量の塩酸を加えて加熱し，さらに α-アミラーゼとグルコアミラーゼによる酵素分解後に得られる。これらは，水溶性食物繊維であり，平均分子量は1,600～2,000，デンプンを高温で加熱することによりグリコシド結合の一部が切断され，再重合が進むにつれ，結合部の変換が起こり，枝分かれ構造が増加したものである。

7．マルターゼ，スクラーゼ，α-アミラーゼなどが挙げられる。例えば，小麦アルブミン1分子はアミラーゼ1分子と結合して，ヒト唾液および膵臓アミラーゼ両者に対して阻害活性を示す。消化管での糖質の消化・吸収を遅らせる。多くの場合，拮抗阻害もしくは非拮抗阻害である。

5章　血中の中性脂肪やコレステロールの上昇を抑制する機能　本文 p.80

1．消化管から吸収された中性脂肪，コレステ

ロール，リン脂質などの脂質は，キロミクロンとよばれるリポタンパク質粒子として，リンパ管や胸管を経て大循環系に合流され，肝臓，筋肉，脂肪組織などに輸送される。また体内で脂質が再輸送される場合は，各脂質は粒径や比重の異なるリポタンパク質(キロミクロン，VLDL，IDL，LDL，HDL)に取り込まれて，血液を介して目的となる組織に輸送される。

2．エイコサペンタエン酸(EPA)は，炭素数が20からなるn-3系脂肪酸で，二重結合を5個もつ多価不飽和脂肪酸である。これは，必須脂肪酸であるα-リノレン酸から体内で生合成される。EPAは，血小板凝集抑制作用をもつことが知られている。

3．血中コレステロールを増加させる食品は，コレステロールを多く含む食品とコレステロールをほとんど含まないが体内に摂取後，血液中コレステロール濃度を上昇させる食品に分類される。コレステロールは，主に卵や魚肉類の脂肪に含まれている。卵黄，かずのこ，するめ，からすみなどに多い。血中のコレステロールを増加させる食品成分として飽和脂肪酸が挙げられる。ポテトチップスは，食品としてはコレステロールを含まない。また，チョコレートや即席麺に含まれるコレステロールも少量であるが，これらは体内でコレステロールを増加させる。しかし，現在では食品から過剰に摂取しても，生体内でコレステロール生合成が抑えられるため，問題ないとされている。

4．①大豆タンパク質：大豆タンパク質による血清コレステロール低下作用は，空腸での食品由来コレステロールの吸収抑制，回腸での胆汁酸の再吸収の阻害による。

②リン脂質結合大豆タンパク質：リン脂質結合大豆ペプチドは，食事由来コレステロールのミセル化を阻害して，腸管からの吸収を阻害する。また，リン脂質結合大豆ペプチドは胆汁酸と結合し，胆汁酸の再吸収を阻害する。

③低分子アルギン酸ナトリウム：低分子アルギン酸ナトリウムは，水溶性で粘性のあるゲルを形成し，小腸でコレステロールや胆汁酸を吸着して体外への排出を促進する。これにより血清コレステロール濃度を低下させる。

④キトサン：動物性の食物繊維であるキトサンは，アミノ基をもつためイオン交換体として機能し，コレステロールを吸着して体外への排出を促進させる。

5．①グロビンタンパク質由来のオリゴペプチ

ド：ウシやブタの赤血球由来グロビンを酸性プロテアーゼで加水分解した分解物。これらのペプチドのなかから最も強力な血中トリグリセリド濃度上昇抑制活性をもつペプチドとして，Val-Val-Tyr-Pro (VVYP)が同定された。このペプチドは●膵リパーゼの阻害による脂肪吸収の抑制，●リポプロテインリパーゼの活性化によるトリグリセリド代謝の促進，●肝臓トリグリセリドリパーゼの活性化による脂肪代謝の促進などが明らかにされている。

②EPAとDHA：エイコサペンタエン酸(EPA)，ドコサヘキサエン酸(DHA)はn-3系の高度不飽和脂肪酸である。両者は体内で相互に変換されるためその機能性を厳密に区別して議論することは困難であるが，EPAは肝臓でのVLDL，アポBの合成分泌を抑制する。また，リポタンパク質の異化亢進，LPL活性の増強，胆汁中への排泄促進などが推察されている。

③茶カテキン：肥満モデル動物を用いた実験では，高濃度の茶カテキンの摂取により肝臓でのacyl-CoA oxidase (ペルオキシソーム β 酸化酵素：ACO)，medium-chain acyl-CoA dehydrogenase (ミトコンドリアβ酸化酵素：MCAD)などのβ酸化関連酵素の発現量が増加し，脂質のβ酸化活性が約3倍上昇する。すなわち高濃度の茶カテキンは，エネルギー消費量を増加させて，体脂肪を低減する効果を発現することが推察される。

④ウーロン茶重合ポリフェノール：ウーロン茶重合ポリフェノールは，脂肪の吸収抑制，排泄促進によって血清トリグリセリド濃度の上昇を抑制する。

⑤コーヒー豆マンノオリゴ糖：コーヒー豆中のガラクトマンナンに由来するオリゴ糖は，マンノースが直鎖状2-10分子β-1,4結合したオリゴ糖混合物である。コーヒーオリゴ糖の摂取は，脂肪の吸収を抑制，低減する。またビフィズス菌をはじめとした大腸菌が，これらのオリゴ糖を資化して生産するプロピオン酸などの短鎖脂肪酸が肝臓での脂質合成を抑制する。

⑥中鎖脂肪酸：中鎖脂肪酸とグリセロールのエステル結合は，膵リパーゼに加えて，胃リパーゼによっても効率よく分解され，中鎖脂肪酸の大部分は門脈を介して肝臓に直接輸送される(長鎖脂肪酸は，小腸細胞内でキロミクロンを形成後，リンパ管に分泌され，胸管を経て頚静脈から血液中に移行する)。したがって，ほとんどキロミクロンを形成せず，食後の高脂肪

章末「確認問題」— 解答・解説　193

血症を起こしにくい。また，中鎖脂肪酸は食事誘発性熱産生量が多く，体脂肪への蓄積が少ない。中鎖脂肪酸は直接ミトコンドリア膜を通過して効率よくβ酸化されるので，脂肪組織への蓄積が少ないものと考えられる。

6章　貧血を予防する機能　　本文 p.89

1．血液の血球成分は，赤血球，白血球，血小板に大別される。さらに，白血球は，好中球，好塩基球，好酸球からなる顆粒球，T細胞とB細胞からなるリンパ球，および単球からなる。

2．肺から各組織への酸素の運搬である。ヘモグロビンは酸素分圧が高いと酸素と結合しやすく，酸素分圧が低いと酸素と結合しにくい性質をもつ。このため酸素分圧の高い肺で1分子当たり4分子の酸素を結合し動脈血中を運搬したのち，酸素分圧の低い組織で酸素を放すという生理機能を発揮できる。

3．①肺胞の酸素分圧（P_AO_2）と二酸化炭素分圧（P_ACO_2）は，それぞれ100 mmHgと40 mmHgである。肺胞周囲を血液が通過すると血液のガス分圧は肺胞とほぼ同じになるため，②動脈血の酸素分圧（P_aO_2）と二酸化炭素分圧（P_aCO_2）は，それぞれ100 mmHgと40 mmHgとなる。実際にはガス交換に関わらずに左心房に戻る気管支静脈からの血液も混じるためP_aO_2は100 mmHgよりやや低下する。二酸化炭素を産生している組織では酸素分圧は低く，二酸化炭素分圧は高い。その周囲を還流してきた静脈血のガス分圧は組織中とほぼ同じになり，③静脈血の酸素分圧（P_vO_2）と二酸化炭素分圧（P_vCO_2）は，それぞれ40 mmHgと45 mmHgとなる。

4．骨髄で赤血球産生を促進するのはエリスロポイエチンである。出血や赤血球の破壊充進による貧血時，あるいは高地等の低酸素状態で，腎臓における産生が充進し赤血球産生を高める。したがって腎機能が障害される（腎不全）とエリスロポイエチン産生能が低下し貧血をきたす。赤血球産生には，ヘモグロビン成分である鉄とアミノ酸が必要であり，またDNA合成に必要なビタミンB_{12}と葉酸も不可欠である。ビタミンB_{12}の吸収には胃の壁細胞から分泌される内因子も必要となる。

5．ビリルビンは，ヘムが排泄されるときの最終形態である。赤血球が寿命となり壊されると，ヘムは放出された後，ヘムオキシゲナーゼで鉄が外れたビリベルジンに変化し，さらに代謝さ

れてビリルビン（非抱合型）に変化する。これは，アルブミンと結合して肝臓に運ばれ，グルクロン酸抱合を受けて抱合型ビリルビンとなり胆汁中に排泄される。肝機能不全では非抱合型が，胆石，胆管がんなどの胆道系疾患による胆汁排泄障害では抱合型のビリルビンの血中濃度が高くなるため，これらの疾患の診断マーカーとなる。

6．①フィチン酸，シュウ酸，ポリフェノール：フィチン酸は，穀類，豆類，加工されていない全粒穀物製品に多く，シュウ酸はほうれんそうに多く含まれている。これらは鉄と強く結合して難溶性の鉄塩として吸収を阻害する。ポリフェノールは，茶およびさまざまな野菜に含まれ，鉄と結合することにより吸収を阻害する。

②リン酸：食品添加物として，さまざまな加工食品に利用されているが，リン酸は鉄と結合して利用率を低下させる。

③フォスビチン：鶏卵は可食部100 g当たり1.8 mgの鉄を含んでいるが，卵黄中に存在するリンタンパク質フォスビチンは鉄と強く結合して，利用率が低下する。

7．鉄は小腸の刷子縁膜に存在する2価の金属イオントランスポーターDMTP1により能動輸送されるが，輸送にあたり3価鉄は，2価に還元される必要がある。通常，食事中の鉄の80％以上は非ヘム鉄であることから，比較的少量であっても食物にビタミンCを添加することによって，食事全体からの鉄の吸収率を増加させることができる。

7章　適切な血圧を維持する機能　　本文 p.99

1．呼吸運動は，胸腔を大きくしたり，小さくしたりする運動である。肋骨間を外側で斜めにつなぐ外肋間筋と横隔膜が収縮すると胸腔は拡大し吸気となる。これらが弛緩すると胸腔は縮小し呼気となる。強制呼気時はこれらに，内肋間筋と腹筋群の収縮が加わる。

2．酸素や二酸化炭素のガスは，細胞膜を自由に通過するため，分圧が高いほうから低いほうへ拡散する。組織で酸素を放出し，二酸化炭素を受け取った静脈血の酸素分圧は肺胞内より低く，二酸化炭素分圧は肺胞内より高い。したがって，静脈血が肺胞周囲を通過するとき，酸素は肺胞から血液中に拡散し，酸素が血液中に取り込まれる。この際，二酸化炭素は血液から肺胞に拡散し，呼出される。

3．調節には呼吸の化学受容器によるモニタリングが必要である。化学受容器は，中枢(延髄)と末梢(頸動脈小体)にあり，それぞれ髄液のpH，血液中の酸素分圧(P_aO_2)，二酸化炭素分圧(P_aCO_2)およびpHを監視している。正常な場合には，二酸化炭素の血中濃度上昇に対して最もよく反応し，自律神経系と呼吸中枢を介して呼吸が促進される。

4．心臓の洞房結節で発生した興奮が，房室結節，ヒス束，右脚・左脚，プルキンエ細胞という特殊心筋から構成される一連の刺激伝導系を通して，心臓全体に伝わることによる。興奮と収縮は連関しており，心臓はあたかも一つの細胞のように興奮して収縮する。

5．血管内には毛細血管でも血管外へ漏出しないアルブミンなどのタンパク質が高濃度で存在する。これにより，血管内皮を隔てた血管内外間に浸透圧(血漿膠質浸透圧)が生じ，血管外から水分を引き込むことができる。

6．迅速に全身性に血圧を調節する機構で，交感神経および副交感神経からなる自律神経による。内外頸動脈分岐部の内頸動脈側の膨大部と大動脈弓部に存在する圧受容器が常時血圧をモニタリングしており，血圧低下時には，交感神経が興奮し，心拍数および心収縮力を上げるとともに細動脈を収縮させて血圧を上昇させる。過剰な血圧上昇時には，副交感神経刺激による逆の反応で血圧は低下する。

7．血流を循環する血圧調節因子による全身性の調節機構であり，神経性調節機構より緩やかな反応である。副腎髄質から分泌されるアドレナリンおよびノルアドレナリン(α1受容体)，レニン・アンギオテンシン系により産生されるアンギオテンシンⅡ(AT1受容体)，脳下垂体後葉から分泌されるバゾプレッシン(V1受容体)等が主要な昇圧因子である。いずれも細動脈の平滑筋細胞膜上の特異受容体に結合し，細胞内カルシウム濃度を上昇させて血管を収縮させる。

8．塩分を多く含む食品で，漬物や汁物などがある。塩分の過剰摂取が続くと，体内からナトリウムを排出するために血液内の大量の体液交換が行われる。その結果，血圧の高い状態が続くため高血圧になる。また，ナトリウムの排出は主に腎臓のろ過機能によって行われることから，大量のナトリウム排出によって腎臓に負担がかかり，腎臓のろ過機能が衰える原因にもなる。

9．動物筋肉，魚介，牛乳由来のタンパク質をプロテアーゼで消化して得られたペプチドがある。アンギオテンシン変換酵素を阻害することで，血圧上昇作用をもつアンギオテンシンⅡの生成を阻害すること，動脈弛緩・血圧降下作用をもつブラジキニンの分解を阻害することの2つの作用によって，血圧上昇を抑制する。

10．γ-アミノ酪酸(GABA)は，末梢血管のGABA受容体を活性化し，血管収縮作用のあるノルアドレナリン分泌を抑制することで血圧上昇を抑制する。また，利尿ホルモンのバソプレッシンの分泌を抑制し，血管を拡張することで血圧を下げる。

8章　血栓症を抑制する機能　本文 p.105

1．血管傷害部位へ粘着・凝集し血小板血栓を形成するとともに，活性化に伴いフォスファチジルセリンというビタミンK依存性凝固因子の活性化に必須のリン脂質を細胞膜表面に露出し凝固系の活性化を促進して，止血血栓の形成に寄与する。

2．カルボキシグルタミン酸(Gla)というグルタミン酸にカルボキシ基が余分に付加された修飾アミノ酸を多く含む部位(Glaドメイン)をもつ凝固因子のこと。凝固Ⅶ，Ⅸ，Ⅹ因子およびプロトロンビンが含まれる。このカルボキシル基の付加にビタミンK依存性のカルボキシラーゼを必要とするため，ビタミンK依存性凝固因子とよばれる。有効な活性化には同部位を介したフォスファチジルセリンへ結合が必須である。

3．血栓の主要成分は線維素(フィブリン)であり，その溶解が線維素溶解(線溶)系の役割である。これにより傷害部位の修復後に不要になった血栓や過剰に産生された血栓が溶解される。正常な血管内皮細胞は線溶系を開始するプラスミノーゲンアクチベーターを分泌しており，不溶な血栓が形成されると効率よく溶解し，正常な血流を維持している。

4．正常血管内皮細胞はさまざまな機構で高い抗血栓性を示す。1つ目は抗血小板作用で，血管内皮で合成されるプロスタグランジンI2(プロスタサイクリン)や一酸化窒素(NO)が寄与する。2つ目は抗凝固作用で，血管内皮上に多く発現するヘパラン硫酸などのプロテオグリカンが関わり，血漿中の主要な抗凝固因子であるアンチトロンビンが充分な抗凝固活性を発現するのを助ける。3つ目は高い線溶活性の発現で，

必要に応じて線溶酵素を分泌して不要な血栓あるいは過剰に形成された血栓を迅速に溶解して，血管閉塞につながる病的血栓の形成を予防している。

5．アラキドン酸は，シクロオキシゲナーゼをはじめとした酵素反応により2系のプロスタグランジンを形成する。特に，アラキドン酸代謝産物の一つであるトロンボキサンA2は強力な血小板凝集作用，血管収縮作用を示し，血栓形成を促進する。一方，エイコサペタエン酸(EPA)は3系のプロスタグランジンを形成するが，トロンボキサンA3には，A2のような作用はない。

6．エイコサペンタエン酸(EPA)，ドコサヘキサエン酸(DHA)は，n-3系高度不飽和脂肪酸である(構造は，5章，図5-8, 9(p.77)の構造式が書ければOK)。エイコサペンタエン酸は炭素数が20，二重結合を5つ，ドコサヘキサエン酸は炭素数22で，二重結合を6つもつ。両者とも融点がきわめて低く(エイコサペンタエン酸：−54℃，ドコサヘキサエン酸：−44℃)，常温で固体の飽和脂肪酸(例えば，パルミチン酸：62.9℃)などとは異なり，常温でも液体である。

7．エイコサペンタエン酸：くじら，やつめうなぎ，しろさけ，あゆ
　ドコサヘキサエン酸：あんこう，くじら，くろまぐろ
　エイコサペンタエン酸，ドコサヘキサエン酸ともに，いわゆる背の青い魚に多く含まれている。

9章　尿の生成によりからだの恒常性を維持する機能
本文 p.110

1．腎動脈から葉間動脈等を介して分岐した輸入細動脈は，ボーマン腔のなかで毛糸の球のようになった毛細血管(糸球体)を形成する。糸球体の血管は内皮細胞間の間隙が広く，基底膜，ボーマン上皮細胞とともに，血液ろ過のフィルターとなる(図9-3：腎小体の構造 p.107参照)。水や電解質など一定の分子量より小さい物質は自由に通過させる(限外ろ過)が，アルブミン(分子量約69,000)はほとんど通さない。両腎で1分間に約120 mLの糸球体ろ液(原尿)がこし出される。

2．再吸収の基本となるのは，基底膜側に局在する$Na^+−K^+$交換ポンプによるNa^+の能動輸送である。エネルギー(ATP)を使って濃度勾配に逆らって，Na^+を3個細胞外にくみ出すと同時にK^+を2個細胞内にくみ入れる。これにより

細胞内外のNa^+の大きな濃度勾配が形成される。これに相対して管腔側の上皮に，Na^+等の電解質のチャネル，またNa^+と一緒に糖やアミノ酸を細胞内に共輸送する担体，あるいはNa^+を取り入れる際に細胞外にH^+等を逆輸送する担体等が存在する。これらを通してNa^+は濃度勾配に応じて受動的に細胞外(管腔内の原尿)から細胞内に流入する(再吸収)。水はNa^+の移動に伴う浸透圧変化により，受動的にNa^+と同方向に移動する。

3．正常な腎機能を維持するために，腎血流量およびGFRを一定に維持することは不可欠である。血圧の低下時等にもGFRを維持する自己調節機構がある。これには輸入細動脈，輸出細動脈および遠位尿細管の緻密斑からなる傍糸球体装置が関わる。GFRの低下を尿細管中を流れる尿中のNa^+量の低下として緻密斑で検知すると，隣接する輸入細動脈を拡張して腎血流量を増加させる。また同部位の輸入細動脈内皮細胞からレニンを分泌し，血中のアンギオテンシノーゲンの一部を分解してアンギオテンシンⅠを産生する。アンギオテンシン転換酵素によりさらに分解されると昇圧物質であるアンギオテンシンⅡが産生される。これにより全身の血圧を上昇させるとともに，輸出細動脈の抵抗を増加させてGFRを増加させる。アンギオテンシンⅡはまた，副腎皮質を刺激しアルドステロンの分泌を促進する。アルドステロンは集合管でNa^+と水の再吸収を増加させて循環血液量を増加させる。これには，Na^+およびK^+チャネル，K^+/Cl^-共輸送体の管腔側への発現の誘導が関わる。

4．アルドステロンは，管腔側にNa^+およびK^+チャネル，K^+/Cl^-共輸送体を発現させ，Na^+の再吸収とK^+の分泌を促進する。また，水の再吸収も増加させ，循環血液量を増加させる。

5．血圧調節だけでなく，正常な腎機能を維持するため，腎血流量や糸球体ろ過量(GFR)の維持に寄与する。GFRが低下すると，尿細管上皮細胞に隣接する輸入細動脈内皮細胞からレニンを分泌し，血中のアンギオテンシノーゲンの一部を分解し，アンギオテンシンⅠを産生する。さらに，アンギオテンシンⅠ変換酵素により昇圧物質であるアンギオテンシンⅡが産生される。これにより，全身の血圧を上昇させるとともに，輸出細動脈の抵抗を増加させて，GFRを増加させる。アンギオテンシンⅡは，副腎皮質を刺激してアンドロステロンの分泌を促進

196　章末「確認問題」── 解答・解説

するので，水の再吸収を増加させ，循環血液量
を増加させる。

10章　骨を丈夫にする機能　　本文 p.124

1．副甲状腺ホルモン（PTH）と1,25水酸化ビタミン D_3［1,25(OH)$_2$D$_3$］

2．ビタミンDの活性体である1,25(OH)$_2$D$_3$の最も重要な生理的役割は骨石灰化の促進による骨形成の維持である。1,25(OH)$_2$D$_3$は骨芽細胞に直接作用して各種の基質タンパク質の合成を促進する。また小腸からの Ca^{2+} 吸収を促進し，腎尿細管におけるカルシウムの再吸収を促すことによっても血中 Ca^{2+} 濃度を正常化させる。また骨，および腎遠位尿細管でのPTH作用の発現に必要である。

3．食品から摂取したカルシウムは小腸で吸収される。1,25(OH)$_2$D$_3$は，小腸上部の腸管上皮細胞の刷子縁にあるカルシウムチャネルを介して，カルシウム流入を促進するとともに，腸管上皮細胞の基底膜側の Ca^{2+}ATPase（PMCA）機能を増強して，腸管上皮細胞内から血液へのカルシウムのくみ出しを増強し，カルシウムの吸収を促進する。またPTHは1α-ヒドロキシラーゼ活性を増強し1,25(OH)$_2$D$_3$量を増加させることによって，小腸からのカルシウム吸収を促進する。

4．血中のカルシウムは腎糸球体で原尿中にろ過された後，多くが尿細管で再吸収される。尿細管におけるカルシウムの再吸収過程は小腸における吸収過程と類似しており，1,25(OH)$_2$D$_3$とPTHにより再吸収量が増加し，尿中への排泄量が減少する。

5．小児期から青年期にかけては十分なカルシウムの摂取により骨量頂値を高めるようにする。骨の健康に関わる栄養素は多く，カルシウムのみならず栄養素全体を考えたバランスのとれた食事をするように心がけることである。また成人期以降，特に女性では閉経周辺期におけるカルシウム，ビタミンDの十分な摂取とともにビタミンKの多く含まれる食品を積極的に摂取することも重要である。また適度な荷重運動が骨量の維持に重要である。その他多くの骨粗鬆症治療薬が存在し，骨粗鬆症の予防や治療に有用である。

6．カルシウムの吸収を阻害する食品成分は，リン酸，シュウ酸，フィチン酸，タンニン，食物繊維

カルシウムは，ヒト腸内の中性では，リン酸，シュウ酸，フィチン酸，タンニンと結合し，各種の塩を形成し沈殿するため，これらを含む食品を同時に摂取すると，一部は体外に排出されてしまう。

食物繊維は，カルシウムなどの低分子成分をとり込むため，小腸での吸収を阻害する。

カルシウムの吸収を阻害する食品成分が多く含まれる食品は，

リン酸が多く含まれる食品：スナック菓子，インスタント食品，冷凍食品などの加工食品

シュウ酸が多く含まれる食品：ほうれんそうなどの野菜

フィチン酸が多く含まれる食品：米ぬか，小麦，米などの穀類，いんげん豆，とうもろこしなどの豆類

タンニンが多く含まれる食品：茶，コーヒー

食物繊維が多く含まれる食品：穀類，海藻

7．①カゼインホスホペプチド（CPP），②ポリグルタミン酸，③ CCM（Calcium-Citric acid-Malic acid），④ビタミンD

8．①ビタミンK：ビタミンKは，骨組織に存在するオステオカルシンや骨基質タンパク質の生合成に不可欠で，骨形成を促進し，骨吸収を抑制すると考えられている。

天然に存在するビタミンKは，緑葉に多い K_1（フィロキノン）と細菌の産生する K_2（メナキノン-n）が存在する。

②大豆イソフラボン：大豆イソフラボン（ゲニステインとダイゼイン）は，卵巣から分泌される女性ホルモンのエストロゲンと構造が類似しているため，同様の活性を示し，骨形成を促進し，骨吸収を抑制する作用がある。

11章　筋肉を丈夫にする機能　　本文 p.138

1．①クレアチンリン酸を分解してリン酸を生成し，そのリン酸とADPからATPを生合成する機構

②無酸素系の運動で主に働くシステムで，筋細胞内に貯蔵されているグリコーゲンの分解によりATPを産生する機構

③好気的代謝エネルギーを使用して運動する場合で，グルコース，脂肪酸あるいはアミノ酸を原料としてミトコンドリアにおける酸化的代謝を経て，ATPを産生する機構

2．持久性トレーニング後のエネルギー供給の基質は，筋肉中の中性脂肪であることから，運動

章末「確認問題」── 解答・解説　　197

前数日間の高糖質摂取(グリコーゲンローディング)により筋グリコーゲン量を高めるだけでなく，高脂肪食を摂取して筋肉中の脂肪含量を高めておくことが望ましい。

3．糖質は，スポーツや運動に不可欠なエネルギー源であり，運動強度が高くなればなるほど，糖質の使用される比率は高くなる。エネルギーに使用される糖が十分に摂取されないと，血中の糖濃度が低下し，筋肉タンパク質の異化(分解)が生じる。これは，筋肉タンパク質をはじめとする体内の種々のタンパク質減少につながる。運動時の筋肉タンパク質分解をできる限り抑制するためにも，運動前と運動時の糖質の供給は重要である。

　　運動後の糖質とタンパク質の摂取も，筋肉を丈夫にするうえで大切である。特に運動後には，運動時に壊れたタンパク質の修復が行われるために，それに必要な栄養素の補給が大切となる。この栄養素として，タンパク質と糖質が挙げられているが，これらの効果を最大限に発揮するために，運動直後に摂取することが重要であることも明らかとなっている。

4．分岐鎖アミノ酸(BCAA)：分岐鎖アミノ酸は，ロイシン，イソロイシン，バリンである。特に，ロイシンの効果が大きい。これらには，運動時の筋肉タンパク質分解抑制並びに合成促進作用が認められている。分岐鎖アミノ酸は，食肉タンパク質に多く含まれている。また，サプリメントとして，飲料や粉末状のものが販売されているので，運動前後にそれらを摂取すると効果的である。

12章　食物アレルギーを予防する機能

本文 p.159

1．自然免疫とは，生体を覆う表皮や粘膜，唾液・消化液などの分泌液も含めて，最初に病原体の侵入を防ぐような生体のしくみを指す。微生物などの抗原の「パターン」を認識して，それが自己の成分ではなく異物であると認識できる。

　　適応免疫は狭義の免疫のことで，個々の抗原に特異的な免疫応答を起こすことができる。一度侵入した抗原を記憶し，再度同じ抗原が入ってきたときに速やかに強力な免疫応答を起こすことができる。この「抗原特異性」と「免疫記憶」は自然免疫にはない，適応免疫に特徴的な現象である。

2．適応免疫のうち，体液性免疫では抗体がエフェクターとなり，細胞性免疫ではT細胞がエフェクターとなる。

3．樹状細胞，マクロファージ，B細胞などの抗原提示細胞が抗原を取り込み，その抗原の一部(抗原ペプチド)を細胞表面のMHC分子上に提示し，それをT細胞が，細胞表面のT細胞受容体(TCR)を介して認識する現象のことをいう。適応免疫が発動するためには，抗原提示が必要である。原則的に，細胞質抗原(内在性抗原)はCD8＋T細胞に，外来抗原はCD4＋T細胞に抗原提示される。

4．口から入ってきた異物に対して過剰な免疫反応が起きないようにしている免疫のしくみのことである。このしくみにより，食物や消化管内の常在細菌に対して過剰な免疫反応が起きないようになっている。

5．卵，乳，小麦，えび，かに，そば，らっかせい，あわび，いか，いくら，オレンジ，キウイフルーツ，牛肉，くるみ，さけ，さば，だいず，鶏肉，バナナ，豚肉，まつたけ，もも，やまいも，りんご，ゼラチンなど。

6．卵，乳，小麦，えび，かに，そば，らっかせい

7．①茶カテキン：アレルギー反応の主要なエフェクター細胞であるマスト細胞や好塩基球に作用して炎症性化学物質ヒスタミンを放出する(脱顆粒)反応を抑制することや，これらの細胞が炎症反応を起こす際に細胞内への刺激を受け取る受容体である高親和性IgE受容体FcεRI発現を抑制する。

　　②乳酸菌などのプロバイオティクス菌体成分：生体内におけるT細胞応答(Th1/Th2バランスの調節，制御性T細胞の誘導)やI型アレルギー反応であるIgE抗体産生，炎症反応を制御する。また，アレルギー反応のエフェクター細胞であるマスト細胞が抗原刺激による炎症性物質を放出する脱顆粒反応において，プロバイオティクス菌体の刺激を与えると脱顆粒反応が抑制されるものもある。

　　③オリゴ糖などのプレバイオティクス成分：食品抗原タンパク質によって誘導される血中抗体価IgEの上昇抑制や経口免疫寛容の効果的な誘導による腸管免疫系でのTh2型サイトカイン産生の低応答化や，アトピー性皮膚炎の患者に対して投与することにより，皮膚炎症状の改善や炎症性細胞である末梢血中の好酸球数の減少などにつながる可能性がある。

　　④ヌクレオチド：Th1/Th2バランスをTh1優位に誘導することによる抗アレルギー作用

⑤n-3系多価不飽和脂肪酸：n-3/n-6系多価不飽和脂肪酸の摂取バランスの改善により抗炎症作用，抗アレルギー作用も期待される。

13章　生体の酸化を防止する機能　本文p.168

1．活性酸素(reactive oxygen species)とは，酸素分子(O_2)がより反応性の高い化合物に変化した状態であり，スーパーオキシドアニオン($\cdot O_2{}^-$)，ヒドロキシルラジカル($\cdot OH$)，過酸化水素(H_2O_2)，一重項酸素($^1O_2$)の4種類をいう。

2．フリーラジカル(free radical)とは，通常は原子核を中心として電子軌道に2個の電子が対になって存在するが，「不対電子」は対になっていない電子をもつ化合物をいう。不対電子は対になろうとするため，他から電子を奪い取りやすく，すなわち，自分は還元されやすく，相手を酸化しやすい性質をもち，一般に不安定で反応性が大きいと考えられている。

3．呼吸によって取り入れた酸素は，細胞内のミトコンドリア電子伝達系により「還元」され，生存に必要なエネルギーをATP(アデノシン三リン酸)という形で効率的に産生している。しかし，2％程度の酸素はエネルギー産生過程で漏れ出て，スーパーオキシドアニオンが電子伝達系の副生成物として生成される。それのみならず複合体Ⅲでは，不安定な中間体であるユビセミキノンの電子が直接酸素に転移し，スーパーオキシドアニオンが形成される。このスーパーオキシドアニオンから他の活性酸素が産生される。

4．活性酸素・フリーラジカルは生体内の脂質，核酸，アミノ酸，炭水化物，種々の生理的活性物質などを標的とする。特にすべての細胞膜の脂質中に局在する高度不飽和脂肪酸は，活性酸素・フリーラジカルにより攻撃され連鎖的な脂質過酸化反応を介して過酸化脂質を生成する。生体膜は脂質やタンパク質で構成されているが，それらは細胞や細胞内小器官を区切る膜だけでなく，膜表面の受容体としても多様な機能をもっているので，連鎖的な脂質過酸化反応は，膜構造の破壊による細胞死だけでなく，細胞を維持するための酵素作用や受容体機能が大きく傷害されることにつながる。

5．生体内で反応性の高い活性酸素を消去することが生命を維持するために不可欠であり，そのため活性酸素・フリーラジカルに対する防御システムが生体に備わっている。これには活性酸素を変化させて反応性のないものにする酵素と，自分が標的となり酸化されてフリーラジカルの酸化作用を消去する抗酸化物質に分けられる。酵素としては，スーパーオキシドディスムターゼ(SOD)，ペルオキシダーゼ，カタラーゼがある。

6．食品成分：アスタキサンチン(リコピン，β-カロテン，ビタミンEも可)
作用機構：図13－7に示した物理的消去機構

7．消去する活性酸素種：各種ラジカル種
作用機構：図13－8に示すようなH付与によるラジカル消去

14章　機能性食品(保健機能食品)　本文p.190

1．私たちが通常，口に入れる食品や医薬品などの飲食物すべては，食品衛生法や薬事法(薬機法)により明確に区別されている。

食品は，医薬品および医薬部外品以外のすべての飲食物を指しており，食品衛生法において，それらの基準，表示，検査等に関するさまざまな事項が定められている。食器，割ぽう具，容器，包装，乳児用おもちゃも，食品衛生法の規制対象となっている。

医薬品と医薬部外品にあたる飲食物の品質，有効性ならびに安全性を確保するために必要な事項は，薬事法に定められている。ヒトまたは動物の疾病の診断，治療または予防を目的とする物を医薬品と定めており，それには治療を目的とした効能を表示できることが認められている。医薬部外品は，医薬品の効能をもたず，口臭，体臭の防止，脱毛の防止などのように，人体に対する作用が緩和なものを指している。また，染毛剤，浴用剤などもこれに分類されている。これらは，医薬品のように販売業の許可を必要とせず，一般小売店において販売することができる。

2．特定保健用食品は，ヒトで該当する機能の有効性や安全性が科学的に立証されたもので，国がその効果を認めた場合に，健康強調表示(ヘルスクレーム)の表示ができるような食品を指している。

栄養機能食品は，規格基準型の保健機能食品で，13種類のビタミン，6種類のミネラル並びにn-3系脂肪酸に関して，設定された1日摂取量の上限値と下限値の基準を満たしたものである。この基準を満たしていれば，製品開発・販売に際して，許認可，登録等の手続きを必要と

章末「確認問題」── 解答・解説　　199

しないものである。

　栄養機能食品や特定保健用食品と異なり，企業自らが安全性と機能性について実証すると共に，臨床試験もしくはシステマティック・レビュー(SR)を用いた科学的根拠により実証された機能性を表示できる食品である。必要な書類を消費者庁に届け出ることによって申請し，認可を受ける。これまでの機能性食品と違い，短時間で製品として販売できるメリットがある。

3．表14-2に記載されている13種類のヘルスクレームと成分

4．機能性食品は，薬と違って，生活習慣病の原因となる要因に対して保健機能を示す食品であることから，その予防に繋がることが期待できる食品である。そのためには，普段の食生活に

おいて，どのような栄養素が足りないかをきちんと調べておく必要がある。

　1日でよいから，その日に食べた食事の内容を分析することが大切である。おおよそでよいから，食事内容からそのなかに含まれる栄養素を計算し，一覧表に記入する。それぞれの摂取推奨量を満たしているか否かをチェックし，足りない場合には，それを補える機能性食品の摂取を考えればよい。特にビタミンやミネラルの不足に関しては，栄養機能食品が有効である。

　また，毎年受診している健康診断の結果をチェックし，自分のからだの状態を知ることも大切である。健康診断での各測定項目において，正常値でない場合に，それらを改善できる特定保健用食品があれば，それを利用することで，生活習慣病の予防が可能となる。

― 各種栄養素あるいは機能性成分が
多く含まれる食品の一覧表 ―
（各表は，七訂食品成分表のデータに基づき，含量の多い主なもの20食品を掲載した）

1. 三大栄養素

タンパク質	（本文表1-1，p.7）
炭水化物	（本文表1-4，p.10）
脂　質	（本文表1-6，p.12）

2. ビタミン

付表-1	ビタミン B_1	
付表-2	ビタミン B_2	
付表-3	ナイアシン	
付表-4	ビタミン B_6	
付表-5	ビタミン B_{12}	203
付表-6	葉　酸	
付表-7	ビオチン	
付表-8	パントテン酸	
付表-9	ビタミンC（本文表6-2，p.88も参照）	
付表-10	ビタミンA	205
付表-11	ビタミンD（本文表10-3，p.117や表10-6，p.120も参照）	
付表-12	ビタミンE	
付表-13	ビタミンK（表10-4，p.118や表10-6，p.121も参照）	206

3. ミネラル

付表-1	ナトリウム	
付表-2	カリウム（本文表7-2，p.96も参照）	
付表-3	カルシウム	
付表-4	マグネシウム	207
付表-5	リ　ン	
付表-6	鉄（本文表6-1，p.87も参照）	
付表-7	亜　鉛	
付表-8	銅	208
付表-9	マンガン	
付表-10	ヨウ素	
付表-11	セレン	
付表-12	クロム	
付表-13	モリブデン	210

4. 機能性成分

付表-1	EPA（本文表1-7，p.14や表8-1，p.104も参照）	
付表-2	DHA（本文表1-8，p.14や表8-2，p.104も参照）	
付表-3	不溶性食物繊維（本文表1-14，p.23も参照）	
付表-4	水溶性食物繊維（本文表1-15，p.23も参照）	211
付表-5	ポリフェノール（本文表1-17，p.24も参照）	
付表-6	タンニン	212

● ビタミン 　　ビタミンB₁／ビタミンB₂／ナイアシン／ビタミンB₆

付表-1　ビタミンB₁が多く含まれる食品

食　　品	100g当たりの含量(mg)
米ぬか	3.12
ぶた［大型種肉］ヒレ(赤肉、焼き)	2.09
小麦はいが	1.82
ひまわり種子(フライ、味付け)	1.72
ぶた［大型種肉］ヒレ(赤肉、生)	1.32
ぶた［大型種肉］もも(皮下脂肪なし、焼き)	1.19
ぶた　ボンレスハム	0.90
すけとうだら　たらこ焼き	0.77
うなぎ　かば焼	0.75
あまのり　焼きのり	0.69
抹茶	0.60
かつお節	0.55
ごま(いり)	0.49
ぶた　ベーコン	0.47
しろさけ　イクラ	0.42
ぶた　肝臓　(生)	0.34
削り昆布	0.33
青汁　ケール	0.31
ひらたけ　(ゆで)	0.30
まさば　(焼き)	0.30

付表-3　ナイアシンが多く含まれる食品

食　　品	100g当たりの含量(mg)
すけとうだら　たらこ(焼き)	56.9
かつお節	45.0
米ぬか	34.6
かつお(春獲り、生)	19.0
にわとり［若鶏肉］むね(皮なし、焼き)	18.4
ぶた　スモークレバー	17.8
きはだまぐろ(生)	17.5
らっかせい　大粒種(いり)	17.0
かたくちいわし　田作り	17.0
にわとり［若鶏肉］ささ身(焼き)	15.5
するめ	14.1
まさば(焼き)	13.4
ぶた［大型種肉］ヒレ(赤肉焼き)	12.9
あまのり味付けのり	12.2
さわら(焼き)	11.5
ぶり成魚(焼き)	10.1
紅茶　茶	10.0
さんま(皮つき、焼き)	9.8
ぶた［大型種肉］ロース(脂身つき焼き)	9.2
エリンギ(焼き)	9.1

付表-2　ビタミンB₂が多く含まれる食品

食　　品	100g当たりの含量(mg)
ぶた　スモークレバー	5.17
あまのり　焼きのり	2.33
にわとり　肝臓(生)	1.80
せん茶　茶	1.43
抹茶	1.35
アーモンド(フライ、味付け)	1.11
にわとり　心臓(生)	1.10
全粉乳	1.10
バジル　粉	1.09
ぼら　からすみ	0.93
がちょう　フォアグラ(ゆで)	0.81
紅茶　茶	0.80
青汁　ケール	0.80
うなぎ　かば焼	0.74
小麦　はいが	0.71
パルメザンチーズ	0.68
アーモンドチョコレート	0.64
糸引き納豆	0.56
すけとうだら　たらこ(焼き)	0.53
鶏卵　卵黄(生)	0.52

付表-4　ビタミンB₆が多く含まれる食品

食　　品	100g当たりの含量(mg)
米ぬか	3.27
にんにく　りん茎(油いため)	1.80
バジル　粉	1.75
小麦はいが	1.24
抹茶	0.96
うし　肝臓(生)	0.89
くろまぐろ赤身(生)	0.85
かつお春獲り(生)	0.76
ぶた［大型種肉］ヒレ(赤肉、焼き)	0.76
青汁　ケール	0.75
玉露　茶	0.69
ぶた　スモークレバー	0.66
にわとり［若鶏肉］むね(皮なし、焼き)	0.66
ごま(いり)	0.64
あまのり　焼きのり	0.59
まさば(焼き)	0.54
さんま　開き干し	0.54
うし［輸入牛肉］もも(皮下脂肪なし焼き)	0.53
むろあじ(焼き)	0.52
にわとり［若鶏肉］ささ身(焼き)	0.52

ビタミン B₁₂

付表-5　ビタミン B₁₂ が多く含まれる食品

食　品	100 g 当たりの含量(μg)
しじみ　水煮	81.6
しじみ　（生）	68.4
かたくちいわし　田作り	64.5
あまのり　焼きのり	57.6
しろさけ　すじこ	53.9
うし　肝臓　（生）	52.8
あさり　（生）	52.4
しろさけ　イクラ	47.3
にわとり　肝臓　（生）	44.4
かたくちいわし　煮干し	41.3
はまぐり　（焼き）	33.4
ぼら　からすみ	28.4
かき　養殖　（生）	28.1
ほたるいか　くん製	27.2
ぶた　スモークレバー	24.4
すけとうだら　たらこ　（焼き）	23.3
まいわし　（焼き）	22.5
まさば　（焼き）	21.9
かつお節	14.8
アンチョビ　缶詰	14.5

付　表　203

葉　酸／ビオチン／パントテン酸／ビタミンＣ

付表-6　葉酸が多く含まれる食品

食　品	100 g 当たりの含量（μg）
あまのり　焼きのり	1,900
にわとり　肝臓（生）	1,300
せん茶　茶	1,300
抹茶	1,200
うし　肝臓（生）	1,000
玉露　茶	1,000
青汁　ケール	820
ぶた　肝臓（生）	810
小麦はいが	390
うに（生）	360
えだまめ（ゆで）	260
かたくちいわし　田作り	230
めキャベツ　結球葉（ゆで）	220
がちょう　フォアグラ（ゆで）	220
和種なばな　花らい・茎（ゆで）	190
アスパラガス　若茎（ゆで）	180
ごま（いり）	150
鶏卵　卵黄（生）	140
糸引き納豆	120
ほうれんそう　葉（通年平均ゆで）	110

付表-7　ビオチンが多く含まれる食品

食　品	100 g 当たりの含量（μg）
にわとり　肝臓（生）	232.4
らっかせい　バターピーナッツ	95.6
らっかせい　大粒種（乾）	92.3
インスタントコーヒー	88.4
ヘーゼルナッツ（フライ、味付け）	81.8
ぶた　肝臓（生）	79.6
うし　肝臓（生）	76.1
鶏卵　卵黄（生）	65.0
バジル　粉	61.5
せん茶　茶	51.6
あまのり　焼きのり	46.9
米ぬか	38.2
えごま（乾）	34.6
紅茶　茶	31.9
きな粉（全粒大豆、黄大豆）	31.0
カットわかめ	28.0
大豆　黄大豆（いり）	27.4
鶏卵　全卵（生）	25.4
まいたけ（ゆで）	22.4
糸引き納豆	18.2

付表-8　パントテン酸が多く含まれる食品

食　品	100 g 当たりの含量（mg）
にわとり　肝臓（生）	10.10
ぶた　肝臓（生）	7.19
うし　肝臓（生）	6.40
ぼら　からすみ	5.17
にわとり　心臓（生）	4.41
がちょう　フォアグラ（ゆで）	4.38
鶏卵　卵黄（生）	4.33
挽きわり納豆	4.28
玉露　茶	4.10
かたくちいわし　田作り	3.74
抹茶	3.70
すけとうだら　たらこ（焼き）	3.68
糸引き納豆	3.60
にわとり［若鶏肉］　ささ身（焼き）	3.16
せん茶　茶	3.10
にわとり［若鶏肉］　むね（皮なし、焼き）	2.58
バジル　粉	2.39
ひらたけ（ゆで）	2.36
らっかせい　大粒種（いり）	2.19
たいせいようさけ　養殖（焼き）	2.14

付表-9　ビタミンＣが多く含まれる食品

食　品	100 g 当たりの含量（mg）
アセロラ　酸味種（生）	1,700
青汁　ケール	1,100
アセロラ　甘味種（生）	800
せん茶　茶	260
グァバ（生）	220
あまのり　焼きのり	210
赤ピーマン　果実（油いため）	180
ゆず　果皮（生）	160
パセリ　葉（生）	120
めキャベツ　結球葉（ゆで）	110
玉露　茶	110
レモン　全果（生）	100
青ピーマン　果実（油いため）	79
かき　甘がき（生）	70
キウイフルーツ　緑肉種（生）	69
いちご（生）	62
抹茶	60
洋種なばな　茎葉（ゆで）	55
ブロッコリー　花序（ゆで）	54
カリフラワー　花序（ゆで）	53

ビタミンA

付表-10　ビタミンAが多く含まれる食品

食　　品	100g当たりの含量(μg)
ぶた　スモークレバー	17,000
にわとり　肝臓(生)	14,000
ぶた　肝臓(生)	13,000
あんこう　きも(生)	8,300
抹茶	2,400
あまのり　焼きのり	2,300
ほたるいか　(ゆ)で	1,900
玉露　茶	1,800
うなぎ　かば焼	1,500
うし　肝臓(生)	1,100
せん茶　茶	1,100
がちょう　フォアグラ(ゆで)	1,000
あなご(蒸し)	890
しそ　葉(生)	880
青汁　ケール	860
食塩不使用バター	790
にんじん(根、皮むき、ゆで)	730
しろさけ　すじこ	670
パセリ　葉(生)	620
鶏卵　卵黄(生)	480
わかさぎ　つくだ煮	460
西洋かぼちゃ　果実(焼き)	450
ほうれんそう　葉(通年平均、ゆで)	450

レチノール等量として表示した。

付　表　　205

ビタミンD／ビタミンE／ビタミンK

付表-11　ビタミンDが多く含まれる食品

食　品	100g当たりの含量(μg)
あんこう　きも(生)	110.0
いわし　しらす干し(半乾燥品)	61.0
まいわし　丸干し	50.0
しろさけ　すじこ	47.0
べにざけ(焼き)	38.4
にしん　開き干し	36.0
ぼら　からすみ	33.0
かたくちいわし　田作り	30.0
いかなご　つくだ煮	23.0
ぎんざけ　養殖　焼き	21.0
さんま　みりん干し	20.0
うなぎ　かば焼	19.0
まがれい(焼き)	17.5
あゆ　養殖(焼き)	17.4
まいわし(焼き)	14.4
さんま(皮つき、焼き)	13.0
さわら(焼き)	12.1
さんま　かば焼(缶詰)	12.0
まあじ(皮つき、焼き)	11.7
ソフトタイプマーガリン(家庭用)	11.2

付表-12　ビタミンEが多く含まれる食品

食　品	100g当たりの含量(mg)
せん茶　茶	64.9
ひまわり油	38.7
アーモンド(フライ，味付け)	29.4
アーモンド　いり　無塩	28.8
小麦はいが	28.3
綿実油	28.3
抹茶	28.1
サフラワー油	27.1
米ぬか油	25.5
ヘーゼルナッツ(フライ、味付け)	17.8
とうもろこし油	17.1
玉露　茶	16.4
ソフトタイプマーガリン　家庭用	15.3
マヨネーズ　全卵型	14.7
あんこう　きも(生)	13.8
ひまわり種子(フライ　味付け)	12.0
アーモンドチョコレート	11.3
らっかせい　大粒種(いり)	10.6
大豆油	10.4
ぼら　からすみ	9.7

付表-13　ビタミンKが多く含まれる食品

食　品	100g当たりの含量(μg)
玉露　茶	4,000
抹茶	2,900
青汁　ケール	1,500
せん茶　茶	1,400
挽きわり納豆	930
パセリ　葉(生)	850
バジル　粉	820
しそ　葉(生)	690
糸引き納豆	600
しゅんぎく　葉(ゆで)	460
モロヘイヤ　茎葉(ゆで)	450
あまのり　焼きのり	390
あしたば　茎葉(ゆで)	380
つるむらさき　茎葉(ゆで)	350
にら　葉(ゆで)	330
こまつな　葉(ゆで)	320
ほうれんそう　葉(通年平均ゆで)	320
トウミョウ　芽ばえ(油いため)	300
和種なばな　花らい・茎(ゆで)	250
大豆油	210

● ミネラル　　ナトリウム／カリウム／カルシウム／マグネシウム

付表-1　ナトリウムが多く含まれる食品

食　　品	100 g 当たりの含量(mg)
昆布茶	19,000
顆粒中華だし	19,000
梅干し(塩漬)	8,700
塩昆布	7,100
トウバンジャン	7,000
うすくちしょうゆ	6,300
だし入りみそ	5,600
カレールウ	4,200
粒うに	3,300
ウスターソース	3,300
焼き肉のたれ	3,300
中華スタイル即席カップめん(油揚げ)	2,700
イカ塩辛	2,700
たかな　たかな漬	2,300
すけとうだら　からしめんたいこ	2,200
すけとうだら　たらこ(焼き)	2,100
トマトケチャップ	1,300
フレンチドレッシング	1,200
プロセスチーズ	1,100
ぶた　ロースハム	1,000

食塩に換算するときは，各値に2.45をかける。

付表-2　カリウムが多く含まれる食品

食　　品	100 g 当たりの含量(mg)
刻み昆布	8,200
インスタントコーヒー	3,600
玉露　茶	2,800
抹茶	2,700
あまのり　焼きのり	2,400
せん茶　茶	2,200
きな粉(全粒大豆、黄大豆)	2,000
紅茶　茶	2,000
ポテトチップス	1,200
するめ	1,100
かつお節	940
らっかせい　大粒種(いり)	770
ぶどう　干しぶどう	740
アボカド(生)	720
ぶた　[大型種肉]　ヒレ(赤肉、焼き)	690
干しがき	670
糸引き納豆	660
さわら(焼き)	610
えごま(乾)	590
にわとり　[若鶏肉]　むね(皮なし、焼き)	570

付表-3　カルシウムが多く含まれる食品

食　　品	100 g 当たりの含量(mg)
加工品　干しえび	7,100
バジル　粉	2,800
かたくちいわし　田作り	2,500
ごま(いり)	1,200
エメンタールチーズ	1,200
青汁　ケール	1,200
刻み昆布	940
プロセスチーズ	630
しらす干し　半乾燥品	520
紅茶　茶	470
あゆ　養殖(焼き)	450
せん茶　茶	450
即席中華めん　油揚げ味付け	430
抹茶	420
ごまドレッシング	410
えごま(乾)	390
玉露　茶	390
ししゃも　生干し(焼き)	360
あまのり　焼きのり	280
ミルクチョコレート	240

付表-4　マグネシウムが多く含まれる食品

食　　品	100 g 当たりの含量(mg)
米ぬか	850
バジル　粉	760
刻み昆布	720
干しひじき(ステンレス釜、乾)	640
干しえび	520
インスタントコーヒー	410
ごま(いり)	360
あまのり　焼きのり	300
きな粉(全粒大豆　黄大豆)	260
カシューナッツ(フライ、味付け)	240
抹茶	230
紅茶　茶	220
玉露　茶	210
大豆はいが	200
らっかせい　大粒種(いり)	200
するめ	170
アーモンドチョコレート	150
木綿豆腐	130
蒸し大豆(黄大豆)	110
糸引き納豆	100

付　表　207

リン／鉄／亜鉛／銅

付表-5　リンが多く含まれる食品

食　品	100ｇ当たりの含量(mg)
かたくちいわし　田作り	2,300
米ぬか	2,000
小麦はいが	1,100
するめ	1,100
しらす干し　半乾燥品	860
さくらえび　煮干し	860
パルメザンチーズ	850
かつお節	790
プロセスチーズ	730
エメンタールチーズ	720
いり大豆(黄大豆)	710
あまのり　焼きのり	700
きな粉(全粒大豆、黄大豆)	660
鶏卵　卵黄(生)	570
ごま(いり)	560
えごま(乾)	550
ししゃも　生干し(焼き)	540
しろさけ　イクラ	530
ぼら　からすみ	530
すけとうだら　たらこ(焼き)	470

付表-6　鉄が多く含まれる食品

食　品	100ｇ当たりの含量(mg)
バジル　粉	120.0
スモークレバー	19.8
あさり　つくだ煮	18.8
かたくちいわし　煮干し	18.0
抹茶	17.0
紅茶　茶	17.0
えごま(乾)	16.4
干しえび	15.1
ぶた　[副生物]　肝臓(生)	13.0
あまのり　焼きのり	11.4
ごま(いり)	9.9
にわとり　[副生物]　肝臓(生)	9.0
(こんぶ類)　刻み昆布	8.6
きな粉(全粒大豆、黄大豆)	8.0
鶏卵　卵黄(生)	6.0
あゆ　天然(焼き)	5.5
かつお節	5.5
うま　肉(赤肉、生)	4.3
うし　[副生物]　肝臓(生)	4.0
うし　[和牛肉]　もも　皮下脂肪なし(焼き)	3.8

付表-7　亜鉛が多く含まれる食品

食　品	100ｇ当たりの含量(mg)
小麦はいが	15.9
かき(養殖、生)	13.2
ぼら　からすみ	9.3
うし　ビーフジャーキー	8.8
まさば　さば節	8.4
かたくちいわし　田作り	7.9
パルメザンチーズ	7.3
ぶた　肝臓(生)	6.9
うし　[輸入牛肉]　もも(皮下脂肪なし、焼き)	6.6
うし　[乳用肥育牛肉]　もも(皮下脂肪なし、焼き)	6.4
うし　[和牛肉]　もも(皮下脂肪なし、焼き)	6.3
抹茶	6.3
ごま(いり)	5.9
カシューナッツ　フライ　味付け	5.4
するめ	5.4
干しえび	3.9
めんよう　[マトン]　ロース(脂身つき　焼き)	3.9
えごま(乾)	3.8
すけとうだら　たらこ(焼き)	3.8
うし　肝臓(生)	3.8

付表-8　銅が多く含まれる食品

食　品	100ｇ当たりの含量(mg)
うし　肝臓(生)	5.30
干しえび	5.17
ほたるいか(ゆで)	2.97
いいだこ(生)	2.96
紅茶　茶	2.10
バジル　粉	1.99
えごま(乾)	1.93
イカ塩辛	1.91
カシューナッツ(フライ、味付け)	1.89
がちょう　フォアグラ(ゆで)	1.85
ごま(いり)	1.68
いり大豆　黄大豆	1.31
せん茶　茶	1.30
きな粉(全粒大豆、黄大豆)	1.12
アーモンド(フライ、味付け)	1.11
あんこう　きも(生)	1.00
するめ	0.99
ぶた　肝臓(生)	0.99
かき(養殖、生)	0.89
アーモンドチョコレート	0.77

マンガン／ヨウ素／セレン／クロム

付表-9　マンガンが多く含まれる食品

食　品	100g当たりの含量(mg)
玉露　茶	71.00
せん茶　茶	55.00
シナモン　粉	41.00
紅茶　茶	21.00
米ぬか	14.97
バジル　粉	10.00
ヘーゼルナッツ（フライ、味付け）	5.24
いたやがい（養殖、生）	4.90
玉露　浸出液	4.60
あまのり　焼きのり	3.72
えごま（乾）	3.09
きな粉（全粒大豆、黄大豆）	2.75
青汁　ケール	2.75
ごま　いり	2.52
ライむぎ　全粒粉	2.15
インスタントコーヒー	1.90
干しがき	1.48
アーモンドチョコレート	1.14
日本ぐり（ゆで）	1.07
モロヘイヤ　茎葉（ゆで）	1.02

付表-11　セレンが多く含まれる食品

食　品	100g当たりの含量(μg)
かつお節	320
あんこう　きも（生）	200
すけとうだら　たらこ（生）	130
くろまぐろ（赤身、生）	110
かつお（秋獲り、生）	100
ずわいがに（生）	97
まあじ（皮つき、焼き）	78
あまだい（生）	75
ぶた　肝臓（生）	67
にわとり　肝臓（生）	60
めかじき（生）	59
ぶり　成魚（生）	57
鶏卵　卵黄（生）	56
アンチョビ（缶詰）	52
うし　肝臓（生）	50
かき　養殖（生）	48
するめいか（焼き）	46
ナンプラー	46
さんま（皮つき、焼き）	45
うなぎ　かば焼	42

付表-10　ヨウ素が多く含まれる食品

食　品	100g当たりの含量(μg)
刻み昆布	230000
昆布だし	5400
あまのり　焼きのり	2100
ほしひじき（鉄釜、油いため）	1300
鶏卵　たまご焼　厚焼きたまご	540
カレー　ビーフ　レトルトパウチ	370
和風ドレッシング	320
ポテトチップス	260
てんぐさ　ところてん	240
すけとうだら　たらこ（生）	130
あんこう　きも（生）	96
うなぎ　かば焼	77
かき　養殖（生）	73
鶏卵　卵黄（生）	50
かつお節	45
バジル　粉	42
さんま（皮つき、焼き）	25
まさば（焼き）	24

付表-12　クロムが多く含まれる食品

食　品	100g当たりの含量(μg)
刻み昆布	33
こしょう　黒粉	30
干しひじき（ステンレス釜、乾）	26
ミルクチョコレート	24
紅茶　茶	18
あずき　あん（さらしあん）	14
きな粉（全粒大豆、黄大豆）	12
青汁　ケール	12
アーモンド（フライ、味付け）	9
ウスターソース	9
豆みそ	9
がんもどき	8
せん茶　茶	8
即席中華めん（油揚げ）	7
あまのり　焼きのり	6
まさば　焼き	6
トマトケチャップ	6
メープルシロップ	5
ぎんなん　ゆで	5
甘納豆　あずき	5

モリブデン

付表-13　モリブデンが多く含まれる食品

食　　品	100g当たりの含量(μg)
きな粉（全粒大豆、黄大豆）	380
糸引き納豆	290
あまのり　焼きのり	220
バジル　粉	200
あずき　あん（さらしあん）	150
青汁　ケール	130
ぶた　肝臓（生）	120
えんばく オートミール	110
あずき　全粒（ゆで）	96
うし　肝臓（生）	94
減塩しょうゆ　こいくち	84
にわとり　肝臓（生）	82
うるち米　上新粉	77
だいず　全粒（国産、黄大豆、ゆで）	77
こめ　精白米（うるち米）	69
豆みそ	64
もち	56
こめ　白玉粉	56
豆乳	54

● 機能性成分　EPA ／ DHA ／不溶性食物繊維／水溶性食物繊維

付表-1　EPA が多く含まれる食品

食　品	100 g 当たりの含量(g)
すじこ	2
きんき	1.5
かたくちいわし	1.3
みなみまぐろ(脂身)	1.2
まいわし	1.1
はまち(養殖)	1
ぶり	1
さんま	0.9
たいせいようさけ	0.88
うなぎ蒲焼	0.7
まだい(養殖)	0.57
まさば	0.5

付表-2　DHA が多く含まれる食品

食　品	100 g 当たりの含量(g)
みなみまぐろ(とろ)	2.6
すじこ	2.5
はまち(養殖)	1.8
ぶり	1.8
さんま	1.7
きんき	1.5
たいせいようさけ	1.4
まいわし	1.4
うなぎ蒲焼	1.3
まだい(養殖)	0.86
まさば	0.75

付表-3　不溶性食物繊維が多く含まれる食品

食　品	100 g 当たりの含量(g)
きくらげ(乾)	57.4
せん茶　茶	43.5
玉露　茶	38.9
紅茶　茶	33.7
抹茶	31.9
あずき　あん(さらしあん)	26.6
かんぴょう(乾)	23.3
えごま(乾)	19.1
グリンピース(揚げ豆)	18.7
米ぬか	18.3
ココア　ピュアココア	18.3
いり大豆(黄大豆)	17.1
きな粉(全粒大豆　黄大豆)	15.4
青汁　ケール	15.2
あらげきくらげ(ゆで)	15.0
ブルーベリー(乾)	14.6
小麦はいが	13.6
干しがき	12.7
アーモンド(フライ、味付け)	11.3
甘ぐり(中国ぐり)	7.5

付表-4　水溶性食物繊維が多く含まれる食品

食　品	100 g 当たりの含量(g)
しろきくらげ(乾)	19.3
らっきょう(りん茎、生)	18.6
青汁　ケール	12.8
干しわらび(乾)	10.0
エシャレット(りん茎、生)	9.1
かんぴょう(乾)	6.8
抹茶	6.6
あらげきくらげ(乾)	6.3
干しぜんまい(干し若芽、乾)	6.1
おおむぎ　米粒麦	6.0
ココア　ピュアココア	5.6
玉露　茶	5.0
紅茶　茶	4.4
あんず(乾)	4.3
にんにく(りん茎、生)	4.1
いちじく(乾)	3.4
プルーン(乾)	3.4
ゆず(果皮、生)	3.3
えんばく　オートミール	3.2

付　表　211

ポリフェノール／タンニン

付表-5　ポリフェノールが多く含まれる食品

食　　品	100 g 当たりの含量(mg)
ココア　ピュアココア	4.1
ココア　ミルクココア	0.9
ミルクチョコレート	0.7
アーモンドチョコレート	0.5
カバーリングチョコレート	0.4
チョコパン　薄皮タイプ	0.1

付表-6　タンニンが多く含まれる食品

食　　品	100 g 当たりの含量(mg)
せん茶　茶	13.0
インスタントコーヒー	12.0
紅茶　茶	11.0
玉露　茶	10.0
抹茶	10.0
コーヒー　浸出液	0.25
玉露　浸出液	0.23
紅茶　浸出液	0.10
せん茶　浸出液	0.07
かまいり茶　浸出液	0.05
ほうじ茶　浸出液	0.04
番茶　浸出液	0.03
ウーロン茶　浸出液	0.03
玄米茶　浸出液	0.01

索　引

あ

α-トコフェロール・・・・・・・・・・・・・・165

RANKL (receptor activator of NF
κB ligand)の発現・・・・・・・・・・・・116

IL-4・・・・・・・・・・・・・・・・・・・・152, 153

IL-5・・・・・・・・・・・146, 148, 152, 153

IL-6・・・・・・・・・・・・・146, 148, 152

IL-17・・・・・・・・・・・・・・・・・・・・・・・146

Ig・・・・・・・・・・・・・・・・・・・・・・・・・・・143

IgE・・・・・・・・・・・・・・・・・・・・143, 144

IgE 依存性・・・・・・・・・・・・・・・・・・・151

IgE 抗体・・・・・・・・・・・・・・・・・・・・150

IgE 抗体の産生・・・・・・・・・・・・・・・150

IgE 受容体(Fcε(エフ・シー・
イプシロン)受容体・・・・・・・・・・152

IgE 受容体 FcεRI の発現抑制・・・・156

IgE 非依存性・・・・・・・・・・・・・・・・・151

IgA・・・・・・・・・・143, 144, 146, 148

IgA 抗体・・・・・・・・・・・・・・・・・・・・147

IgA 産生細胞・・・・・・・・・・・・・・・・・147

IgA 産生細胞への分化・・・・・・・・・148

IgM・・・・・・・・・・・・・・・・・・・・143, 144

Ig 抗体(免疫グロブリン)・・・・・・・143

IgG・・・・・・・・・・・・・・・・・・・・143, 144

IgD・・・・・・・・・・・・・・・・・・・・・・・・・143

IDL・・・・・・・・・・・・・・・・・・・・・・・・・・66

赤ワイン・・・・・・・・・・・・・・・・・・・・166

悪玉菌・・・・・・・・・・・・・・・・・・・・・・・46

アクチンフィラメント・・・・・・・・・125

味・・・・・・・・・・・・・・・・・・・・・・・・・・・・3

アスコルビン酸(ビタ
ミン C)・・・・・・・・・・・161, 164, 165

アスタキサンチン・・・・・・・・・・・・・165

アセチル CoA・・・・・・・・・・54, 69, 127

圧受容器・・・・・・・・・・・・・・・・・・・・・94

アデノシン三リン酸(ATP)・・・53, 69

アデノシン三リン酸(ATP)
分解酵素活性・・・・・・・・・・・・・・・126

アトピー性皮膚炎・・・・・・・・・・・・・150

アドレナリン・・・・・・・・・・55, 94, 129

アナフィラキシー
ショック・・・・・・・・・150, 151, 153

油・・・・・・・・・・・・・・・・・・・・・・・・・・・42

脂(あぶら)・・・・・・・・・・・・・・・・・・・42

アボカド・・・・・・・・・・・・・・・・・・・・154

アポタンパク質・・・・・・・・・・・・・・・66

アミノ酸スコア・・・・・・・・・・・・・・・・7

アミラーゼ阻害・・・・・・・・・・・・62, 63

アラキドン酸・・・・・・・・・・・・・14, 101

アラビノース・・・・・・・・・・・・・・・・・64

アルギン酸ナトリウム・・・・・・・・・23

アルドステロンの分泌・・・・・・・・・95

α-カゼイン・・・・・・・・・・・・・・・・・122

α-グルコシダーゼ・・・・・・・・・63, 41

α-アミラーゼ・・・・・・・・41, 61, 63

α-リノレン酸・・・・・・・・・・・・・・・・14

α-リミットデキストリナーゼ・・・42

α-リミットデキストリン・・・・・・・41

アレルギー・・・・・・・・・・・・・・・・・・149

アレルギー抗原・・・・・・・・・・・・・・152

アレルギー性鼻炎・・・・・・・141, 150

アレルギーの予防・・・・・・・・・・・・158

アレルギー反応・・・・・・・・・・・・・・150

アレルギー反応を制御する
成分・・・・・・・・・・・・・・・・・・・・・・156

アレルギー抑制作用・・・・・・・・・・・50

アレルゲン・・・・・・・・149, 151, 152

アレルゲン除去食品・・・・・・・・・・・154

アレルゲン特異的 IgE 抗体・・・・・・152

アンギオテンシノーゲン・・・・・・・95

アンギオテンシン II (AT1
受容体)・・・・・・・・・・・・・・・・94, 95

アンギオテンシン変換
酵素(ACE)・・・・・・・・・・・・・・・・95

アンギオテンシン I ・・・・・・・・・・・95

アンチトロンビン・・・・・・・・・・・・103

アントシアニン・・・・・・・・・・・・・・・25

い

胃・・・・・・・・・・・・・・・・・・・・・・・・・・・36

EPA・・・・・・・・・・・・・・・・・・・・・・・・105

EPA，DHA の作用機序・・・・・・・・103

EPA と DHA・・・・・・・・・・・・・・・・・77

胃がんの予防効果・・・・・・・・・・・・・36

医食同源・・・・・・・・・・・・・・・・・・・・・・4

イソフラボン・・・・・・・・・・・・・・・・121

イソロイシン・・・・・・・・・・・・133, 137

1α-ヒドロキシラーゼ活性・・・・・・113

I 型アレルギー
・・・・・・・・・・141, 144, 150, 153, 158

1型糖尿病・・・・・・・・・・・・・・・・・・・57

1型ヘルパー T 細胞・・・・・・・・・・・144

一重項酸素($^1O_2$)の消去
活性・・・・・・・・・・・・・・・・165, 166

一重項酸素($^1O_2$)・・・・・・・・・・161

一次リンパ組織・・・・・・・・・・・・・・142

1, 25(OH)$_2$D$_3$・・・・・・・・・・・45, 113

1回拍出量の変化・・・・・・・・・・・・・129

一酸化窒素(NO)・・・・・95, 103, 162

一酸化窒素合成酵素(NOS)・・・・・・162

1分間の換気量・・・・・・・・・・・・・・・131

遺伝子再構成・・・・・・・・・・・・・・・・・143

遺伝性疾患・・・・・・・・・・・・・・・・・・・71

医薬品・・・・・・・・・・・・・・・・・・・・・・170

医薬品との相互作用・・・・・・・・・・・188

医薬部外品・・・・・・・・・・・・・・・・・・170

色・・・・・・・・・・・・・・・・・・・・・・・・・・・・3

インスリン・・・・・・・・・・・・・・・・・・・54

インスリン依存性糖尿病・・・・・・・57

インスリン感受性の低下・・・・・・・57

インスリン作用・・・・・・・・・・・・・・・55

インスリン作用不足・・・・・・・・・・・57

インスリン抵抗性・・・・・・・・・・・・・57

インスリンの拮抗ホルモン・・・・・55

インスリン非依存性糖尿病・・・・・・57

インスリン分泌・・・・・・・・・・・・・・・55

インスリン分泌機構・・・・・・・・・・・55

インスリン分泌能力・・・・・・・・・・・56

インターフェロン・・・・・・・140, 142

インターフェロン-γ・・・・・・・・・146

インターロイキン-4・・・・・・・・・146

in vitro 試験・・・・・・・・・・・・・・・・・183

in vivo 試験・・・・・・・・・・・・・・・・・183

う

ウーロン茶重合ポリ
フェノール・・・・・・・・・・・・・・・・・78

ウエイトリフティング・・・・・・・・・128

ウェルシュ菌・・・・・・・・・・・・・・46, 48

右脚・・・・・・・・・・・・・・・・・・・・・・・・・92

運動後の栄養補給・・・・・・・・133, 134

運動直後の糖質の摂取··········134
運動による呼吸調節··········130
運動不足···················32
運動療法················57, 59

え

エイコサノイド········2, 13, 14, 16
エイコサペンタエン酸
　（EPA）···············14, 73
HMG-CoA 還元酵素··········70
HMG-CoA 還元酵素
　阻害薬（スタチン）··········72
HO•（ヒドロキシラジカル）·····166
HDL·····················66
HDL 代謝系···············68
HbA1c················58, 59, 63
栄養機能食品···········171, 172
栄養機能食品の規格基準·······173
栄養状態と筋肉············132
栄養素の吸収··············40
栄養素の摂取··············29
栄養素を供給する働き··········2
ATP 供給経路·············126
ATP 再合成経路············126
ATP 分解酵素活性の性質
　の違い·················127
液性調節················35, 94
液性調節機構··············97
エキソペプチダーゼ··········42
S 状結腸·················38
エステル結合···········13, 68
エストロゲン···········116, 121
NK 細胞·················142
n-3系高度不飽和脂肪酸·······103
エネルギー源··············10
エネルギー産生············30
エネルギー消費量··········136
エネルギー代謝経路··········129
エピカテキンガレート·········156
エピガロカテキンガレート······156
エピネフリン·············153
エフェクター··········140, 142
エフェクター細胞··········158
Fc 部分·················143
MHC クラス II 分子·······148, 152
MHC 分子···············145
M 細胞··················147
エラスターゼ··············42

エリスロポイエチン··········83
LCAT····················68
LDL·····················66
LDL コレステロール··········66
HDL コレステロール··········66
LDL 受容体関連遺伝子の変異····71
LPL·····················67
遠位尿細管···········106, 108
嚥下·····················33
炎症性化学物質（ヒスタミンな
　ど）の脱顆粒反応··········158
エンドセリン··············95
エンドペプチダーゼ··········42

お

おいしさを与える働き··········3
横隔膜の収縮··············90
横行結腸·················38
横紋筋··················126
O₂⁻の消去···············166
おなかの調子を整える·······47, 48
オステオカルシン··········115
オステオポンチン··········115
オボアルブミン············154
オボムコイド·············154
オリゴ糖···········9, 26, 51

か

カルシウムイオン··········102
外因性リポタンパク質代謝
　経路···················67
外呼吸··················30
回腸····················37
解糖系酵素···············128
解糖反応················127
カイロミクロン········42, 66, 67
香り·····················3
化学受容器···············92
化学的消去··············166
拡張期血圧···············93
獲得免疫··············140, 141
下行脚·················108
下行結腸·················38
過酸化脂質··············164
過酸化水素（H₂O₂）·········161
ガス交換·················91
ガストリン··············35, 36
カゼイン················154

カゼインホスホペプチド
　（CPP）············114, 122
家族性高コレステロール血症·····71
形······················3
傾き運動················126
カタラーゼ··············163
活性型ビタミン D···········45
活性型ビタミン D₃······112, 119
活性化 T 細胞············152
活性酸素···············32, 161
活性酸素種··············165
活性酸素・フリーラジカル·····164
果糖（フルクトース）··········9
花粉··················150, 154
花粉症·················141
可溶性タンニン············166
ガラクトオリゴ糖···········27
身体活動レベル············11
カリウムの摂取············96
カルシウム··············117
カルシウム・リン積·········115
カルシウム再吸収促進·········112
カルシウムトランスポーター····118
カルシウムの吸収········45, 113
カルシウムの吸収を促進させる
　成分··················122
カルシウムの食事摂取基準······113
カルシウムの役割··········111
カルシトニン·············112
カルボキシペプチダーゼ A, B····42
加齢···················116
カロテノイド（リコペン，カロ
　テン，ルテイン）·····164, 165, 166
還元···················160
還元型グルタチオン·········164
感染防御················141
寒天····················23
冠動脈疾患発症の危険率·······71
γ-オリザノール············26
γ-カルボキシグルタミン酸
　（Gla）················102
γ-カルボキシグルタミン酸
　合成·················120

き

キウイフルーツ············154
規格基準型特定保健用
　食品·············172, 176

規格基準型の保健機能食品······172
気管支関連リンパ組織·········147
気管支喘息··················150
器質性便秘··················39
基礎代謝エネルギー··········135
基礎代謝量··············10, 11
基底膜······················91
キトサン····················75
機能性オリゴ糖··············27
機能性関与成分··············182
機能性食品···········4, 169, 171
機能性食品の安全性··········188
機能性食品の活用法··········188
機能性食品の上手な活用法·····189
機能性タンパク質············6
機能性表示食品····4, 5, 171, 172, 180
機能性表示食品制度········171, 172
機能性表示食品の義務表示
　　事項···················184
機能性表示食品の販売までの
　　プロセス···············182
機能性表示制度··············169
機能的便秘··················39
キモトリプシン··············42
GABA（γ-アミノ酪酸）········98
吸気······················90
吸収····················29, 33
吸水性······················49
牛乳由来 ACE 阻害ペプチド·····97
胸腔······················90
凝固因子····················100
凝固Ⅶ因子··················102
強心薬のジゴキシン··········188
魚介由来 ACE 阻害ペプチド·····97
巨核球······················83
局所性調節··················95
キラー T 細胞··········144, 145
近位尿細管············106, 108
筋グリコーゲン含有量の増加····130
筋グリコーゲン量············131
筋原線維····················125
筋線維の肥大················130
筋層······················34
金属イオンの消去············167
筋肉タンパク質の異化（分解）····133
筋肉タンパク質の分解········133
筋肉量の維持················132
筋肉を丈夫にする食品·········136

く

グアガム····················23
グァバ葉ポリフェノール········61
空腸······················37
クエン酸················123, 167
クエン酸回路················69
クエン酸リンゴ酸カルシウム
　　（CCM）·················114
クラス 1 食物アレルゲン·······154
クラスⅠ分子················145
クラス 2 食物アレルゲン·······154
クラスⅡ分子················145
グリコーゲン················54
グリコーゲンの分解······127, 129
グリコーゲン分解速度の低下····132
グリコーゲンロー
　　ディング···········131, 132
グリコシド結合··············9
グリシニン··················154
グリセロール············67, 68
グルカゴン············55, 129
クルクミン··················26
グルコアミラーゼ············61
グルコース輸送担体··········55
グルコマンナン··············23
グルタチオン················165
グルタチオン-アスコルビン酸
　　回路···················165
グルタチオンペルオキシ
　　ダーゼ············163, 165
グルタチオンレダクターゼ·····165
グルタミンの摂取············148
グルタレドキシン············165
GLUT 2····················55
GLUT 4····················56
クレアチンリン酸············126
グレリン····················35
グロビン····················84
グロビンタンパク質由来の
　　オリゴペプチド··········76
クロロゲン酸················26

け

経口抗原····················148
経口免疫寛容···········148, 149
軽鎖タンパク質··············143
形質細胞に分化··············146

形質転換増殖因子············148
頸動脈洞····················94
鶏卵······················151
血圧降下作用················105
血圧降下作用をもつペプチド·····97
血圧の調節··················109
血圧の調節機構··············94
血液凝固···············32, 100
血液凝固系··················101
血液中の酸素分圧（PaO₂）·······92
血管拡張因子················95
血管収縮因子················95
血管障害····················59
血管傷害部位················101
血管内皮細胞················91
血管内皮の抗血栓能··········103
血漿膠質浸透圧··············93
血小板·················81, 83
血小板の機能················101
血清コレステロール低下作用·····74
血栓形成···············32, 100
血栓症······················100
血中アルカリホスファダーゼの
　　活性···················122
血中脂質低下作用············105
血液の働き··················81
血糖値······················59
血糖値の過度な上昇を
　　抑制する···············60
ゲニステイン················121
ケモカイン··················143
下痢······················40
下痢・嘔吐··················151
減塩······················96
減塩しょうゆ················96
減塩調味料··················96
嫌気性菌····················48
健康維持····················189
健康強調表示················176
原発性脂質異常症············70

こ

降圧作用····················95
抗アレルギー作用············157
高エネルギーリン酸結合の
　　エネルギー·············126
好塩基球···············141, 153
抗炎症作用··················105

甲殻類・・・・・・・・・・・・・・・151
交感神経系・・・・・・・・・・・・94
好気性菌数・・・・・・・・・・・・48
好気的代謝系供給・・・・・・・129
抗凝固因子・・・・・・・・・・・・103
高強度レジスタンストレー
　　ニング・・・・・・・・・・・・130
高血圧の予防・改善・・・・・・96
抗血栓性・・・・・・・・・・・・・・100
抗原・・・・・・・・・・・・・・・・・・140
抗原応答性・・・・・・・・・・・・149
抗原結合部位・・・・・・・・・・143
抗原提示・・・・・・・140, 144, 145
抗原提示細胞・・・・・・141, 145, 148, 152
抗原提示能の制御・・・・・・158
抗原の分解処理・・・・・・・・152
抗原ペプチド・・・・・・・・・・145
交さ反応性・・・・・・・・・・・・154
抗酸化物質・・・・・24, 161, 164
好酸球・・・・・・・・・・・・・・・・141
抗腫瘍・・・・・・・・・・・・・・・・50
抗腫瘍効果・・・・・・・・・・・・164
構造タンパク質・・・・・・・・・6
酵素活性の修飾・・・・・・・・111
硬組織・・・・・・・・・・・・・・・・20
酵素やホルモンの構成成分・・・21
抗体・・・・・・・・・・・・140, 143
抗体産生細胞・・・・・・・・・・144
抗体の抗原結合部位・・・・・・143
好中球・・・・・・・・・140, 142
高度不飽和脂肪酸・・・・・・・104
高比重リポタンパク質・・・・・・66
肛門括約筋・・・・・・・・・・・・38
コーデックス委員会・・・・・・186
コーヒー・・・・・・・・・・・・・・166
コーヒー豆マンノオリゴ糖・・・78
呼気・・・・・・・・・・・・・・・・・・90
5基本味・・・・・・・・・・・・・・4
呼吸・・・・・・・・・・・・・・・・・・30
呼吸運動と換気・・・・・・・・90
呼吸中枢・・・・・・・・・・・・・・91
呼吸調節・・・・・・・・・・・・・・91
呼吸のしくみ・・・・・・・・・・90
骨格筋のエネルギー代謝・・・126
骨格筋の収縮機構・・・・・・・125
骨格筋の収縮調節・・・・・・・111
骨芽細胞・・・・・・・・・・・・・・115
骨芽細胞機能の低下・・・・・・116

骨基質の石灰化・・・・・・・・115
骨吸収・・・・・・・・・・・・・・・・115
骨吸収の抑制・・・・・・・・・・122
骨形成・・・・・・・・・・・・・・・・115
骨形成の促進・・・・・・・・・・122
骨形成の低下・・・・・・・・・・116
骨髄・・・・・・・・・・・・・・・・・・83
骨粗しょう症・・・・・・・・・・115
骨粗しょう症治療薬・・・・・・189
骨粗しょう症の予防・・・・・・117
骨代謝・・・・・・・・・・114, 115
骨密度の低下・・・・・・・・・・115
骨量頂値・・・・・・・・・・・・・・115
個別許可型特定保健用食品・・・176
小麦・・・・・・・・・・・・151, 155
小麦アルブミン・・・・・・・・62
米・・・・・・・・・・・・・・・・・・・・155
コラーゲン含有量・・・・・・・116
孤立リンパ小節・・・・・・・・147
コルチゾール・・・・・・・・・・129
コレステロール・・・・・・・・13, 42,
　　　　　　　　45, 66, 69, 70
コレステロールエステル・・・12
コレステロールエステル転移
　　タンパク質・・・・・・・・68
コレステロール逆転送系・・・71
コレステロール逆転送経路・・・68
コレステロール合成系・・・・・・70
コレステロール代謝・・・・・・69
コロニー刺激因子・・・・・・・83
コングルチン・・・・・・・・・・154

さ

再吸収・・・・・・・・・・・・・・・・107
サイクロオキシゲナーゼ・・・101
最高血圧・・・・・・・・・・・・・・92
最低血圧・・・・・・・・・・・・・・92
サイトカイン・・・・・141, 146, 152
サイトカインの分泌・・・・・・143
細胞死（アポトーシス）・・・141
細胞傷害性T細胞（CTL）・・・144
細胞性免疫・・・・・・・143, 144
細胞内信号伝達・・・・・・・・111
細胞の損傷・・・・・・・・・・・・24
サイリウム種皮由来の食物
　　繊維・・・・・・・・・・・・・・75
左脚・・・・・・・・・・・・・・・・・・92
殺菌作用・・・・・・・・・・・・・・164

サプリメント・・・・・・・186, 187
サプリメントと医薬品との相互
　　作用・・・・・・・・・・・・・・188
サルコペニア症・・・・・・・・32
酸塩基平衡の調節・・・・・・・109
酸化・・・・・・・・・・・・・・・・・・160
酸化酵素活性の増強・・・・・・130
酸化ストレス・・・・・・116, 164
酸化ストレス抑制・・・・・・・32
Ⅲ型アレルギー・・・・・・・・150
酸化的代謝・・・・・・・・・・・・127
酸化的リン酸・・・・・・・・・・69
酸化的リン酸化反応・・・・・・127
酸化的リン酸化反応（好気的
　　代謝系）・・・・・・・・・・127
三重項酸素・・・・・・・・・・・・161
酸素解離曲線・・・・・・82, 130
酸素摂取量・・・・・・・・・・・・131
酸素の摂取・・・・・・・・・・・・30
酸素分圧・・・・・・・・・・31, 82
酸素飽和度・・・・・・・・・・・・82
酸素や栄養素の運搬・・・・・・31

し

シアロオリゴ糖・・・・・・・・27
CETP・・・・・・・・・・・・・・・・68
Ca²⁺ATPase（PMCA）機能・・・113
Gla-ドメイン・・・・・・・・・・102
CD8分子・・・・・・・・・・・・・・145
CD4分子・・・・・・・・・・・・・・145
持久性運動パフォー
　　マンス・・・・・・・・129, 131
持久性トレーニング・・・・・・130, 132
糸球体・・・・・・・・・・106, 107
糸球体ろ過量（GFR）・・・・・・108
止血機構・・・・・・・・・・・・・・101
止血血栓・・・・・・・・・101, 102
脂質・・・・・・・・・・・・・・2, 12
脂質過酸化反応・・・・・・・・164
脂質代謝・・・・・・・・・・・・・・66
脂質代謝異常・・・・・・・・・・70
脂質代謝異常と治療薬・・・・・・72
脂質代謝異常による疾患・・・71
脂質の吸収・・・・・・・・・・・・42
脂質の摂取目標量・・・・・・・13
脂質ペルオキシルラジカル
　　（•LOO）・・・・・・・・162, 166
脂質ラジカル（•L）・・・・・・162

216　索　引

システマティック・レビュー
　（SR）…………172, 180, 182, 183
自然免疫………………………142
自然免疫システム……………142
疾病や老化の原因………………8
疾病リスク低減表示型特定
　保健用食品……………172, 176
ジペプチダーゼ…………………42
脂肪酸化能力…………………132
脂肪組織…………………………54
集合管…………………106, 108
重鎖タンパク質………………143
シュウ酸…………………86, 118
収縮期血圧………………………93
重炭酸緩衝機構………………131
17型ヘルパーT細胞(Th17)……146
十二指腸…………………………37
終末糖化産物(AGEs)…………116
絨毛………………………………37
樹状細胞……140, 145, 147, 148, 152
主要組織適合遺伝子複合体
　（MHC）……………………145
循環血液量の維持………………95
循環血液量の維持機構…………93
循環のメカニズム………………92
瞬発性運動……………………132
消化…………………………29, 33
消化管運動………………………34
消化管の構造……………………34
消化管ホルモン…………………34
消化酵素…………………………6
条件付特定保健用食品……172, 176
上行脚…………………………108
上行結腸…………………………38
脂溶性抗酸化物質……………165
脂溶性ビタミン…………………18
小腸………………………………37
小腸コレステロールトランスポー
　ター阻害薬（エゼチミブ）………72
消費エネルギー…………10, 135
上皮細胞間リンパ球(IEL)……147
消費者委員会…………………178
消費者庁………………178, 180
漿膜………………………………34
小彎………………………………36
食事と筋肉……………………132
食事療法……………………57, 59

食物繊維……………9, 22, 42, 48,
　　　　　　　50, 60, 86, 119
食道………………………………35
食肉……………………………156
食品安全委員会………………178
食品衛生法……………………169
食品と医薬品の違い…………169
食品表示………………………170
植物ガム（グアガム）…………49
植物ステロール…………26, 76
食物アレルギー……32, 141, 144, 149,
　　　　　150, 151, 152, 153, 158
食物アレルギー治療法………153
食物アレルギーの作用機序……151
食物アレルゲン………………153
食感………………………………3
ショ糖……………………………42
神経興奮性……………………111
神経性調節……………………34, 94
腎小体…………………………106
腎臓………………………………31
心臓の機能………………………92
腎臓の構造と機能……………106
腎動脈…………………………106
心拍出量と筋血流量の変化……130
心拍数の変化…………………129
心房性ナトリウム利尿ペプチド
　（ANP）………………………95
じん麻疹…………………150, 151
髄液のpH………………………92
膵臓のβ細胞……………………55

す

水溶性抗酸化物質……………164
水溶性食物繊維……22, 23, 49, 60
水溶性ビタミン…………………17
膵リパーゼ………………………42
スーパーオキシドアニオン
　（•O$_2^{2-}$）…………161, 162, 164
スーパーオキシドディスム
　ターゼ(SOD)………………163
スクラーゼ……………42, 61, 63
スクラーゼの阻害………………64
スクロース………………………9
ステロイド薬…………………153

せ

生活習慣病因子………………116
生活習慣病の予防……………189
生活習慣病や老化の原因………164
制御性T細胞…………………148
制御性T細胞応答……………158
成長ホルモン…………………129
セサミン…………………………26
舌咽神経…………………………94
赤血球数の減少…………………84
赤血球……………………31, 81, 83
赤血球の寿命……………………84
摂取エネルギー………………135
セルロース……………………49, 50
セロリ…………………………154
全身性調節………………………94
漸増運動負荷…………………131
喘息……………………………151
善玉菌……………………………46
蠕動運動…………………29, 36, 37
蠕動運動を促進…………24, 49
線溶（線維素溶解）系…………102

そ

造血機能…………………………83
即時型…………………………151
即時型食物アレルギー……152, 153
続発性（二次性）脂質異常症………71
組織因子(TF)…………………102
咀しゃく…………………………33
速筋……………………………128
そば……………………………151

た

体液性免疫……………143, 146
ダイエタリーサプリメント……186
ダイエット……………………136
ダイエットと筋肉……………134
大規模臨床試験(JELIS)………73
体重の減少……………………135
体重の増加……………………135
体循環……………………………31
大豆……………………………155
大豆イソフラボン……………121
大豆タンパク質…………74, 76
ダイゼイン……………………121
大腸………………………………38

索　引　217

大腸がんの予防効果…………24
大腸菌…………48
タイトジャンクション………148
タイプⅠ線維………127
タイプⅡ線維………128
タイプⅡA線維………128
タイプⅡB線維………128
耐容上限値………19
大彎………36
高い持久性運動パフォー
　　マンス………132
多機能性幹細胞………83
多糖………9
多量体免疫グロブリン受容体…144
短距離走………128
胆汁酸………42
炭水化物………2, 9
炭水化物の摂取量………10
単糖………9
タンニン………25, 118
タンニン類………24
タンパク質………2, 6
タンパク質摂取不足………32
タンパク質の吸収………42
タンパク質の代謝………8

ち

チオール………161
遅筋………127
茶カテキン………77
茶の成分（カテキン）………156
中間型リポタンパク質………66
中鎖脂肪酸………79
中枢リンパ組織………142
中性脂肪………12, 13, 54, 66, 67
中性脂肪代謝………68
中性脂肪の分解………127
腸管関連リンパ組織（GALT）…146
腸肝循環………42
腸間膜リンパ節………148
腸管免疫………47
腸管免疫系………158
腸管免疫システム（GALT）
　　………142, 146, 147
腸管免疫増強………148
腸管リンパ小節………148
腸球菌………48
長鎖脂肪酸………68

調製粉乳………155
超低比重リポタンパク質………66
腸内細菌………45, 46
腸内細菌叢の変化………48
直腸………38
貯蔵グリコーゲン………129

つ

通性嫌気性菌………45

て

DHA………105
Th1………146
Th1優位………149
Th2………146
Th2優位………149
Th2型優位………148
DNAやタンパク質の切断………24
T細胞…140, 140, 141, 142, 143, 148
T細胞受容体（TCR）………141, 145,
　　147, 152
T細胞の活性化………144
Th1型免疫応答への偏り………149
TLR………147
低カルボキシ化オステオカル
　　シン（ucOC）高値………118
低血糖………10
抵抗血管………93
低比重リポタンパク質………66
低分子アルギン酸ナトリウム……75
適応免疫………142, 143
テストステロンの分泌………125
鉄還元酵素………85
鉄欠乏性貧血………31, 85
鉄の吸収機構………85
鉄の摂取不足………133
デンプン………9, 41

と

糖質の供給………133
糖質の吸収………41
糖新生………10
糖タンパク質………146
豆鼓エキス………63
糖尿病………57
糖尿病の主要な合併症………59
糖尿病の診断………59
糖尿病予備群………58

動物筋肉由来ACE阻害
　　ペプチド………97
動物性タンパク質………1
洞房結節………92
動脈硬化性疾患………71
動脈硬化の発症………24
特定保健用食品……4, 171, 172, 176
特定保健用食品が認可される
　　プロセス………178
特定保健用食品制度………172
特定保健用食品と医薬品との
　　相互作用………188
特定保健用食品の種類………176
特定保健用食品の保健機能……178
特定保健用食品のラベルに表示
　　すべき内容………179
ドコサヘキサエン酸（DHA）……14
トランスローケーション………56
トリアシルグリセロール………13
トリグリセリド………13
トリプシン………42
トル様受容体（TLR）………143
トレーニング効果………130
トロポミオシン………154
トロンビン………102
トロンボキサン………16
トロンボキサン A_2
　　（TXA2）…………101, 104, 105
トロンボキサン A_3………104, 105
トロンボポイエチン………83

な

ナイアシン………17
内因性リポタンパク質代謝
　　経路………67
内呼吸………30
内在性抗原………145
ナチュラルキラー（NK）細胞……141
難消化オリゴ糖………51
難消化性オリゴ糖………27
難消化性デキストリン………60, 61
難消化デキストリン………49
軟組織………21
2価金属トランスポーター
　　DMTP1………85
2価金属イオントランス
　　ポーターDMTP1………88
Ⅱ型アレルギー………150

2型サイトカイン･･････････153
2型糖尿病････････････････57, 58
2型ヘルパーT細胞(Th2)･････152
ニコチン酸誘導体
　(ナイアシン)･･････････73
二酸化炭素分圧･･････････91, 92
二次リンパ組織･･･････････142
日本人の平均寿命･･･････････1
乳塩基性タンパク質･･･････122
乳酸菌････････････････48, 51
乳製品･････････････････151
乳糖･････････････････9, 42
尿酸･･････････････････164
尿の生成･････････････････107
にんじん･･･････････････154

ぬ

ヌクレオチド･･････････････157

ね

粘膜･･･････････････････34
粘膜下層･･･････････････34
粘膜関連リンパ組織(MALT)････147
粘膜固有層･･･････････････147

の

ノルアドレナリン(α1受容体)･･･94

は

パーフォリン･･････････････141
配位結合･･･････････････167
パイエル板･･････････147, 148
肺循環･･････････････････31
ハイドロキシアパタイト･･･････117
ハイドロキシアパタイト結晶･･･115
肺胞･･･････････････････90
肺胞上皮細胞･･･････････91
肺胞内の酸素分圧･･････････82, 91
麦芽糖(マルトース)･････････41
破骨細胞･･････････････115
破骨細胞活性の抑制･･････････116
破骨細胞の活性化･･････････116
バソプレッシン(V1受容体)･･････94
白血球･･････････････81, 83, 140
バナナ････････････････154
ハプトコリン･･････････････86
バリン･･････････････133, 137
パワー系スポーツ･･････････128

パントテン酸･･･････････････18

ひ

PAインヒビター1･･･････････102
B細胞･･･････140, 141, 142, 145, 146
B細胞受容体(BCR)･･････････152
BCAA･････････････････137
PTH･･････････････114, 115
鼻咽頭関連リンパ組織･･･････147
ビオチン･････････････････18
糜汁･･･････････････････36
微絨毛･･････････････････37
ビシリン･･･････････････154
ヒス束･･････････････････92
ヒスタミン････････141, 152, 153
非即時型(遅延型)の食物
　アレルギー･･･････････152
ビタミン･･･････････････2, 16
ビタミンA･････････････18, 148
ビタミンB群･････････････133
ビタミンB₁･････････････17
ビタミンB₂･････････････17
ビタミンB₆･････････････17
ビタミンB₁₂･･････････17, 85, 88
ビタミンB₁₂の吸収機構･･････86
ビタミンB₁₂の吸収障害･･････86
ビタミンC･････････････18, 166
ビタミンCの還元作用や
　キレート作用･････････88
ビタミンCの作用･･････････87
ビタミンDの活性化の促進････112
ビタミンD･･･････････18, 117, 119
ビタミンD₃･･･････････････45
ビタミンE･･･････19, 164, 165, 166
ビタミンK･･･････････19, 117, 120
ビタミンK依存性凝固因子
　･･･････････････101, 102
ビタミンK₁･････････117, 120
ビタミンK₂･･･････117, 118, 121
必須アミノ酸･･････････6, 137
必須脂肪酸･･････････13, 14, 42
ヒト試験･････････････････183
ヒドロキシルラジカル
　(•OH)･･･････････161, 162
ビフィズス菌･･･････46, 48, 51
非ヘム鉄･･･････････････86, 87
肥満･･･････････････････56

肥満細胞(マスト
　細胞)･･･････････141, 152, 153
肥満とダイエット･･････････56
肥満ホルモン･･････････････56
病気を予防する働き･････････4
病原性微生物の侵入･･･････139
日和見菌･････････････････46
ビリルビン･･････････････84, 164
ピルビン酸･･･････････････127
ピロリ菌･････････････････36
貧血治療薬･･････････188, 189
貧血の定義と分類･･････････84

ふ

Fas分子･････････････････142
Fasリガンド分子･･･････････142
VLDL･･････････････････66
フィチン酸･･･････86, 118, 167
フィブラート系薬剤･････････72
フィブリノーゲン(線維素原)････102
フードサプリメント･･･････186
フェノールカルボン酸類･･･････26
フェントン反応･･･････････161
フォスファチジルセリン････101, 102
副交感神経系･･････････････94
副甲状腺ホルモン(PTH)･･････112
複合体Ⅲ･･･････････････162
腹大動脈･･･････････････106
賦形剤･･････････････････186
不対電子･･････････････161, 162
物理的消去･･････････････166
不溶性食物繊維･･････22, 49, 60
不溶性のフィブリン(線維素)････102
フラクトオリゴ糖･･････27, 157
ブラジキニン･･････････････95
プラズマ細胞･･････････････143
プラスミノーゲンアクチ
　ベーター････････････102
フラボノイド･･････････････166
フラボノイド類･･････････24
フリーラジカル･･･････161, 162
振り子運動･･･････････････37
プルキンエ細胞･･････････92
プレバイオティクス･･･････10, 27,
　　　　　　　　46, 51, 156
プロスタグランジン････16, 104
プロスタグランジンI2･･･････103

索　引　219

プロバイオティクス‥‥‥‥46, 50,
　　　　　　　　　　　　156, 157
プロバイオティクス（乳酸菌）‥‥156
プロビタミン D‥‥‥‥‥‥‥‥117
プロフェッショナル抗原提示
　細胞‥‥‥‥‥‥‥‥‥‥‥‥140
プロブコール‥‥‥‥‥‥‥‥‥72
分岐鎖アミノ酸‥‥‥‥‥‥133, 137
分節運動‥‥‥‥‥‥‥‥‥‥‥37
分泌型 IgA‥‥‥‥‥‥‥‥‥‥144
噴門‥‥‥‥‥‥‥‥‥‥‥‥‥36

へ

閉経‥‥‥‥‥‥‥‥‥‥‥‥‥116
β_2受容体‥‥‥‥‥‥‥‥‥‥‥94
β-カゼイン‥‥‥‥‥‥‥‥‥‥122
β-カロテン‥‥‥‥‥‥‥‥165, 166
β-コングリシニン‥‥‥‥‥‥‥79
β酸化‥‥‥‥‥‥‥‥‥‥‥69, 127
β酸化関連酵素の活性化‥‥‥‥78
β-ラクトグロブリン‥‥‥‥151, 154
ペクチン‥‥‥‥‥‥‥‥23, 49, 50
ヘパリン‥‥‥‥‥‥‥‥‥‥‥141
ペプシノゲン‥‥‥‥‥‥‥‥‥36
ペプシン‥‥‥‥‥‥‥‥‥‥‥42
ペプチド結合‥‥‥‥‥‥‥‥‥‥6
ペプチド類‥‥‥‥‥‥‥‥‥‥167
ペプトン‥‥‥‥‥‥‥‥‥‥‥42
ヘミセルロース‥‥‥‥‥‥‥49, 50
ヘム‥‥‥‥‥‥‥‥‥‥‥‥‥84
ヘム鉄‥‥‥‥‥‥‥‥‥‥‥‥86
ヘム鉄トランスポーター‥‥‥85, 87
ヘム鉄の作用‥‥‥‥‥‥‥‥‥87
ヘモグロビン‥‥‥‥‥‥‥‥31, 84
ヘモグロビンによる酸素運搬‥‥‥82
ヘモグロビンの酸素結合能‥‥‥‥82
ペルオキシソーム β酸化酵素
　（ACO）‥‥‥‥‥‥‥‥‥‥78
ペルオキシダーゼ‥‥‥‥‥‥‥163
ペルオキシナイトライト
　（ONOO$^-$）‥‥‥‥‥‥‥‥162
ヘルスクレーム‥‥‥‥‥‥176, 187
ヘルパー T 細胞‥‥‥‥‥‥‥145
偏性嫌気性菌‥‥‥‥‥‥‥‥‥45
便秘‥‥‥‥‥‥‥‥‥‥‥‥‥39
便秘予防効果‥‥‥‥‥‥‥‥24, 50
ヘンレの係蹄‥‥‥‥‥‥‥106, 108

ほ

抱合型ビリルビン‥‥‥‥‥‥‥84
房室結節‥‥‥‥‥‥‥‥‥‥‥92
Bohr 効果‥‥‥‥‥‥‥‥‥‥130
ボーマン腔‥‥‥‥‥‥‥‥‥‥107
ボーマン嚢‥‥‥‥‥‥‥‥‥‥106
補完医薬品‥‥‥‥‥‥‥‥‥‥187
保健機能食品‥‥‥‥‥‥171, 172
保健機能食品制度‥‥‥‥‥169, 171
補体‥‥‥‥‥‥‥‥‥‥‥140, 142
骨吸収の亢進‥‥‥‥‥‥‥‥‥112
骨のリモデリング‥‥‥‥‥115, 116
骨や歯‥‥‥‥‥‥‥‥‥‥‥111
ポリグルタミン酸‥‥‥‥‥‥‥123
ポリフェノール‥‥‥24, 86, 164, 165
ポリフェノール類‥‥‥‥‥161, 166
ポルフィリン環‥‥‥‥‥‥‥‥87
ホルモン分泌‥‥‥‥‥‥‥‥‥111

ま

膜構造の破壊‥‥‥‥‥‥‥‥‥164
マクロファージ‥‥‥‥140, 142, 145,
　　　　　　　　　　　　146, 152
マクロファージ（泡沫細胞）
　の集族‥‥‥‥‥‥‥‥‥‥‥71
マスト細胞‥‥‥‥‥‥‥‥‥‥158
末梢リンパ組織‥‥‥‥‥‥‥‥142
マルターゼ‥‥‥‥‥‥‥42, 61, 63
マルトリオース‥‥‥‥‥‥‥‥41
慢性代謝性疾患‥‥‥‥‥‥‥‥57

み

ミオシン ATP 分解酵素活性‥‥‥128
ミオシンフィラメント‥‥‥‥‥125
水・電解質バランスの維持‥‥‥109
ミトコンドリア‥‥‥‥‥‥69, 127
ミトコンドリア電子伝達系‥‥‥162
ミトコンドリア β酸化酵素
　（MCAD）‥‥‥‥‥‥‥‥‥78
ミトコンドリア量の増加‥‥‥‥130
ミネラル‥‥‥‥‥‥‥‥‥‥2, 20
味蕾‥‥‥‥‥‥‥‥‥‥‥‥‥‥4

む

無酸素性エネルギー供給‥‥128, 129
ムチン‥‥‥‥‥‥‥‥‥‥‥‥146

め

迷走神経‥‥‥‥‥‥‥‥‥‥‥94
メチル化カテキン‥‥‥‥‥‥‥156
メナキノン4‥‥‥‥‥‥‥‥‥118
メナテトレノン‥‥‥‥‥‥‥‥118
免疫‥‥‥‥‥‥‥‥‥‥‥‥‥32
免疫応答‥‥‥‥‥‥‥‥‥140, 158
免疫記憶‥‥‥‥‥‥‥‥‥‥‥143
免疫グロブリン‥‥‥‥‥‥‥‥143
免疫システム‥‥‥‥‥‥‥140, 142
免疫担当細胞‥‥‥‥‥140, 146, 148
免疫反応‥‥‥‥‥‥‥‥‥‥‥148
免疫力を高める成分‥‥‥‥‥‥157

も

毛細血管密度の増加‥‥‥‥‥‥130
盲腸‥‥‥‥‥‥‥‥‥‥‥‥‥38
モノグリセリド‥‥‥‥‥‥‥‥42

や

薬事法（薬機法）‥‥‥‥‥169, 170

ゆ

有酸素運動‥‥‥‥‥‥‥‥‥‥57
幽門‥‥‥‥‥‥‥‥‥‥‥‥‥36
遊離脂肪酸‥‥‥‥‥‥‥‥‥‥67

よ

葉酸‥‥‥‥‥‥‥‥‥‥‥‥18, 88
葉酸欠乏性貧血‥‥‥‥‥‥‥‥85
葉酸の吸収機構‥‥‥‥‥‥‥‥86
抑制性の神経伝達物質‥‥‥‥‥98
Ⅳ型アレルギー（遅延型
　過敏症）‥‥‥‥‥‥‥‥‥‥150

ら

ラクターゼ‥‥‥‥‥‥‥‥‥‥42
ラクトバシルス属‥‥‥‥‥‥‥46
ラジカルの消去活性‥‥‥‥‥‥166
らっかせい‥‥‥‥‥‥‥‥‥‥151
ラフィノース‥‥‥‥‥‥‥‥‥156
ランゲルハンス島‥‥‥‥‥‥‥55

り

リグナン······················26
リグニン······················50
リコペン······················165
リゾチーム····················142
リノール酸·················13, 14
リノレン酸····················13
リパーゼ······················68
リポタンパク質············66, 68
リポタンパク質の役割··········66
リポプロテインリパーゼ········67
りんご························154
リンゴ酸······················123
リン再吸収抑制················112

リン酸···················86, 118
リン脂質·············12, 42, 66
リン脂質結合大豆タンパク質·····76
リン脂質結合大豆ペプチド·······74
臨床試験······················180
リンパ組織····················147

れ

レジスタンス運動··············136
レシチンコレステロールアシル
　トランスフェラーゼ···········68
レチノイン酸··················148
レニン························94
レニン・アンギオテン
　シン系··················94, 97

レムナントリポタンパク質·······67
連鎖的脂質過酸化反応···········162

ろ

ロイコトリエン·········16, 152, 153
ロイシン··················133, 137
老化架橋の増加················116
老廃物の排泄··················31
ロコモティブ症候群·············32

わ

Y字型の構造···················143
ワルファリン··················189

索　引　221

食品の保健機能と生理学

初版発行　2015年3月30日
二版発行　2017年4月30日
三版発行　2018年9月30日

編著者Ⓒ　西村　敏英
　　　　　浦野　哲盟

発行者　森田　富子
発行所　株式会社　アイ・ケイコーポレーション
　　　　〒124-0025　東京都葛飾区西新小岩4-37-16
　　　　　　　　　　メゾンドールI&K
　　　　Tel 03-5654-3722（営業）
　　　　Fax 03-5654-3720

表紙デザイン　㈱エナグ 渡辺晶子
組版　㈲ぷりんてぃあ第二／印刷所　㈱エーヴィスシステムズ

ISBN978-4-87492-328-3 C3043